建设工程检测取样方法及不合格情况处理措施

组织编写　淮安市建设工程质量协会
　　　　　淮安市建筑科学研究院有限公司

主　　编　雍洪宝

中国建材工业出版社

图书在版编目（CIP）数据

建设工程检测取样方法及不合格情况处理措施/雍
洪宝主编．--北京：中国建材工业出版社，2021.11
　ISBN 978-7-5160-3329-6

　Ⅰ．①建…　Ⅱ．①雍…　Ⅲ．①建筑工程—质量检验
Ⅳ．①TU712

中国版本图书馆 CIP 数据核字（2021）第 207433 号

内容简介

　　本书主要基于平时工作积累，对建设工程检测涉及常规建筑材料、地基工程材料、市政道路用材料、预制混凝土及装配式建筑用构件、建筑节能材料、预应力结构用材料、结构加固用材料、水电材料、污水化学分析、安全防护用品等取样依据的产品标准或工程建设标准、主要检测参数、组批原则、取样频率、取样方法及数量以及不合格复检等进行了归纳和总结。同时对地基、结构、室内环境污染、节能工程、市政工程、基坑工程、房屋沉降、人防工程、雷电防护装置、消防设施等工程现场检测工作也进行了梳理和归档。内容适用，有据可查，可操作性强。

　　本书可作为建设单位、施工单位、监理单位以及检测单位开展工程检测计划编写、开展材料检测和工程现场检测使用，也可作为高校、工程职业技术学院教学参考使用。

建设工程检测取样方法及不合格情况处理措施
Jianshe Gongcheng Jiance Quyang Fangfa ji Buhege Qingkuang Chuli Cuoshi
组织编写　淮安市建设工程质量协会
　　　　　淮安市建筑科学研究院有限公司
主　　编　雍洪宝
出版发行　中国建材工业出版社
地　　址：北京市海淀区三里河路 1 号
邮　　编：100044
经　　销：全国各地新华书店
印　　刷：北京鑫正大印刷有限公司
开　　本：787mm×1092mm　1/16
印　　张：21.25
字　　数：460 千字
版　　次：2021 年 11 月第 1 版
印　　次：2021 年 11 月第 1 次
定　　价：118.00 元

编 委 会

主 编：雍洪宝

副主编：王大伟　丁百湛

编 委：

淮安市建筑工程质量检测中心有限公司	王晓明	王 鹏	顾祥林	樊 勇
	沈凌霄			
淮安市建设工程质量监督站	袁 年	高 虹		
江苏江北建设工程检测有限公司	陈苏梅	高 耸	徐 然	
淮安市筑苑基桩检测有限公司	薛 凡	贾伯启	周佳林	
江苏建纬检测股份有限公司	沙 云	于刘成	褚 家	闵菊香
	张华扬	全传笔	马 振	张 凯
	杨 震	苏 慧		
江苏瑞元建设工程检测有限公司	王 瑞			
淮安市振淮工程检测有限公司	潘功亮	徐洪飞	周东文	陈从举
淮安天地工程检测有限公司	毛文众			
洪泽县建设工程质量检测中心有限公司	谢洪坤	陈 霞		
江苏恒正检测技术有限公司	胡宝军	佟海山	刘 昊	薛 雪
	崔加利	姚 莉	崔海伟	李明华
江苏方正工程检测有限公司	崔 享			
淮安曙光工程检测中心有限公司	王 勇	王新樊	董骏骏	

前　言

　　建设工程检测工作关系国计民生。建设工程追求高质量发展，检验检测起到关键作用。工程检验检测的对象：一是建筑工程使用的原材料或半成品；二是工程实体。其涉及检测的标准主要有产品标准和工程建设标准，工程建设标准包括技术规范（程）和相关施工质量验收规范。它们既有区别又有联系，产品标准中主要分为出厂检验参数和型式检验参数，主要用于工厂生产；技术规范指导产品的工程应用；验收规范关心的是工程进场材料检验和施工质量的控制。因而所用标准不同，检验的参数也不相同，其批量的划分也有区别。另外，检验不合格时，需要怎样处理也是大家重点关注的问题。在产品标准的检验规则和施工质量验收规范中可能会有提及，若验收规范未提及，则可以参考 GB 50300—2013《建筑工程施工质量验收统一标准》的相关规定执行。在委托检测时，检测单位更加关注检测方法标准，因而将产品依据的检测方法标准也进行了归纳总结，便于建设单位和检测单位参考使用。

　　本书由淮安市建设工程质量协会和淮安市建筑科学研究院有限公司组织编写。编写中遵循有据可查、方便使用的原则，强调适用性。由于编者水平有限及工程检测技术的不断创新和发展，书中难免存在谬误和不足之处，敬请广大读者批评指正。

编者
2021 年 3 月

目　　录

第1部分：常规建筑材料……………………………………………… 1

第2部分：地基工程材料、市政道路用材料…………………… 106

第3部分：预制混凝土及装配式建筑用构件………………… 142

第4部分：建筑节能材料……………………………………… 166

第5部分：预应力结构用材料………………………………… 208

第6部分：结构加固用材料…………………………………… 215

第7部分：水电材料…………………………………………… 227

第8部分：污水化学分析……………………………………… 248

第9部分：安全防护用品……………………………………… 249

第10部分：地基工程现场检测……………………………… 252

第11部分：结构工程现场检测……………………………… 260

第12部分：室内环境污染现场检测………………………… 264

第13部分：节能工程现场检测……………………………… 266

第14部分：市政工程现场检测……………………………… 271

第15部分：基坑工程现场监测……………………………… 274

第16部分：房屋沉降观测…………………………………… 287

第17部分：人防工程检测…………………………………… 293

第18部分：雷电防护装置检测……………………………… 312

参考文献……………………………………………………… 329

第 1 部分：常规建筑材料

序号	检测对象	取样依据的产品标准或者工程建设标准	检测依据的产品/方法标准或者工程建设标准	主要检测参数	产品标准或工程建设标准批组取样原则或取样频率	取样方法及数量	不合格复检或监督处理办法	备注
一	混凝土、砂浆用材料							
1	水泥	《通用硅酸盐水泥》GB 175—2007 《砌筑水泥》GB/T 3183—2017	《水泥胶砂强度检测方法（ISO法）》GB/T 17671—1999 《水泥胶砂流动度测定方法》GB/T 2419—2005 《水泥标准稠度用水量、凝结时间、安定性检验方法》GB/T 1346—2011 《水泥细度检验方法 筛析法》GB/T 1345—2005 《水泥密度测定方法》GB/T 208—2014 《水泥化学分析方法》GB/T 176—2017 《水泥比表面积测定方法 勃氏法》GB/T 8074—2008	物理指标：标准稠度用水量、凝结时间、安定性、细度（比表面积）、胶砂强度；化学分析：烧失量、氧化钙、氧化镁、三氧化硫、氯离子	（GB 175—2007 第9.1条）以同品种、同强度等级、同一出厂编号进行取样，每一编号为一取样单位。取样可连续取，也可从20个以上不同部位取等量样品，组成一组样品	（GB 175—2007 第9.1条）取样可连续取，也可从20个以上不同部位取等量样品，组成一组样品。总量不少于12kg	（GB 175—2007 第9.6条）买方有异议时，将双方认可的另存的一份试样送省级或省级以上的水泥质量监督检验机构进行仲裁检验	/

续表

序号	检测对象	取样依据的产品标准或者工程建设标准	检测依据的产品/方法标准或工程建设标准	主要检测参数	产品标准或工程建设标准组批原则或取样频率	取样方法及数量	不合格检验或处理办法	备注
1	水泥	工程建设标准：《混凝土结构工程施工质量验收规范》GB 50204—2015	《水泥胶砂强度检测方法（ISO法）》GB/T 17671—1999 《水泥胶砂流动度测定方法》GB/T 2419—2005 《水泥标准稠度用水量、凝结时间、安定性检验方法》GB/T 1346—2011	胶砂强度、安定性、凝结时间	（GB 50204—2015 第7.2.1条）按同一厂家、同一品种、同一代号、同一批号、同一强度等级、同一批且连续进场的水泥、袋装水泥不超过200t为一批、散装水泥不超过500t为一批	（GB 175—2007 第9.1条）取样可连续取，也可从20个以上不同部位取等量样品，组成一组样品，总量不少于12kg	不合格检验批的处理应符合 GB 50204—2015 第3.0.6条 的要求：1. 材料、构配件、器具及半成品检验批不合格时不得用（以下条款略）	／
		《砌体结构工程施工质量验收规范》GB 50203—2011	《水泥胶砂强度检测方法（ISO法）》GB/T 17671—1999 《水泥胶砂流动度测定方法》GB/T 2419—2005 《水泥标准稠度用水量、安定性检验方法》GB/T 1346—2011	胶砂强度、安定性	（GB 50203—2011 第4.0.1条）同一厂家、同品种、同等级、同一批号连续进场的水泥，袋装水泥不超过200t为一批、散装水泥不超过500t为一批。每批抽样不少于一次	（GB 175—2007 第9.1条）取样可连续取，也可从20个以上不同部位取等量样品，组成一组样品，总量不少于12kg	（GB 50203—2011 第4.0.1条）当在使用中对水泥质量有怀疑或水泥出厂超过3个月时应复查试验	／

续表

序号	检测对象	取样依据的产品标准或者工程建设标准	检测依据的产品/方法标准或工程建设标准	主要检测参数	产品标准或工程建设标准组批原则或取样频率	取样方法及数量	不合格复检或处理办法	备注
2	砂	《普通混凝土用砂、石质量及检验方法标准》JGJ 52—2006《建设用砂》GB/T 14684—2011《混凝土和砂浆用再生细骨料》GB/T 25176—2010	《普通混凝土用砂、石质量及检验方法标准》JGJ 52—2006《建设用砂》GB/T 14684—2011	颗粒级配（筛分析）、表观密度、堆积密度、含泥量、含泥块量、云母含量、石粉含量、氯离子含量	（JGJ 52—2006 第5.1条）在料堆上取样应均匀分布。取样前铲除表层，抽取大致相等的砂共8份，组成一组样品。以400m³或600t同产地、同规格的为一验收批。当砂石质量比较稳定、进料量较大的可以1000t为一验收批。不足1000t也为一批	（GB/T 14684—2011 第7.1.2条）不少于30kg（氯离子检测不少于5kg）	（GB/T 14684—2011 第8.3条）有一项指标不合格时，从同一批产品中可加倍取样，对不合格项进行复验	/
		《建筑及市政工程用净化海砂》JG/T 494—2016	《建筑及市政工程用净化海砂》JG/T 494—2016《建设用砂》GB/T 14684—2011	颗粒级配、含泥量、泥块含量、云母含量、有机物、硫酸盐、硫化物、氯离子含量、碱集料反应、坚固性、表观密度、堆积密度、空隙率、放射性、饱和面干吸水率	（JG/T494—2016 第6.1条/7.2条）取样应均匀分布。取样前铲除表层，抽取大致相等的砂共8份，组成一组样品。以同一分类、规格、生产者的产品每批次（连续生产）每1000t为一批，不足1000t也为一批	（GB/T 14684—2011 第7.1.2条）不少于30kg（氯离子检测不少于5kg）；（GB 6556—2010 第4.2.1条）放射性抽取检样品两份，每份不少于2kg，一份封存，一份作为检验样品	（GB/T 14684—2011 第8.3条）有一项指标不合格时，从同一批产品中可加倍取样，对不合格项进行复验	/

续表

序号	检测对象	取样依据的产品标准或者工程建设标准	检测依据的产品/方法标准或工程建设标准	主要检测参数	产品标准或工程建设标准组批原则或取样频率	取样方法及数量	不合格复检或处理办法	备注
2	砂	工程建设标准：《混凝土结构工程施工质量验收规范》GB 50204—2015	《混凝土结构工程施工质量验收规范》GB 50204—2015 第7.2.4条	颗粒级配（筛分析）、表观密度、堆积密度、含泥量、泥块含量、云母含量、石粉含量、氯离子含量	（JGJ 52—2006 第5.1条）取样均匀分布，取8处均等除去表层，铲取大致相等的一组砂共8份，组成一组样品。以400m³或600t同产地同规格的为一验收批。不足的以一批计。当砂质量较大的可以1000t为一验收批	（GB/T 14684—2011 第7.1.2条）不少于30kg（氯离子检测不少于5kg）	（GB/T 14684—2011 第8.3条）有一项指标不合格时，从同一批不合格产品中可加倍取样，对不合格项进行复验	/
		《砌体结构工程施工质量验收规范》GB 50203—2011	《砌体结构工程施工质量验收规范》GB 50203—2011 第4.0.2条	含泥量、泥块含量、云母含量、云粉含量、有机物、硫酸盐、氯离子含量	（JGJ 52—2006 第5.1条）在料堆上取样应均匀分布，取样前地均等除去表层，铲取大致相等的一组砂共8份，组成一组样品。以400m³或600t同产地同规格的为一验收批。不足的以一批计。当砂、石质量比较稳定，进料量较大的可以1000t为一验收批	（GB/T 14684—2011 第7.1.2条）不少于30kg（氯离子检测不少于5kg）	（GB/T 14684—2011 第8.3条）有一项指标不合格时，从同一批不合格产品中可加倍取样，对不合格项进行复验	/

续表

序号	检测对象	取样依据的产品标准或者工程建设标准	检测依据的产品标准/方法标准或工程建设标准	主要检测参数	产品标准或工程建设标准组批原则或取样频率	取样方法及数量	不合格复检或处理办法	备注
2	砂	《海砂混凝土应用技术规范》JGJ 206—2010	《海砂混凝土应用技术规范》JGJ 206—2010第4.1《建筑材料放射性核素限量》GB 6566—2010	筛分析、含泥量、泥块含量、坚固性指标、云母含量、有机物、硫化物、硫酸盐、水溶性氯离子含量、碱活性、放射性	(JGJ 52—2006 第5.1条)取样应均匀分布，取8处，铲除表层，抽取大致相等的砂共8份。以400m³或600t同产地同规格的砂为一验收批。不足的可以一批计。当砂质量比较稳定，进料也较大的可以1000t为一验收批	(GB/T 14684—2011第6.1.条）不少于30kg（氯离子检测不少于5kg）。(GB 6566—2010第4.2.1条）放射性检测，随机抽取取样品两份，每份不少于2kg。一份封存，一份作为检验样品	(GB/T 14684—2011第8.3条）有一项指标不合格时，从同一批不合格产品中可加倍取样，对不合格项进行复验	/
		《再生骨料应用技术规程》JGJ/T 240—2011	《普通混凝土用砂、石质量及检验方法标准》JGJ 52—2006《建设用砂》GB/T 14684—2011《混凝土和砂浆用再生细骨料》GB/T 25176—2010	颗粒级配（筛分析）、表观密度、堆积密度、含泥量、泥块含量、云母含量、石粉含量、氯离子含量	(JGJ 52—2006 第5.1条）在料堆上取样应均匀分布，取8处，抽取前铲除表层，抽取大致相等的砂共8份。组成一组样品。(JGJ 52—2006 4.0.1/4.0.2条）以400m³或600t同产地同规格的砂为一验收批。不足的可以一批计。当砂质量比较稳定，进料量较大的可以1000t为一验收批	(GB/T 14684—2011第6.1.2条）不少于30kg（氯离子检测不少于5kg）	(GB/T 14684—2011第8.3条）有一项指标不合格时，从同一批不合格产品中可加倍取样，对不合格项进行复验	/

续表

序号	检测对象	取样依据的产品标准或者工程建设标准	检测依据的产品/方法标准或工程建设标准	主要检测参数	产品标准或工程建设标准取样原则或取样频率	取样方法及数量	不合格复检或处理办法	备注
3	石	《建设用卵石、碎石》GB/T 14685—2011《混凝土用再生粗骨料》GB/T 25177—2010	《普通混凝土用砂、石质量及检验方法标准》JGJ 52—2006《建设用卵石、碎石》GB/T 14685—2011《混凝土用再生粗骨料》GB/T 25177—2010	颗粒级配（筛分析）、含泥量、泥块含量、针片状含量、堆积密度和紧密密度、压碎指标值、表观密度、吸水率	（JGJ 52—2006 第5.1条）在料堆上取样应均匀分布，取16处，抽取前铲除表层的石子共16份，组成一组样品。（JGJ 52—2006 第4.0.1/4.0.2条）以400m³或600t同产地同规格的石子目同一批为一验收批。当石子质量比较稳定时，可以1000t为一验收批，不足1000t也为一批	（GB/T 14685—2011 第7.1.2条）不少于50kg	（GB/T 14685—2011 第8.3条）有一项指标不合格时，从同一批产品中可加倍取样，对不合格项进行复验	/
		工程建设标准：《混凝土结构工程施工质量验收规范》GB 50204—2015《普通混凝土用砂、石质量及检验方法标准》JGJ 52—2006	《混凝土结构工程施工质量验收规范》GB 50204—2015 第7.2.4条	颗粒级配（筛分析）、含泥量、泥块含量、针片状含量、堆积密度和紧密密度、压碎指标值、表观密度、吸水率	（JGJ 52—2006 第5.1条）以400m³或600t同一规格目同一产地的石子为一验收批。不足的以一批计。当进场石子比较稳定时，进料量又较大时，可以1000t为一验收批，不足1000t也为一批	（GB/T 14685—2011 第7.1.2条）不少于50kg	（GB/T 14685—2011 第8.3条）有一项指标不合格时，从同一批产品中可加倍取样，对不合格项进行复验	/
		《再生骨料应用技术规程》JGJ/T 240—2011	《普通混凝土用砂、石质量及检验方法标准》JGJ 52—2006《建设用卵石、碎石》GB/T 14685—2011《混凝土用再生粗骨料》GB/T 25177—2010	颗粒级配（筛分析）、含泥量、泥块含量、针片状含量、堆积密度和紧密密度、压碎指标值、表观密度、吸水率	（JGJ 52—2006 第5.1条）在料堆上取样应均匀分布，取16处，抽取前铲除表层，抽取大致相等的石子共16份，组成一组样品。（JGJ 52—2006 第4.0.1/4.0.2条）以400m³或600t同产地同规格目一次进场石子为一验收批。不足的为一验收批。当进场石子比较稳定的，进场石质量比较稳定的，可以1000t为一验收批，不足1000t也为一批	（GB/T 14685—2011 第7.1.2条）不少于50kg	（GB/T 14685—2011 第8.3条）有一项指标不合格，从同一批产品中可加倍取样，对不合格项进行复验	/

续表

序号	检测对象	取样依据的产品标准或者工程建设标准	检测依据的产品/方法标准或工程建设标准	主要检测参数	产品标准或工程建设标准抽批原则或取样频率	取样方法及数量	不合格复检或处理办法	备注
4	混凝土外加剂（减水剂）	《混凝土外加剂》GB 8076—2008	《混凝土外加剂》GB 8076—2008《混凝土外加剂匀质性试验方法》GB/T 8077—2012	减水率、泌水率比、抗压强度比、凝结时间差、含气量、1h经时变量、收缩率比、pH值、密度（细度）、含固量（含水率）	（GB 8076—2008 第7.1.2条）掺量大于1%（含1%）同品种的外加剂每一批号为100t；掺量小于1%的外加剂每一批号为50t；不足100t或50t的也按一检验批计；同一批号的产品必须混合均匀	（GB 8076—2008 第7.1.3/7.2条）每一批号取样量不少于0.2t水泥所需用的外加剂量。每一检验批取样应充分混匀，并分为两等份：其中一份用于检验，另一份密封存封保留半年	（GB 8076—2008 第7.5条）复验用存封样进行	密度、含固量检验适用于液体外加剂；细度、含水率检验适用于粉状外加剂
		工程建设标准：《混凝土结构工程施工质量验收规范》GB 50204—2015《混凝土外加剂应用技术规范》GB 50119—2013	工程建设标准《混凝土结构工程施工质量验收规范》GB 50204—2015 第7.2.2条	减水率、泌水率比、抗压强度比、凝结时间差、含气量、1h经时变量、收缩率比、pH值、密度（细度）、含固量（含水率）	（GB 50204—2015 第7.2.2条）按同一厂家、同一品种、同一性能、同一批号且连续进场的混凝土外加剂，不超过50t为一批，每批抽样数量不少于一次	（GB 50119—2013 第4.3.1条）取样量不少于0.2t水泥所需用的减水剂量。每一检验批取样应充分混匀，并分为两等份：其中一份用于检验，另一份密封存封保留半年	（GB 50119—2013 第4.3.1/5.3.1/6.3.1条）有疑问时，用密封存封样对比检验	

7

续表

序号	检测对象	取样依据的产品标准或者工程建设标准	检测依据的产品/方法标准或工程建设标准	主要检测参数	产品标准或工程建设标准组批原则或取样频率	取样方法及数量	不合格复验或检验处理办法	备注
5	混凝土外加剂（引气剂、引气减水剂）	《混凝土外加剂》GB 8076—2008	《混凝土外加剂》GB 8076—2008 《混凝土外加剂匀质性试验方法》GB/T 8077—2012	减水率、泌水率比、抗压强度比、凝结时间差、含气量、1h经时变量、收缩率比、pH 值、密度（细度）、含固量（含水率）	（GB 8076—2008 第7.1.2条）掺量大于1%（含1%）的外加剂每一品种每批量不小于100t；掺量小于1%的外加剂每一批号量不小于50t；不足100t或50t的也按一检验批计，同一批号的产品必须混合均匀	（GB 8076—2008 第7.1.3/7.2条）每一批号取样量不少于0.2t水泥所需用的外加剂量。每一检验批取样应充分混匀，并分为两等份：其中一份用于检验；另一份密封保存半年	（GB 8076—2008 第7.5条）复验用存样进行	密度、含固量检验适用于液体外加剂；细度、含水率检验适用于粉状外加剂
		工程建设标准：《混凝土结构工程施工质量验收规范》GB 50204—2015 第7.2.2条 《混凝土外加剂应用技术规范》GB 50119—2013	工程建设标准：《混凝土结构工程施工质量验收规范》GB 50204—2015 第7.2.2条 《混凝土外加剂应用技术规范》GB 50119—2013	减水率、泌水率比、抗压强度比、凝结时间差、含气量、1h经时变量、收缩率比、pH 值、密度（细度）、含水率、含气量损失	（GB 50204—2015 第7.2.2条）按同一厂家、同一品种、同一性能、同一批号且连续进场的混凝土外加剂，不超过50t为一批，每批抽样数量不少于一次。（GB 50119—2013 第7.4.1条）引气剂按每10t为一检验批，不足10t也按一检验批计；引气减水剂按每50t为一检验批，不足50t也按一检验批计	（GB 50119—2013 第7.4.1条）取样量不少于 0.2t 水泥所需用的外加剂量。每一检验批取样应充分混匀，并分为两等份：其中一份用于检验；另一份密封保留半年	（GB 50119—2013 第7.4.1条）有疑问时，用密封存样对比检验	

8

续表

序号	检测对象	取样依据的产品标准或者工程建设标准	检测依据的产品/方法标准或工程建设标准	主要检测参数	产品标准或工程建设标准组批原则或取样频率	取样方法及数量	不合格复检或处理办法	备注
6	混凝土外加剂（早强剂）	《混凝土外加剂》GB 8076—2008	《混凝土外加剂》GB 8076—2008 《混凝土外加剂匀质性试验方法》GB/T 8077—2012	泌水率比、抗压强度比、凝结时间差、收缩率比、密度（细度）、含固量（含水率）	（GB 8076—2008 第7.1.2条）掺量大于1%（含1%）同品种的外加剂每一批号为100t；掺量小于1%的外加剂每一批号为50t；不足100t或50t的也按一检验批计，同一批号的产品必须混合均匀	（GB 8076—2008 第7.1.3/7.2条）每一批号取样量不少于0.2t水泥所需用的外加剂量。每一检验批取样应充分混匀，并分为两等份：其中一份用于检验，另一份密封保留半年	（GB 8076—2008 第7.5条）复验用封存样进行	密度、含固量检验适用于液体外加剂；细度、含水率检验适用于干粉状外加剂
		工程建设标准：《混凝土结构工程施工质量验收规范》GB 50204—2015 7.2.2条 《混凝土外加剂应用技术规范》GB 50119—2013	工程建设标准：《混凝土结构工程施工质量验收规范》GB 50204—2015 第7.2.2条 《混凝土外加剂应用技术规范》GB 50119—2013	泌水率比、抗压强度比、凝结时间差、收缩率比、密度（细度）、含固量（含水率）	（GB 50204—2015 第7.2.2条）按同一厂家、同一品种、同一性能、同一批号且连续进场的混凝土外加剂，不超过50t为一批，每批抽样数量不少于一次	（GB 50119—2013 第8.3.1条）取样量不少于0.2t水泥所需用的外加剂量。每一检验批取样应取充分混匀，并分为两等份：其中一份用于检验，另一份密封保留半年	（GB 50119—2013 第8.3.1条）有疑问时，用密封存样对比检验	

续表

序号	检测对象	取样依据的产品标准或者工程建设标准	检测依据的产品/方法标准或工程建设标准	主要检测参数	产品标准或工程建设标准组批原则或取样频率	取样方法及数量	不合格复检或处理办法	备注
7	混凝土外加剂（缓凝剂）	《混凝土外加剂》GB 8076—2008 工程建设标准： 《混凝土结构工程施工质量验收规范》GB 50204—2015 《混凝土外加剂应用技术规范》GB 50119—2013	《混凝土外加剂》GB 8076—2008 《混凝土外加剂匀质性试验方法》GB/T 8077—2012 工程建设标准： 《混凝土结构工程施工质量验收规范》GB 50204—2015 第7.2.2条 《混凝土外加剂应用技术规范》GB 50119—2013	减水率比、抗压强度比、凝结时间差、收缩率比、密度（细度、含水率）、含固量 减水率比、抗压强度比、凝结时间差、收缩率比、密度（细度、含水率）、含固量	（GB 8076—2008 第7.1.2条）掺量大于1%（含1%）同品种的外加剂每一批号为100t；掺量小于1%的外加剂每一批号为50t；不足100t或50t的也按一检验批计。同一批号的产品必须混合均匀 （GB 50204—2015 第7.2.2条）按同一厂家、同一品种、同一性能、同一批号且连续进场的混凝土外加剂，不超过50t为一批，每批抽样数量不少于一次。 （GB 50119—2013 第9.3.1条）按每20t为一检验批，不足20t也按一检验批计	（GB 8076—2008 第7.1.3/7.2条）每一批号取样不少于0.2t水泥所需用的外加剂量。每一检验批取样应充分混匀，并分为两等份：其中一份用于检验，另一份密封存保留半年。 （GB 50119—2013 第9.3.1条）取样量不少于0.2t水泥所需用的外加剂量。每一检验批取样应充分混匀，并分为两等份：其中一份用于检验，另一份密封存保留半年	（GB 8076—2008 第7.5条）复验用封存样进行。 （GB 50119—2013 第9.3.1条）有疑问时，用密封存样对比检验	密度、含固量适用于液体外加剂；细度、含水率检验适用于干粉状外加剂

续表

序号	检测对象	取样依据的产品标准或者工程建设标准	检测依据的产品/方法标准或工程建设标准	主要检测参数	产品标准或工程建设标准组批原则或取样频率	取样方法及数量	不合格复检或处理办法	备注
8	混凝土外加剂（泵送剂）	《混凝土外加剂》GB 8076—2008	《混凝土外加剂》GB 8076—2008《混凝土外加剂匀质性试验方法》GB/T 8077—2012	减水率、泌水率比、1h经时变量、抗压强度比、收缩率比、pH值、密度（细度）、含固量（含水率）、坍落度	（GB 8076—2008 第7.1.2条）掺量大于1%（含1%）同品种的外加剂每一批号为100t；掺量小于1%的外加剂每一批号为50t；不足100t或50t的也按一检验批计。同一批号的产品必须混合均匀	（GB 8076—2008 第7.1.3/7.2条）每一批号取样量不少于0.2t水泥所需用的外加剂量。每一检验批取样应充分混匀，并分为两等份：其中一份用于检验，另一份密封保存半年	（GB 8076—2008 第7.5条）复验用封存样进行	密度、含固量检验适用于液体外加剂；含细度、含水率检验适用于粉状外加剂
		工程建设标准：《混凝土结构工程施工质量验收规范》GB 50204—2015 第7.2.2条《混凝土外加剂应用技术规范》GB 50119—2013	工程建设标准：《混凝土结构工程施工质量验收规范》GB 50204—2015 第7.2.2条《混凝土外加剂应用技术规范》GB 50119—2013	减水率、泌水率比、含气量、1h经时变量、收缩率比、pH值、密度（细度）、含固量（含水率）、坍落度	（GB 50204—2015 第7.2.2条）按同一厂家、同一品种、同一性能、同一批号且连续进场的混凝土外加剂，不超过50t为一批，每批抽样数量不少于一次	（GB 50119—2013 第10.4.1条）取样量不少于0.2t水泥所需用的外加剂量。每一检验批取样应充分混匀，并分为两等份：其中一份用于检验，另一份密封保存半年	（GB 50119—2013 第10.4.1条）有疑问时，用密封保存样对比检验	

续表

序号	检测对象	取样依据的产品标准或者工程建设标准	检测依据的产品/方法标准或工程建设标准	主要检测参数	产品标准或工程建设标准规定或取样频率	取样方法及数量	不合格复检或处理办法	备注
9	混凝土外加剂（防冻剂）	《混凝土外加剂应用技术规范》GB 50119—2013 《混凝土外加剂》GB 8076—2008 《混凝土防冻剂》JC 475—2004 《混凝土防冻泵送剂》JG/T 377—2012	《混凝土外加剂应用技术规范》GB 50119—2013 《混凝土外加剂》GB 8076—2008 《混凝土外加剂匀质性试验方法》GB/T 8077—2012	减水率、泌水率比、抗压强度比、凝结时间差、含气量、收缩率比（细度）、密度、含水率（含水率）、含固量、氯离子含量、碱含量、抗渗高度比、50次冻融强度损失率比	（JC 475—2004 第7.2条）按每50t为一检验批，不足50t也按为一检验批计。（JC 475—2004 第7.3条）每一检验批取样可连续取，也可以从20个以上的不同部位取等量样品	（JC 475—2004第7.3条）取样量不少于0.15t水泥所需用的防冻剂量（以其最大掺量计。样品应充分混匀，并分为两等份：其中一份用于检验，另一份密封保留半年	（JC 475—2004第7.3条）有疑同时，用密封存样进行复试	密度、含固量检验适用于液体外加剂；含细度、含水率检验适用于粉状外加剂
		工程建设标准：《混凝土结构工程施工质量验收规范》GB 50204—2015 7.2.2条 《混凝土外加剂应用技术规范》GB 50119—2013	工程建设标准：《混凝土结构工程施工质量验收规范》GB 50204—2015 第7.2.2条 《混凝土外加剂应用技术规范》GB 50119—2013		（GB 50204—2015）第7.2.2条 按同一厂家、同一品种、同一性能、同一批号且连续进场的混凝土外加剂，不超过50t为一批，每批抽样数量不少于一次			

续表

序号	检测对象	取样依据的产品标准或者工程建设标准	检测依据的产品/方法标准或工程建设标准	主要检测参数	产品标准或工程建设标准组批原则或取样频率	取样方法及数量	不合格复检或处理办法	备注
10	混凝土外加剂（速凝剂）	《喷射混凝土用速凝剂》JC 477—2005 工程建设标准： 《混凝土结构工程施工质量验收规范》GB 50204—2015 《混凝土外加剂应用技术规范》GB 50119—2013	《混凝土外加剂》GB 8076—2008 《混凝土外加剂匀质性试验方法》GB/T 8077—2012 《喷射混凝土用速凝剂》JC 477—2005 工程建设标准： 《混凝土结构工程施工质量验收规范》GB 50204—2015 《混凝土外加剂应用技术规范》GB 50119—2013	（JC 477—2005 第7.2条）1d 抗压强度、凝结时间、细度、含水率 抗压强度比、凝结时间、密度	（JC 477—2005 第7.4.1/7.4.2条）每20t为一检验批，不足20t也按一检验批计。一批应于16个不同点取样，每个点取样不少于250g，总量不少于4000g。将试样充分混合均匀，分为两等份，一份密封同保存5个月；一份检验，有疑问时进行复验或仲裁 （GB 50204—2015 第7.2.2条）按同一厂家、同一品种、同一性能、同一批号且连续进场的混凝土外加剂，不超过50t为一批，每批抽样数量不少于一次	总量4000g （GB 50119—2013 第12.3.1条）取样量不少于0.2t 水泥所需的外加剂量。每一检验批取样应充分混合均匀，并分为两等份，其中一份用于检验，另一份密封存留，保留半年	（JC 477—2005 第7.4.2条）有疑问时，用密封存样进行复验 （GB 50119—2013 第12.3.1条）有疑问时，用密封存样进行复验	密度、含固量检验适用于液体外加剂；细度、含水率检验适用于粉状外加剂

续表

序号	检测对象	取样依据的产品标准或者工程建设标准	检测依据的产品/方法标准或工程建设标准	主要检测参数	产品标准或工程建设标准组批原则或取样频率	取样方法及数量	不合格复检或处理办法	备注
11	混凝土外加剂（膨胀剂）	《混凝土膨胀剂》GB/T 23439—2017	《水泥胶砂强度检测方法（ISO法）》GB/T 17671—1999《水泥标准稠度用水量、凝结时间、安定性检验方法》GB/T 1346—2011《水泥细度检验方法 筛析法》GB/T 1345—2005	（GB/T 23439—2017第5.2条）抗压强度、凝结时间、限制膨胀率	（GB/T 23439—2017第7.2条）按200t为一检验批，不足200t也按一检验批。取样可连续取，也可以从20个不同部位取等量样品	（GB/T 23439—2017第7.2条）取样量不少于10kg。每一检验批取样应充分混匀，并分为两等份：其中一份用于检验，另一份用于密封保留半年。（GB 50119—2013第13.4.1条）取样应均匀，并分为两等份：其中一份用于检验，另一份密封保存半年	（GB 50119—2013第13.4.1条）有疑问时，用密封存样进行复验。	密度、含固量检验适用于液体外加剂；细度、含水率检验适用于粉状外加剂
		工程建设标准：《混凝土结构工程施工质量验收规范》GB 50204—2015《混凝土外加剂应用技术规范》GB 50119—2013	工程建设标准：《混凝土结构工程施工质量验收规范》GB 50204—2015第7.2.2条《混凝土外加剂应用技术规范》GB 50119—2013	（GB 50119—2017第5.2条）抗压强度、凝结时间、水中7d限制膨胀率	（GB 50204—2015第7.2.2条）按同一厂家、同一品种、同一批号、同一性能的混凝土外加剂，不超过50t为一批，每批抽样混凝土外加剂数量不少于一次。（GB 50119—2013第13.4.1条）每200t为一检验批，不足200t也按一检验批计			

续表

序号	检测对象	取样依据的产品标准或者工程建设标准	检测依据的产品/方法标准或工程建设标准	主要检测参数	产品标准或工程建设标准组批原则或取样频率	取样方法及数量	不合格复检或处理办法	备注
12	砂浆、混凝土外加剂（防水剂）	《砂浆、混凝土防水剂》JC 474—2008	《混凝土外加剂》GB 8076—2008;《砂浆、混凝土防水剂》JC 474—2008;《混凝土外加剂匀质性试验方法》GB/T 8077—2012;《水泥标准稠度用水量、凝结时间、安定性检验方法》GB/T 1346—2011	(JC 474—2008 第4.2/4.3条) 砂浆：安定性、凝结时间、抗压强度比、透水压力比、48h吸水量比、28d收缩率比、密度（含固量）、含固量（细度）、含水率）	(JC 474—2008 第6.2.2条) 不小于500t的以每50t为一检验批；500t以下的以每30t为一检验批。不足30t或50t的也按一检验批计	(JC 474—2008 第6.2.3/6.2.4条) 取样量不少于每0.2t水泥所需用的外加剂量。每一检验批取样应充分混匀，并分为两等份：其中一份用于检，另一份密封保留半年	(GB 50119—2013 第14.3.1条) 有疑存样时，用密封存样进行复验	密度、含固量适用于液体外加剂；细度、含水率检验适用于粉状外加剂
		工程建设标准：《混凝土结构工程施工质量验收规范》GB 50204—2015;《砌体结构工程施工质量验收规范》GB 50203—2011;《混凝土外加剂应用技术规范》GB 50119—2013	工程建设标准：《混凝土结构工程施工质量验收规范》GB 50204—2015 第7.2.2条;《砌体结构工程施工质量验收规范》GB 50203—2011 第4.0.7条;《混凝土外加剂应用技术规范》GB 50119—2013	混凝土：安定性、泌水率（比）、凝结时间差、渗透高度比、抗压强度比、48h吸水量比、28d收缩率比、密度（细度）。	(GB 50204—2015 第7.2.2条) 按同一厂家，同一品种，同一性能、同一批号且连续进场的混凝土外加剂，不超过50t为一批，每批抽样数量不少于一次。(GB 50119—2013 第14.3.1条) 按每50t为一检验批，不足50t也按一检验批计	(GB 50119—2013 第14.3.1条) 取样量不少于每0.2t水泥所需用的减水剂量。每一检验批取样应充分混匀，并分为两等份：其中一份用于检验，另一份密封保留半年	(GB 50119—2013 第14.3.1条) 有疑存样时，用密封存样进行复验	

15

续表

序号	检测对象	取样依据的产品标准或者工程建设标准	检测依据的产品标准/方法标准或工程建设标准	主要检测参数	产品标准或工程建设标准组批原则或取样频率	取样方法及数量	不合格复检或处理办法	备注
13	混凝土外加剂(阻锈剂)	工程建设标准:《混凝土外加剂应用技术规范》GB 50119—2013 《钢筋阻锈剂应用技术规程》JGJ/T 192—2009	《混凝土外加剂应用技术规范》GB 50119—2013 《混凝土外加剂》GB 8076—2008 《混凝土外加剂匀质性试验方法》GB/T 8077—2012 《钢筋阻锈剂应用技术规程》JGJ/T 192—2009	pH值、密度(含水率)、含固量、盐水浸环境中钢筋腐蚀面积百分率、凝结时间差、抗压强度比、抗渗性、盐水溶液中防锈性能、电化学综合防锈性能	(JGJ/T 192—2009 第7.0.3条)按同一进场、同一型号每50t为一检验批，不足50t也按一检验批计；(JGJ/T 192—2009 第7.0.4条)外涂型钢筋阻锈剂检测渗透深度，以3点为一组，500m²以下工程随工程随机抽取 3 点；500~1000m² 工程随机抽取6点；1000m²以上工程随机抽取9点	(GB 50119—2013 第15.3.1条)取样量不小于0.2t水泥量所需用的减水剂取样批量。每一检验批取样应充分混匀，并分为两等份，其中一份用于检验，另一份密封存保留半年	(GB 50119—2013 第15.3.1条)有疑问时，用密封存封对比试验行对比试验	密度、含固量检验适用于液体外加剂；细度、含水率检验适用于干粉状外加剂
		工程建设标准:《混凝土结构工程施工质量验收规范》GB 50204—2015	《混凝土结构工程施工质量验收规范》GB 50204—2015 第7.2.2条		按同一厂家、同一性能、同一品种、同一批号且连续进场的混凝土外加剂，不超过50t为一批，每批抽样数量不少于一次		(GB 50119—2013 第15.3.1条)有疑问时，用密封存封对比试验行对比试验	

续表

序号	检测对象	取样依据的产品标准或者工程建设标准	检测依据的产品/方法标准或工程建设标准	主要检测参数	产品标准或者工程建设标准批组批原则或取样频率	取样方法及数量	不合格复检或处理办法	备注
14	砌筑砂浆增塑剂	《混凝土外加剂》GB 8076—2008 《砌筑砂浆增塑剂》JG/T 164—2004 工程建设标准：《砌体结构工程施工质量验收规范》GB 50203—2011	《混凝土外加剂匀质性试验方法》GB/T 8077—2012 《混凝土外加剂》GB 8076—2008 《砌筑砂浆增塑剂》JG/T 164—2004 《砌体结构工程施工质量验收规范》GB 50203—2011 第4.0.7条	密度（细度）、含水率、氯离子含量、抗压强度比、凝结时间差、气量、分层度	（JG/T 164—2004 第6.1.2条）增塑剂掺量大于5%的以200t为一批，增塑剂掺量小于5%并大于1%的以100t为一批，掺量小于1%并大于0.05%的以50t为一批；掺量小于0.05%的以10t为一批，不足一个批号的按一批计	（JG/T 164—2004 第6.1.3条）不少于试验所需量的2.5倍 （JG/T 164—2004 第6.1.3条）不少于试验所需量的2.5倍	（JG/T 164—2004 第6.2条）每一检验批，取样应充分混匀，并分为两等份：其中一份分为两等份，另一份密封于干液中，另一份密封保存半年，以备有疑问时送国家指定检验室复检仲裁	密度、含固量检验适用于液体外加剂；细度、含水率检验适用于粉状外加剂 /
15	粉煤灰	《用于水泥和混凝土中的粉煤灰》GB/T 1596—2017 工程建设标准：《矿物掺合料应用技术规范》GB/T 51003—2014 《混凝土结构工程施工质量验收规范》GB 50204—2015	《用于水泥和混凝土中的粉煤灰》GB/T 1596—2017 《水泥化学分析方法》GB/T 176—2017 《水泥密度测定方法》GB/T 208—2014 《水泥标准稠度用水量、凝结时间、安定性检验方法》GB/T 1346—2011	细度（用于砂浆、混凝土）、需水量比（用于砂浆、混凝土）、含水量、烧失量、强度活性指数、三氧化硫、二氧化硅、三氧化二铁、三氧化二铝、安定性（雷氏法）、密度 细度、需水量比、安定性、烧失量（C类粉煤灰）	（GB/T 1596—2017 第8.1条）同一种类、同等级粉煤灰不超过200t为一编号，同编号为一检验批 （GB/T 51003—2014 表4.3.2条）同一厂家、相同级别、批号连续供应200t为一检验批（不足200t，按一批计）	取样按 GB/T 12573—2008 进行，取样应有代表性，可连续取样，也可以在10个以上不同部位取等量样品，总量至少3kg 取样按 GB/T 12573—2008 进行，取样应有代表性，可连续取样，也可以在10个以上不同部位取等量样品，总量至少3kg	（GB/T 1596—2017 第8.4.1条）任一检验项目不符合要求，允许在同一编号重新取样进行全部项目的复检，以复检结果判定 （GB/T 51003—2014 第4.3.3条）任一检验项目不符合规定要求，应降级使用或不宜使用；也可根据工程和原材料实际情况，通过混凝土试验论证，确能保证工程质量时，方可使用	/

续表

序号	检测对象	取样依据的产品标准或者工程建设标准	检测依据的产品/方法标准或者工程建设标准	主要检测参数	产品标准或工程建设标准组批原则或取样频率	取样方法及数量	不合格复检或处理办法	备注
16	粒化高炉矿渣粉	《用于水泥、砂浆和混凝土中的粒化高炉矿渣粉》GB/T 18046—2017 工程建设标准：《矿物掺合料应用技术规范》GB/T 51003—2014 《混凝土结构工程施工质量验收规范》GB 50204—2015	《用于水泥、砂浆和混凝土中的粒化高炉矿渣粉》GB/T 18046—2017 《水泥化学分析方法》GB/T 176—2017 《水泥比表面积测定方法 勃氏法》GB/T 8074—2008 《建筑材料放射性核素限量》GB 6566—2010	密度、比表面积、活性指数、流动度比、含水量、三氧化硫、氯离子、烧失量、不溶物、放射性；比表面积、三性指数、流动度比	（GB/T 18046—2017 第7.1.1条（检验批）每一批号（检验批）为一个取样单位。当散装运输工具容量超过规定出厂批号吨数时，允许该批号数量超过规定批号吨数；（GB/T 51003—2014 表4.3.2）相同级别，连续供应500t为一检验批（不足500t，按500t一批计）	（GB/T 18046—2017 第7.1.2条）取样按GB/T 12573规定进行。取样应有代表性，可连续取样，也可以在20个以上部位等量取样，总量至少20kg。试样应混合均匀	（GB/T 18046—2017等7.3条）密度、比表面积、活性指数、流动度比、含水量、三氧化硫、烧失量、不溶物中任何一项不符合未要求的为不合格品；（GB/T 51003—2014 第4.3.3条）任一检验项目不符合规定要求，应降级使用或不宜使用；也可根据工程和原材料实际情况，通过混凝土试验论证，确能保证工程质量时，方可使用	/
17	硅灰	《砂浆和混凝土用硅灰》GB/T 27690—2011 工程建设标准：《矿物掺合料应用技术规范》GB/T 51003—2014 《混凝土结构工程施工质量验收规范》GB 50204—2015	《砂浆和混凝土用硅灰》GB/T 27690—2011 《矿物掺合料应用技术规范》GB/T 51003—2014 《水泥化学分析方法》GB/T 176—2017 《水泥比表面积测定方法 勃氏法》GB/T 8074—2008	比表面积、2~3d活性指数、需水量、烧失量、二氧化硫、含水量、氯离子含量	（GB/T 51003—2014 表4.3.2）同一厂家、同一批号，连续供应30t为一检验批（不足30t，按30t一批计）	（GB/T 18046—2017 第7.1.2条）取样按GB/T 12573规定进行。取样应有代表性，也可以在10个以上部位等量取样，总量至少20kg。硅灰总量至少5kg，硅灰浆至少15kg。试样应混合均匀	（GB/T 51003—2014 第4.3.3条）任一检验项目不符合规定要求，应降级使用或不宜使用；也可根据工程和原材料实际情况，通过混凝土试验论证，确能保证工程质量时，方可使用	/

续表

序号	检测对象	取样依据的产品标准或者工程建设标准	检测依据的产品标准/方法标准或工程建设标准	主要检测参数	产品标准或工程建设标准批组批原则或取样频率	取样方法及数量	不合格复检或处理办法	备注
18	石灰石粉	工程建设标准：《矿物掺合料应用技术规范》GB/T 51003—2014《混凝土结构工程施工质量验收规范》GB 50204—2015	《矿物掺合料应用技术规范》GB/T 51003—2014《水泥标准稠度用水量、凝结时间、安定性检验方法》GB/T 1346—2011	细度（45μm方孔筛筛余）、7d活性指数、28d活性指数、流动度比、安定性	（GB/T 51003—2014表4.3.2）同一厂家、相同级别、同一批号连续供应200t为一检验批（不足200t，按一批计）	（GB/T 51003—2014第4.3.2条）散装灰应从每批连续购进的任意3个罐体各取等量试样一份，每份不少于5.0kg，混合均匀；袋装应从每批中任各取10袋，从每袋中各取等量试样一份，每份不少于1.0kg。用四分法缩取试验需要量大比1倍的试样量	（GB/T 51003—2014第4.3.3条）任一检验项目不符合规定使用要求时，不宜使用；也可根据工程和原材料实际情况，通过降级使用或通过混凝土试验论证、确能保证工程质量时，方可使用	/
19	钢渣粉	《用于水泥和混凝土中的钢渣粉》GB/T 20491—2017	《用于水泥和混凝土中的钢渣粉》GB/T 20491—2017	密度、比表面积、活性指数、流动度比、含水量、三氧化硫、氯离子、安定性	（GB/T 20491—2017第6.1.1条）每一批号（检验批）为一批。当散装运输工具容量超过规定出厂批吨数时，允许该批号数量超过规定批号吨数。	（GB/T 20491—2017第6.1.2条）取样按GB/T 12573规定进行，取样应有代表性，可连续取样，也可以在20个以上部位取等量样品，总量应至少20kg，试样应混合均匀	（GB/T 20491—2017第6.4条）除安定性指标外若其他任何一项不合格，应重新加倍取样，对不合格的项目进行复检。活性指数时以复检结果为评定的项目以复检结果为准。活性指数复检后可降级使用。安定性不合格不可复检，作为不合格品	/
		工程建设标准：《矿物掺合料应用技术规范》GB/T 51003—2014《混凝土结构工程施工质量验收规范》GB 50204—2015	用于水泥和混凝土中的钢渣粉 GB/T 20491—2017	比表面积、活性指数、流动度比、安定性	（GB/T 51003—2014表4.3.2）同一厂家、相同级别、同一批号连续供应200t为一检验批（不足200t，按一批计）	（GB/T 20491—2017第6.1.2条）取样按GB/T 12573规定进行，取样应有代表性，可连续取样，也可以在20个以上部位取等量样品，总量至少20kg，试样应混合均匀	（GB/T 51003—2014第4.3.3条）任一检验项目不符合规定使用要求时，不宜使用；也可根据工程和原材料实际情况，通过降级使用或通过混凝土试验论证、确能保证工程质量时，方可使用	/

续表

序号	检测对象	取样依据的产品标准或者工程建设标准	检测依据的产品/方法标准或工程建设标准	主要检测参数	产品标准或工程建设标准批组批原则或取样频率	取样方法及数量	不合格复检或处理办法	备注
20	磷渣粉	《用于水泥和混凝土中的粒化电炉磷渣粉》GB/T 26751—2011	《用于水泥和混凝土中的粒化电炉磷渣粉》GB/T 26751—2011	密度、比表面积、活性指数、流动度比、含水量、三氧化硫、氯离子、烧失量、不溶物、放射性、三氧化磷、碱含量	(GB/T 26751—2011第7.1.1条)每一个批号(检验单位)为一个取样单位。当散装运输工具容量超过规定出厂批号吨数时,允许该批号数量超过规定批号吨数	(GB/T 26751—2011第7.1.2条)取样应按进行,取样应有代表性,可连续取样,也可以在20个以上部位取等量样品,总量应至少取20kg,试样应混合均匀	(GB/T 26751—2011第7.4.2条)检测项目不符合要求的为不合格品。若其中任一项不符合要求,应重新取样进行复检,并以复检结果为最终评定结论	/
21	沸石粉	工程建设标准:《矿物掺合料应用技术规范》GB/T 51003—2014《混凝土结构工程施工质量验收规范》GB 50204—2015	《矿物掺合料应用技术规范》GB/T 51003—2014《用于水泥和混凝土中的粒化电炉磷渣粉》GB/T 26751—2011	细度、流动度比、安定性、活性指数	(GB/T 51003—2014表4.3.2)同一级别、相同厂家、相同批号连续供应200t为一批(不足200t按一批计)	(GB/T 51003—2014第4.3.2条)取样应按进行,取样应有代表性,也可连续取样,也可以在20个以上部位取等量样品,总量应至少取20kg,试样应混合均匀	(GB/T 51003—2014第4.3.3条)任一检验项目不符合规定要求,应降级使用或不宜使用;也可根据工程和原材料实际情况,通过混凝土试验论证,确能保证工程质量时,方可使用	/
21	沸石粉	工程建设标准:《矿物掺合料应用技术规范》GB/T 51003—2014《混凝土结构工程施工质量验收规范》GB 50204—2015	《矿物掺合料应用技术规范》GB/T 51003—2014	吸铵值、细度、需水量比、活性指数	(GB/T 51003—2014表4.3.2)同一级别、相同厂家、相同批号连续供应120t为一批(不足120t按一批计)	(GB/T 51003—2014第4.3.2条)散装矿物掺合料应从每批连续购进的任意3个罐体各取等量试样一份,每份不少于5.0kg,混合搅拌均匀;袋装应从每批中任抽10袋,从每袋中各取等量试样一份,每份不少于1.0kg。用四分法缩取混凝土试验需要量大1倍的试样量	(GB/T 51003—2014第4.3.3条)任一检验项目不符合规定要求,应降级使用或不宜使用;也可根据工程和原材料实际情况,通过混凝土试验论证,确能保证工程质量时,方可使用	/

续表

序号	检测对象	取样依据的产品标准或者工程建设标准	检测依据的产品/方法标准或工程建设标准	主要检测参数	产品标准或工程建设标准批组批原则或取样频率	取样方法及数量	不合格复检或处理办法	备注
22	复合矿物掺合料	工程建设标准：《矿物掺合料应用技术规范》GB/T 51003—2014《混凝土结构工程施工质量验收规范》GB 50204—2015	《矿物掺合料应用技术规范》GB/T 51003—2014	细度（比表面积或筛余量）、流动度比、活性指数	（GB/T 51003—2014 表4.3.2）同一厂家、相同级别、同一批号连续供应500t 为一检验批（不足500t，按一批计）	（GB/T 51003—2014 第4.3.2 条）散装从任意3个罐体各取灰应从每批连续进料中各取一份，每份取等量试样5.0kg，混合不少于5.0kg；袋装应从每批中任抽10袋，从每袋中各取等量试样一份，每份不少于1.0kg。用四分法缩取比试验需要量大1倍的试样量	（GB/T 51003—2014 第4.3.3 条）任一检验项目不符合规定要求时，也可根据工程和原材料实际情况，降级使用或不宜使用；也可根据工程和原材料实际情况论证，通过混凝土试验确能保证工程质量时，方可使用	/
23	混凝土拌合用水	《混凝土用水标准》JGJ 63—2006《混凝土结构工程施工质量验收规范》GB 50204—2015	《混凝土用水标准》JGJ 63—2006	pH值、不溶物、可溶物、Cl⁻、SO_4^{2-}、碱含量	（GB 50204—2015 第7.2.5 条）同一水源检查不应少于1次	（JGJ 63—2006 第5.1.1 条）水质检验用水样不应少于5L；用于测定同水泥胶砂结凝时间的水样不应少于3L	（JGJ 63—2006 第6.0.3 条）当水泥胶砂凝结时间和水泥胶砂强度的检验不满足要求时，应重新加倍抽样复检一次	/
24	混凝土用纤维（钢纤维）	《纤维混凝土应用技术规程》JGJ/T 221—2010《混凝土用钢纤维》YB/T 151—2017	《混凝土用钢纤维》YB/T 151—2017	抗拉强度、弯折性能、尺寸偏差	（JGJ/T 221—2010 第7.1.4 条）用于同一工程的同规格同品种钢纤维，每20t 为一检验批	（YB/T 151—2017 第8.1 条）每批任选100根	（YB/T 151—2017 第9.4 条）不合格项目有不符合标准规定时，应双倍取样进行全项目复检	/

21

续表

序号	检测对象	取样依据的产品标准或者工程建设标准	检测依据的产品/方法标准或工程建设标准	主要检测参数	产品标准或工程建设标准组批原则或取样频率	取样方法及数量	不合格复检或处理办法	备注
25	混凝土和砂浆用纤维（合成纤维）	《水泥混凝土和砂浆用合成纤维》GB/T 21120—2018 《纤维混凝土应用技术规程》JGJ/T 221—2010	《水泥混凝土和砂浆用合成纤维》GB/T 21120—2018 《化学纤维 长丝拉伸性能试验方法》GB/T 14344—2008	外观、尺寸、含水率、断裂强度、初始模量、断裂伸长率、耐碱性能	（JGJ/T 221—2010 第7.1.4条）用于同一工程的同规格同品种合成纤维，每50t为一检验批	（GB/T 21120—2018 第7.1.3条）每检验批随机抽取合成纤维：细纤维1000g；粗纤维2000g	（GB/T 21120—2018 第7.2.5/7.3条）检测项目有不符合标准规定时，判为不合格品；复检应重新取样进行全项目复检	/
		工程标准：《建筑结构加固工程施工质量验收规范》GB 50550—2010	《定向纤维增强聚合物基复合材料拉伸性能试验方法》GB/T 3354—2014 《增强制品试验方法 第3部分：单位面积质量的测定》GB/T 9914.3—2013 《碳纤维增强塑料孔隙含量和纤维体积含量试验方法》GB/T 3365—2008	断裂强度、断裂伸长率、单位面积质量、体积含量	（GB 50550—2010 第4.5.1条）按进场批号、每批号见证取样3件，从每批中、按每一检验项目各取一组试样用的用料	（GB 50550—2010 第4.5.1/4.5.4条）拉伸性能试样15个；单位面积质量、体积含量抽取6个试样	（GB/T 21120—2018 第7.2.5/7.3条）检测项目有不符合标准规定时，判为不合格品；复检应重新取样进行全项目复检	/

续表

序号	检测对象	取样依据的产品标准或者工程建设标准	检测依据的产品/方法标准或工程建设标准	主要检测参数	产品标准或工程建设标准组批原则或取样频率	取样方法及数量	不合格复检或处理办法	备注
26	混凝土（拌合物性能一）	《预拌混凝土》GB/T 14902—2012	《混凝土中氯离子含量检测技术规程》JGJ/T 322—2013	氯离子含量	（JGJ/T 322—2013 第 4.1.2/4.2.1 条）同一工程、同一配比的混凝土拌合物中水溶性氯离子含量的检测不应少于一次；当混凝土原材料发生变化时，应重新对混凝土拌合物中水溶性氯离子含量进行检测，拌合物氯离子含量应随机从同一搅拌车中取样，但不宜在首车混凝土中取样；从搅拌车中取样时应使混凝土充分搅拌均匀，并在卸料量为 1/4～3/4 取样，取样应自加水搅拌 2h 内完成	（JGJ/T 322—2013 第 4.2.3 条）取样数量至少为检测试验实际用量的 2 倍且不应少于 3L	（GB 50204—2015 第 7.3.3 条）混凝土中氯离子含量应符合现行国家标准《混凝土结构设计规范》GB 50010 的规定和设计要求	/
		工程标准：《混凝土结构工程施工质量验收规范》GB 50204—2015	《混凝土中氯离子含量检测技术规程》JGJ/T 322—2013	氯离子含量	（GB 50204—2015 第 7.3.3 条）同一配比混凝土检查不应少于一次	（JGJ/T 322—2013 第 4.2.3 条）取样数量至少为检测试验实际用量的 2 倍且不应少于 3L	（GB 50204—2015 第 7.3.3 条）混凝土中氯离子含量应符合现行国家标准《混凝土结构设计规范》GB 50010 的规定和设计要求	/

续表

序号	检测对象	取样依据的产品标准或者工程建设标准	检测依据的产品/方法标准或工程建设标准	主要检测参数	产品标准或工程建设标准组批原则或取样频率	取样方法及数量	不合格复检或处理办法	备注
27	混凝土（拌合物性能二）	《预拌混凝土》GB/T 14902—2012	《普通混凝土拌合物性能试验方法标准》GB/T 50080—2016 《预拌混凝土》GB/T 14902—2012	坍落度、坍落经时损失、含气量	（GB/T 50080—2016 第3.2.2条）混凝土拌合物取样应有代表性，宜在同一盘混凝土或同一车混凝土中的 1/4 处、1/2 处和 3/4 处分别取样并搅拌均匀	（GB/T 50080—2016 第3.2.1条）取样数量多于试验所需量的 1.5 倍，且不宜少于 20L	（GB/T 14902—2012 第9.4.2条）当检测结果不符合要求时，应立即检验该项目，验收结果不符合要求时，应立即用余下试样或重新取样进行复检	/
			《普通混凝土配合比设计规程》JGJ 55—2011 《混凝土物理力学性能试验方法标准》GB/T 50081—2019 《混凝土质量控制标准》GB 50164—2011 《预拌混凝土》GB/T 14902—2012	配合比	（JGJ 55—2011 第3.0.2条）配合比实际采用工程实际使用的原材料。参照各原材料取样方法	（JGJ 55—2011 第3章）C20以上（含C20）水泥、砂、石子分别不少于 50kg、75kg、160kg。若需使用掺合料或外加剂，参照掺合料、外加剂取样方法	（GB/T 14902—2012 第5.7.2条）根据施工要求对设计适应性进行配合比调整后确定施工配合比	/
28	混凝土（拌合物性能三）	工程建设标准：《混凝土结构工程施工质量验收规范》GB 50204—2015	《普通混凝土配合比设计规程》JGJ 55—2011 《混凝土物理力学性能试验方法标准》GB/T 50081—2019 《普通混凝土拌合物性能试验方法标准》GB/T 50080—2016	配合比	（GB 50204—2015 第7.3.4条）同一配合比的混凝土检查不应少于一次	（GB/T 50080—2016 第3.2.1条）取样数量多于试验所需量的 1.5 倍，且不宜少于 20L	（GB 50204—2015 第7.3.4条）首次使用的混凝土配合比应进行开盘鉴定，其原材料、强度、凝结时间、稠度等应满足设计要求	质量控制标准《混凝土质量控制标准》GB 50164—2011

续表

序号	检测对象	取样依据的产品标准或者工程建设标准	检测依据的产品/方法标准或工程建设标准	主要检测参数	产品标准或工程建设标准取样原则或取样频率	取样方法及数量	不合格复检或处理办法	备注
		《预拌混凝土》GB/T 14902—2012 《混凝土强度检验评定标准》GB/T 50107—2010	《混凝土物理力学性能试验方法标准》GB/T 50081—2019	抗压强度、抗折强度	（GB/T 50107—2010 第4.1.3条）同一配合比混凝土，取样与试件留置应：①每拌制100m³不超过100盘且不足100m³时，取样不得少于一次；②每工作班拌制不足100盘和100m³时，取样不得少于一次；③连续浇筑超过1000m³时，每200m³取样不得少于一次；④每一楼层、同一配合比的混凝土，取样不应少于一次。	抗压强度：每组3个试块150×150×150（mm）或100×100×100（mm）或200×200×200（mm）；抗折强度：每组3个试块150×150×600（mm）或150×150×550（mm）	（GB 50204—2015 第7.1.3条）当混凝土试块缺乏代表性或数量不足、试块性能试验结果不合格或局部破损的，采用非破损或局部破损检测混凝土结构构件，按国家现行有关标准对结构实体混凝土强度进行检测推定	质量控制标准《混凝土质量控制标准》GB 50164—2011
29	混凝土力学性能	工程建设标准：《混凝土结构工程施工质量验收规范》GB 50204—2015 《人民防空工程施工及验收规范》GB 50134—2004	《混凝土物理力学性能试验方法标准》GB/T 50081—2019	抗压强度	（GB 50204—2015 第7.4.1/附录C）同一配合比混凝土：①每拌制不超过100盘且不超过100m³时，取样不得少于一次；②每工作班拌制不足100盘时，取样不得少于一次；③连续浇筑超过1000m³时，每200m³取样不得少于一次；④每一楼层取样不应少于一次；⑤每次取样应至少留置一组试件。	每组3个试块：150×150×150（mm）或100×100×100（mm）或200×200×200（mm）	（GB 50204—2015 第7.1.3条）当混凝土试块缺乏代表性或数量不足、试块性能试验结果不合格或局部破损的，采用非破损或局部破损检测混凝土结构构件，按国家现行有关标准对结构实体混凝土强度进行检测推定	/

续表

序号	检测对象	取样依据的产品标准或者工程建设标准	检测依据的产品/方法标准或工程建设标准	主要检测参数	产品标准或工程建设标准取样批原则或取样频率	取样方法及数量	不合格复检或处理办法	备注
					同条件养护试件：同一强度等级的同条件试件不宜少于10组。每连续两层楼取样不应少于1组；每2000m³取样不少于1组			
29	混凝土力学性能	工程建设标准：《建筑地面工程施工质量验收规范》GB 50209—2010	《混凝土物理力学性能试验方法标准》GB/T 50081—2019	抗压强度	(GB 50209—2010 第3.0.19条）①同一施工批次、同一配合比混凝土和水泥砂浆强度试块，按每一层（或检验批）建筑地面工程不少于1组。②当每一层（或检验批）建筑地面工程面积大于1000m²时，每增加1000m²应做1组试块；小于1000m²按1000m²计算。③检验同一施工批次、同一配合比的散水、明沟、踏步、台阶、坡道的散块，应按150延长米不少于1组	每组3个试块：150×150×150（mm）或100×100×100（mm）或200×200×200（mm）	(GB 50204—2015 第7.1.3条）当混凝土试块或试块强度缺乏代表性或数量不足、试块强度评定不合格的，采用非破损或局部破损检测混凝土结构构件，按国家现行有关标准对结构构件混凝土强度进行检测推定	/

续表

序号	检测对象	取样依据的产品标准或者工程建设标准	检测依据的产品/方法标准或工程建设标准	主要检测参数	产品标准或工程建设标准批原则或取样频率	取样方法及数量	不合格复检或处理办法	备注
29	混凝土力学性能	工程建设标准：《大体积混凝土施工标准》GB 50496—2018	《混凝土物理力学性能试验方法标准》GB/T 50081—2019 《普通混凝土长期性能和耐久性能试验方法标准》GB/T 50082—2009	抗压强度	（GB 50496—2018 第5.7条）同配合比的大体积混凝土：①当不大于1000m³时，混凝土强度试件现场取样不少于10组；②当1000～5000m³时，超出1000m³取样不少于500m³取样1组，增加不少于500m³时取样1组；③当一次连续浇筑5000m³时，超出5000m³的混凝土，每增加1000m³取样不少于1000m³时取样1组	每组3个试块：150×150×150（mm）或100×100×100（mm）或200×200×200（mm）	（GB 50204—2015 第7.1.3条）当混凝土试块代表性试块或试块强度不足，试块缺少数量不合格或局部破损检测混凝土结构构件，按国家现行有关标准对结构构件混凝土强度进行检测推定	/
		工程建设标准：《建筑地基基础工程施工质量验收标准》GB 50202—2018	《混凝土物理力学性能试验方法标准》GB/T 50081—2019 《普通混凝土长期性能和耐久性能试验方法标准》GB/T 50082—2009	抗压强度、抗渗等级	（GB 50202—2018 第7.2.5/7.7.4条）灌注桩混凝土强度检验应在施工现场随机抽取，来自同一搅拌站的同一搅拌混凝土。灌注桩：每浇筑50m³留置一组混凝土试样；单桩不足50m³，每连续浇筑12h至少留置1组试样；有抗渗等级要求的灌注桩应留置	抗压强度：每组3个试块：……150×150×150（mm）或100×100×100（mm）或200×200×200（mm）	（GB 50202—2018 表7.7.6-3）当混凝土试块代表性试块或试块强度不足，试块缺少数量不合格或局部破损检测混凝土结构构件，按现行标准混凝土结构对结构构件混凝土强度进行检测推定	/

序号	检测对象	取样依据的产品标准或者工程建设标准	检测依据的产品/方法标准或工程建设标准	主要检测参数	产品标准或工程建设标准批原则或取样频率	取样方法及数量	不合格复检或处理办法	备注
					一个级配不少于3组的抗渗检测试件。地下连续墙墙身混凝土强度每100m³取样不少于1组，且每幅槽段不少于1组。墙身混凝土抗渗每5幅槽段不少于1组	抗渗等级：每组6个试块 φ175mm(顶)/φ185mm(底)×150mm		
		工程建设标准：《地下防水工程质量验收规范》GB 50208—2011	《混凝土物理力学性能试验方法标准》GB/T 50081—2019 《普通混凝土长期性能和耐久性能试验方法标准》GB/T 50082—2009	抗压强度、抗渗等级	(GB 50208—2011 第4.1.10条) 地下防水工程：混凝土抗渗试件连续浇筑500m³留置一组抗渗试件，且每项工程不得少于两组。采用预拌混凝土的抗渗试件组数应按混凝土的规模和要求而定；混凝土抗压强度取样应：每拌制过100盘且不超过100m³取样不得少于一次；每工作班拌制不足100盘时，取样不得少于一次；连续浇筑超过1000m³时，每200m³取样不得少于1次；每次取样应至少置一组同一强度等级的试件，且每连续两层楼取样不应少于3组。每次取样应少于10组。每连续两层楼取样不宜少于1组；每2000m³不少于1组	抗压强度：每组三个试块 150×150×150(mm) 或 100×100×100(mm) 或 200×200×200(mm) 抗渗等级：每组六个试块 φ175mm(顶)/φ185mm(底)×150mm	(GB 50202—2018 表7.7.6-3) 当混凝土代表性试块或试块强度不足、试块缺乏数量不合格的，采用局部破损检测混凝土结构构件，按现行标准对结构构件混凝土强度进行推定	取样要求：①地下防水工程混凝土抗渗试件在浇筑地点制作。②抗压强度试件与同一工程、同一配比的混凝土工程

续表

序号	检测对象	取样依据的产品标准或者工程建设标准	检测依据的产品/方法标准或工程建设标准	主要检测参数	产品标准或工程建设标准批组抽样准则或取样频率	取样方法及数量	不合格复检或处理办法	备注
		工程建设标准：《建筑结构加固工程施工质量验收规范》GB 50550—2010	《混凝土物理力学性能试验方法标准》GB/T 50081—2019	抗压强度	（GB 50550—2010 第5.3.2条）新增混凝土强度的试块，在混凝土浇筑地点随机抽取，取样和留置试块：①每拌制50盘（不足50盘按50盘计）同一配合比的混凝土，取样不得少于一次；②每次取样应至少留置一组标准养护试块，同条件养护试块的留置组数应根据混凝土工程量及其重要性确定，且不应少于3组	抗压强度：每组三个试块150×150×150（mm）或100×100×100（mm）或200×200×200（mm）	（GB 50204—2015 第7.1.3条）当混凝土试块缺乏代表性或试块数量不足，或对试块的试压强度有怀疑时，采用非破损或局部破损的方法，按国家现行有关标准对结构构件混凝土强度进行检测推定	/
30	混凝土耐久性能	《混凝土耐久性检验评定标准》JGJ/T 193—2009《混凝土结构工程施工质量验收规范》GB 50204—2015	《普通混凝土长期性能和耐久性能试验方法标准》GB/T 50082—2009	抗冻性、抗氯离子渗透试验、抗硫酸盐侵蚀	（JGJ/T 193—2009 第4.1条）①同一检验批混凝土的强度等级、龄期、生产工艺和配合比应相同；②同一工程、同一配合比的混凝土，检验批不少于一个；③每一检验批一个，设计要求的各检验项目至少完成一组试验	（JGJ/T 193—2009 第4.1条）随机从同一盘（车）中取样并拌均匀；取样数量用量至少为计算用量的1.5倍。抗冻性能：慢冻法每组三块100×100×100（mm）；快冻法每组三块100×100×400（mm）；抗氯离子渗透：φ100×50（mm）每组三块；抗硫酸盐侵蚀：100×100×100（mm）每组三块	（JGJ/T 193—2009 第5.0.3条）被评定为不合格性的评定项目，应进行专项评审对该检验批混凝土提出处理意见	随机从同一盘（车）中取样。在卸料的1/4～3/4取出并搅拌均匀

续表

序号	检测对象	取样依据的产品标准或者工程建设标准	检测依据的产品/方法标准或工程建设标准	主要检测参数	产品标准或工程建设标准组批原则或取样频率	取样方法及数量	不合格复检或处理办法	备注
31	湿拌（砌筑、抹灰、地面、防水）砂浆	《预拌砂浆》GB/T 25181—2019 《预拌砂浆应用技术规程》JGJ/T 223—2010	《预拌砂浆》GB/T 25181—2019 《建筑砂浆基本性能试验方法标准》JGJ/T 70—2009	稠度、保水率、保塑时间、压力泌水率、抗压强度、拉伸粘结强度、抗渗压力	（JGJ/T 223—2010 附录A）同一生产厂家、同一品种、同一等级、同一批号且连续进场的湿拌砂浆，每250m³为一个检验批，不足250m³时，应按一个检验批计	（GB/T 25181—2019 第9.3.1.4）试验取样的总量不宜少于试验用量的3倍	（GB/T 25181—2019 第9.4.1条）当有一项指标不符合该批要求时，则判定该批产品不合格	/
32	干混（砌筑、抹灰、地面、普通防水）砂浆	《预拌砂浆》GB/T 25181—2019 《预拌砂浆应用技术规程》JGJ/T 223—2010	《预拌砂浆》GB/T 25181—2019 《建筑砂浆基本性能试验方法标准》JGJ/T 70—2009	保水率、2h稠度损失率、抗压强度、压力泌水率、拉伸粘结强度、抗渗压力	（JGJ/T 223—2010 附录A）同一生产厂家、同一品种、同一等级、同一批号且连续进场的干混砂浆，每500t为一个检验批，不足500t时，应按一个检验批计	（GB/T 25181—2019 第9.3.2.2）试验总量不宜少于试验用量的3倍	（GB/T 25181—2019 第9.4.2条）当有一项指标不符合该批要求时，则判定该批产品不合格	/
33	陶瓷砖粘结砂浆	《预拌砂浆》GB/T 25181—2019 《预拌砂浆应用技术规程》JGJ/T 223—2010 《陶瓷砖胶粘剂》JC/T 547—2017	《建筑砂浆基本性能试验方法标准》JGJ/T 70—2009 《陶瓷砖胶粘剂》JC/T 547—2017	常温常态拉伸粘结强度、晾置时间	（JGJ/T 223—2010 附录A）同一生产厂家、同一品种、同一批号且连续进场的干混砂浆，每50t为一个检验批，不足50t时，应按一个检验批计	（JC/T 547—2017 第8.3条）每批随机抽样，抽取20kg样品，充分混匀	（JC/T 547—2017 第8.4条）检测结果中有一项不符合标准要求时，重新对该项目复检	

续表

序号	检测对象	取样依据的产品标准或者工程建设标准	检测依据的产品/方法标准或工程建设标准	主要检测参数	产品标准或工程建设标准验收批原则或取样频率	取样方法及数量	不合格复检或处理办法	备注
		工程建设标准：《砌体结构工程施工质量验收规范》GB 50203—2011	《建筑砂浆基本性能试验方法标准》JGJ/T 70—2009	抗压强度	（GB 50203—2011 第4.0.12条）每一检验批且不超过250m³砌体的各类、各强度等级的普通砌筑砂浆，每台搅拌机应至少抽检一次。在砂浆搅拌机出料口或储存容器出料口随机取料随时取样制作砂浆试块	（GB 50203—2011 第4.0.12条）验收批加气混凝土砌块专用砂浆、蒸压加气混凝土砌块专用砂浆的预拌砂浆检3组（现场拌制的砂浆同盘砂浆只应做1组试块）随机抽取。砂浆试块一组：70.7×70.7×70.7（mm）三块	（GB 50203—2011 第4.0.13条）当出现①砂浆试块缺乏代表性或试块数量不足；②试块试验结果有怀疑或试验结果有争议；③试块不满足设计要求时，采用现场砌体检验方法对实体砌体进行检测，并判定其强度	/
34	建筑砂浆（湿拌、干混、陶瓷砖粘结）	工程建设标准：《建筑地面工程施工质量验收规范》GB 50209—2010	《建筑砂浆基本性能试验方法标准》JGJ/T 70—2009	抗压强度	（GB 50209—2010 第3.0.19条）同一配合比、同一施工批次、同一配合比的水泥砂浆，应检验一批（或检验批）建筑地面工程不大于1000m²时，每增加1000m²应增加一组试块，小于1000m²计，取样1组；检验同一施工批次、同一配合比的散水、明沟、踏步、台阶、坡道的试块，同一配合比水泥砂浆强度每150延长米不少于1组	在浇筑地点随机抽取。砂浆试块一组：70.7×70.7×70.7（mm）三块	（GB 50203—2011 第4.0.13条）当出现①砂浆试块缺乏代表性或试块数量不足；②试块试验结果有怀疑或试验结果有争议；③试块不满足设计要求时，采用现场砌体检验方法对实体砌体进行检测，并判定其强度	/

序号	检测对象	取样依据的产品标准或者工程建设标准	检测依据的产品/方法标准或工程建设标准	主要检测参数	产品标准或工程建设标准批组抽原则或取样频率	取样方法及数量	不合格复检或处理办法	备注
34	建筑砂浆（湿拌、干混、陶瓷砖粘结）	工程建设标准：《建筑装饰工程质量验收标准》GB 50210—2018《预拌砂浆应用技术规程》JGJ/T 223—2010	《建筑砂浆基本性能试验方法标准》JGJ/T 70—2009	砂浆的拉伸粘结强度	（GB 50210—2018 第4.1.5）①相同材料、工艺和施工条件的室外抹灰工程每1000m²划分为一个检验批，不足1000m²时也应划分为一个检验批；②相同材料、工艺和施工条件的室内抹灰工程每50个自然间应划分为一个检验批，不足50间也划分为一个检验批，大面积房间和走廊可按抹灰面积每30m²计为1间	（GB 50210—2018 第4.1.6条）①室内每个检验批应至少抽查10%，并不得少于3间，不足3间时应全数检查。②室外每个检验批每100m²应至少抽查一处，每处不得小于10m²每检验批至少抽取一组试件进行拉伸粘结强度，一组试件由3个试件组成	（GB 50203—2011 第4.0.13条）当出现①砂浆试块缺乏代表性或试块数量不足；②砂浆试验结果有怀疑或对试验结果有争议；③试块试验结果不满足设计要求时，采用现场检验方法对砂浆或砌体实体强度进行实体检测，并判定其强度	/
二	钢材							
1	热轧带肋钢筋	《钢筋混凝土用钢 第2部分：热轧带肋钢筋》GB 1499.2—2018	《钢筋混凝土用钢 第2部分：热轧带肋钢筋》GB 1499.2—2018《钢筋混凝土用钢材试验方法》GB/T 28900—2012	屈服强度、抗拉强度、断后伸长率、最大力下总伸长率、弯曲、反向弯曲、重量偏差、强屈比、屈强比	（GB 1499.2—2018 第9.3.2.1条）①同一牌号、同一炉罐号、同一规格、质量不大于60t为一批。超过60t的部分，每增加40t（或不足40t的余数），增加一个拉伸试验试样和一个弯曲试验试样。②允许由同一牌号、同一冶炼方法、同一浇注方法的不同炉罐	（GB 1499.2—2018 第8.1.1条）每批钢筋从不同根（盘）钢筋切取2个拉伸试样，2个弯曲试样，5个质量偏差试样，反向弯曲试样1根长500mm	（GB 1499.2—2018 第9.3.5条）当试验结果不合格时，从同一检验批中抽取双倍试样复检。钢筋重量偏差不合格不允许复检	/

续表

序号	检测对象	取样依据的产品标准或者工程建设标准	检测依据的产品/方法标准或工程建设标准	主要检测参数	产品标准或工程建设标准批组批原则或取样频率	取样方法及数量	不合格复检或处理办法	备注
1	热轧带肋钢筋				号组成混合批，但各炉罐号含碳量之差不大于0.02%，含锰量之差不大于0.15%。混合批的质量不大于60t			
2	热轧光圆钢筋	《钢筋混凝土用钢 第1部分：热轧光圆钢筋》GB/T 1499.1—2017	《钢筋混凝土用钢 第1部分：热轧光圆钢筋》GB/T 1499.1—2017《钢筋混凝土用钢材试验方法》GB/T 28900—2012	屈服强度，抗拉强度，断后伸长率，质量偏差	（GB 1499.1—2017 第9.3.2条）①同一牌号、同一炉罐号、同一规格、质量不大于60t为一批。超过60t的部分，每增加40t（或不足40t的余数），增加一个拉伸试样和一个弯曲试样。②允许由同一牌号、同一冶炼方法、同一浇注方法的不同炉罐号组成混合批，但各炉罐号含碳量之差不大于0.02%，含锰量之差不大于0.15%。混合批的质量不大于60t	（GB 1499.1—2017 第8.1.1条）每批钢筋（盘）钢筋切取不同根，2个拉伸试样，2个弯曲试样，5个质量偏差试样，长500mm	（GB 1499.1—2017 第9.3.5条）当一检验结果不合格时，从同一检验批中抽取双倍试样复检。钢筋不合格不允许复检	/

续表

序号	检测对象	取样依据的产品标准或者工程建设标准	检测依据的产品/方法标准或工程建设标准	主要检测参数	产品标准或工程建设标准组批原则或取样频率	取样方法及数量	不合格复检或处理办法	备注
3	余热处理钢筋	《钢筋混凝土用余热处理钢筋》GB/T 13014—2013	《钢筋混凝土用余热处理钢筋》GB/T 13014—2013 《钢筋混凝土用钢材试验方法》GB/T 28900—2012 《金属材料 拉伸试验 第1部分：室温试验方法》GB/T 228.1—2010 《金属材料 弯曲试验方法》GB/T 232—2010 《钢筋混凝土用钢筋 弯曲和反向弯曲试验方法》YB/T 5126—2003	屈服强度、抗拉强度、断后伸长率、最大力下总伸长率、弯曲、反向弯曲	（GB/T 13014—2013 第9.2.2条）①同一牌号、同一炉罐号、同一规格、质量不大于60t为一批。超过60t的部分，每增加40t（或不足40t的余数），增加一个拉伸试验试样和一个弯曲试验试样。②允许由同一牌号、同一冶炼方法、同一浇注方法的不同炉罐号组成混合批，但各炉罐号碳量之差不大于0.02%，含锰量之差不大于0.15%。混合批的质量不大于60t	（GB/T 13014—2013 第9.2.3条）每批钢筋任选两根钢筋切取2个拉伸试样、2个弯曲试样。不同根钢筋切取，长500mm，任选一根钢筋切取1个反向弯曲试样	（GB/T 13014—2013 第9.2.5条）复检与判定按GB/T 17505的规定	/

续表

序号	检测对象	取样依据的产品标准或者工程建设标准	检测依据的产品/方法标准或工程建设标准	主要检测参数	产品标准或工程建设标准批组批原则或取样频率	取样方法及数量	不合格复检或处理办法	备注
4	热轧带肋钢筋、热轧光圆钢筋、余热处理钢筋	工程建设标准：《混凝土结构工程施工质量验收规范》GB 50204—2015	《钢筋混凝土用钢 第2部分：热轧带肋钢筋》GB 1499.2—2018《钢筋混凝土用钢 第1部分：热轧光圆钢筋》GB/T 1499.1—2017《钢筋混凝土用余热处理钢筋》GB 13014—2013《钢筋混凝土用钢材试验方法》GB/T 28900—2012《金属材料 拉伸试验 第1部分：室温试验方法》GB/T 228.1—2010《金属材料 弯曲试验方法》GB/T 232—2010	屈服强度、抗拉强度、伸长率、弯曲性能和质量偏差抗震性能：反向弯曲性能、强屈比、超强比、最大力总延伸率	（GB 50204—2015 第5.1.2 条）按进场批次和产品的抽样检验方案确定；成型钢筋进场检验，成型钢筋，当满足下列条件之一时，其检验批容量可扩大 1 倍：①获得认证的钢筋、成型钢筋；②同一厂家、同一牌号、同一规格的钢筋，连续三批均一次检验合格；③同一厂家、同一类型、同一钢筋来源的成型钢筋，连续三批均一次检验合格	每批钢筋从不同根（盘）钢筋切取 2 个拉伸试样、2 个弯曲试样，5 个质量偏差试样，长 500mm；反向弯曲试样 1 根	（GB 50204—2015 第3.0.6 条）不合格检验批的处理应符合下列规定：①材料、构配件、器具及半成品检验批不合格时不得使用；②混凝土浇筑前施工质量不合格，应返工、返修，并应重新验收；③混凝土浇筑后施工质量不合格，应按本规范有关规定进行处理	/

续表

序号	检测对象	取样依据的产品标准或者工程建设标准	检测依据的产品/方法标准或工程建设标准	主要检测参数	产品标准或工程建设标准组批原则或取样频率	取样方法及数量	不合格复检或处理办法	备注
5	成型钢筋	工程建设标准：《混凝土结构工程施工质量验收规范》GB 50204—2015	《钢筋混凝土用钢材试验方法》GB/T 28900—2012	屈服强度、抗拉强度、伸长率、质量偏差；抗震性能：反向弯曲性能、强屈比、超强比、最大力总延伸率	（GB 50204—2015 第5.2.2条）同一厂家、同一类型、同一钢筋来源的成型钢筋，不超过30t为一检验批	（GB 50204—2015 第5.2.2条）每批中每种钢筋牌号、规格均应至少抽取一个钢筋试件，总数不少于3个，对由热轧钢筋制作的成型钢筋，当有施工单位或监理单位代表驻厂监督生产过程，并提供原材料钢筋质量证明文件及检测报告时，可只进行质量偏差检验	（GB 50204—2015 第3.0.6条）不合格检验批的处理应符合下列规定：①材料、构配件、器具及半成品检验批不具备合格条件时不得使用；②混凝土浇筑前施工质量不合格的检验批，应返工、返修，并应重新验收；③混凝土浇筑后施工质量不合格的检验批，应按本规范有关规定进行处理	/
6	调直钢筋	工程建设标准：《混凝土结构工程施工质量验收规范》GB 50204—2015	《钢筋混凝土用钢材试验方法》GB/T 28900—2012《金属材料拉伸试验 第1部分：室温试验方法》GB/T 228.1—2010《金属材料弯曲试验方法》GB/T 232—2010	屈服强度、抗拉强度、伸长率、质量偏差	（GB 50204—2015 第5.3.4条）同一设备加工的同一牌号、同一规格的调直钢筋，质量大于30t为一检验批	（GB 50204—2015 第5.3.4条）每批见证，应抽取3个试件，先进行质量偏差检验，再取其中2个试件进行力学性能检测		/

续表

序号	检测对象	取样依据的产品标准或者工程建设标准	检测依据的产品标准/方法标准或工程建设标准	主要检测参数	产品标准或工程建设标准批组取样原则或取样频率	取样方法及数量	不合格复检或处理办法	备注
7	碳素结构钢、型钢	《碳素结构钢》GB/T 700—2006《碳素结构钢和低合金结构钢热轧钢带》GB/T 3524—2015《热轧H型钢和部分T型钢》GB/T 11263—2017《型钢验收、包装、标志及质量证明书的一般规定》GB/T 2101—2017	《金属材料 拉伸试验 第1部分：室温试验方法》GB/T 228.1—2010《金属材料 弯曲试验方法》GB/T 232—2010	屈服强度、抗拉强度、伸长率、弯曲性能	（GB/T 700—2006 第7.2条）每批由同一牌号、同一炉号、同一等级、同一品种、同一尺寸、同一交货状态的钢材组成。每批质量不应大于 60t。（GB/T 11263—2017 第8.2条）规定热轧H型钢和部分T型钢的组批按相应标准规定进行	（GB/T 700—2006 第6.1条）（GB/T 11263—2017第7条）每批拉伸、冷弯试样各一个	（GB/T 2101—2017第4.6.2.1条）检测结果不合格，应对不合格项目取双倍试样复检	/
		工程建设标准：《钢结构工程施工质量验收标准》GB 50205—2020	《金属材料 拉伸试验 第1部分：室温试验方法》GB/T 228.1—2010《金属材料 弯曲试验方法》GB/T 232—2010	屈服强度、抗拉强度、伸长率、弯曲性能	（GB 50205—2020 附录 A.0.2）由同一牌号、同一质量等级、同一规格、同一交货条件的钢材组成一检验批	（GB 50205—2020 附录 A.0.4）每批拉伸试样1个、冷弯试样3个	按《建筑工程施工质量验收统一标准》GB 50300—2013 执行	/

续表

序号	检测对象	取样依据的产品标准或者工程建设标准	检测依据的产品/方法标准或工程建设标准	主要检测参数	产品标准或工程建设标准批组批原则或取样频率	取样方法及数量	不合格复检或处理办法	备注
8	冷轧带肋钢筋	《冷轧带肋钢筋》GB 13788—2017	《冷轧带肋钢筋》GB 13788—2017 《钢筋混凝土用钢材试验方法》GB/T 28900—2012	屈服强度、抗拉强度、伸长率、弯曲、反复弯曲、质量偏差	（GB 13788—2017 第8.2条）每批由同一牌号、同一外形、同一规格、同一生产工艺和同一交货状态的钢材组成。每批质量不应大于60t	（GB 13788—2017 第7.1条）每批拉伸试样1个、弯曲弯曲试样2个、反复弯曲试样2个、质量偏差1个。在每盘中随机切取	（GB/T 2101—2017 第4.6.2.1条）检测结果不合格，应对不合格项目取双倍试样复检	/
		工程建设标准：《混凝土结构工程施工质量验收规范》GB 50204—2015	《冷轧带肋钢筋》GB 13788—2017 《钢筋混凝土用钢材试验方法》GB/T 28900—2012	屈服强度、抗拉强度、伸长率、弯曲、反复弯曲、质量偏差	（GB 50204—2015 第5.2.3条）按进场的批次和产品的抽样检验方案确定	（GB 13788—2017 第7.1条）每批拉伸试样1个、弯曲弯曲试样2个、反复弯曲试样2个、质量偏差1个。在每盘中随机切取	（GB/T 2101—2017 第4.6.2.1条）检测结果不合格，应对不合格项目取双倍试样复检	/
9	预应力混凝土用钢材	《预应力混凝土用螺纹钢筋》GB/T 20065—2016	《预应力混凝土用螺纹钢筋》GB/T 20065—2016 《钢筋混凝土用钢材试验方法》GB/T 28900—2012 《预应力混凝土用钢材试验方法》GB/T 21839—2019	屈服强度、抗拉强度、断后伸长率、最大力下总伸长率、应力松弛性能、质量偏差	（GB/T 20065—2016 第9.2条）每检验批由同一炉罐号、同一规格、同一交货状态的钢筋组成。每批质量不应大于60t。（GB/T 20065—2016 第8.2.4条）对每检验批质量大于60t的钢筋，超过60t的部分，每增加40t增加一个拉伸试验试样	（GB/T 20065—2016 第8.1条）每批任选两根钢筋制成松弛性能试样2个。每1000t任选一根钢筋制成质量偏差和拉伸性能试样，在每根钢筋任选五根钢筋制成质量偏差试样5个	（GB 50204—2015 第5.0.6条）不合格处理应符合下列规定：①材料、构配件、器具及半成品检验批不合格时不得使用；②混凝土浇筑前，后浇筑批质量不合格的检验批，应返工、返修或按本规范有关规定进行处理	/

续表

序号	检测对象	取样依据的产品标准或者工程建设标准	检测依据的产品/方法标准或工程建设标准	主要检测参数	产品标准或工程建设标准批组批原则或取样频率	取样方法及数量	不合格复检或处理办法	备注
9	预应力混凝土用钢材	《预应力混凝土用钢丝》GB/T 5223—2014	《预应力混凝土用钢材试验方法》GB/T 21839—2019 《金属材料 拉伸试验 第 1 部分：室温试验方法》GB/T 228.1—2010	公称抗拉强度，0.2% 屈服力，最大力总伸长率，断面收缩率，弯曲，反复弯曲，质量偏差	（GB/T 5223—2014 第 9.1.2 条）每检验批钢丝由同一牌号、同一规格、同一加工状态的钢丝组成。每批质量不应大于 60t	（GB/T 5223—2014 第 9.1.1 条）在任意一盘（任一）盘中取拉伸试样 1 个、弯曲试样 3 个，端截取伸试样 3 个，质量偏差试样 3 个	（GB/T 2103—2008 第 3.4 条）从同一检验批中未经双倍试验的钢丝盘中取双倍数量的试样进行该不合格项目的复验。复验结果有一个试样不合格则不得交货，允许对该批产品逐盘检验，合格的允许交货，供方可以对检验不合格钢丝分类加工后重新提交验收	／
		《预应力混凝土用钢绞线》GB/T 5224—2014	《预应力混凝土用钢材试验方法》GB/T 5224—2014 《预应力混凝土用钢材试验方法》GB/T 21839—2019	公称抗拉强度，0.2% 屈服力，最大力总伸长率	（GB/T 5224—2014 第 9.1.2 条）每检验批钢绞线由同一牌号、同一规格、同一生产工艺捻制的钢绞线组成。每批质量不应大于 60t	（GB/T 5224—2014 第 9.1.1 条）在任意（任一）盘卷中任意端截取拉伸试样 3 个	（GB/T 5224—2014 第 9.1.4 条）从同一检验批中未试验双倍数量的盘卷中取一试样进行该不合格项目的复验。复验结果有一个试样不合格，则该批产品不得交货，或调整批号复验结果合格后逐盘交货	／

续表

序号	检测对象	取样依据的产品标准或者工程建设标准	检测依据的产品/方法标准或者工程建设标准	主要检测参数	产品标准或工程建设标准批组原则或取样频率	取样方法及数量	不合格复检或处理办法	备注
9	预应力混凝土用钢材	《无粘结预应力钢绞线》JG/T 161—2016	《无粘结预应力钢绞线》JG/T 161—2016 《预应力混凝土用钢绞线》GB/T 5224—2014 《无粘结预应力筋用防腐润滑脂》JG/T 430—2014	公称直径、整根钢绞线最大力、0.2%屈服力、最大力总伸长率、伸直性、防腐润滑脂含量、护套厚度、护套拉伸屈服应力、护套拉伸断裂应变	(JG/T 161—2016第8.3.1条)每批检验由同一公称直径、同一公称抗拉强度、同一生产工艺生产的钢绞线组成。每批质量不应大于60t	(JG/T 161—2016第8.3.2.1条)在同一批产品任意盘卷的任意一端端部1m后截取：①钢绞线公称直径、力学性能、伸直性、防腐润滑脂含量、护套厚度检验：3件/批。②护套性能：5件/批	(JG/T 161—2016第8.3.3.1条)检验项目有不合格结果时，从同一检验批未经试验的无粘结预应力钢绞线盘卷中重新取双倍数量的试样进行该不合格项目的复验	/
		工程建设标准：《混凝土结构工程施工质量验收规范》GB 50204—2015	《预应力混凝土用钢材试验方法》GB/T 21839—2019 《无粘结预应力筋用防腐润滑脂》JG/T 430—2014	抗拉强度、伸长率、防腐润滑脂含量、护套厚度（GB/T 430—2015第6.2.1/6.2.2条）	(GB 50204—2015第6.2.1条)按进场批次和产品的抽样方案确定	(JG/T 161—2016第8.3.2.1条)在同一批产品任意盘卷的任意一端端部1m后的部位截取：①钢绞线公称直径、力学性能、伸直性检验：3件/批；②防腐润滑脂含量、护套厚度：3件/批	(GB 50204—2015第3.0.6条)不合格检验批的处理应符合下列规定：①材料、构件、器具及半成品进场验收不合格时不得使用；②混凝土浇筑前不合格的应返工、返修，并经再次检验合格后方可浇筑；③混凝土浇筑后不合格的检验批，应按本规范有关规定进行处理	/

续表

序号	检测对象	取样依据的产品标准或者工程建设标准	检测依据的产品/方法标准或者工程建设标准	主要检测参数	产品标准或工程建设标准批量原则或取样频率	取样方法及数量	不合格复检或处理办法	备注
10	钢筋焊接	《钢筋焊接及验收规程》JGJ 18-2012	《钢筋焊接接头试验方法标准》JGJ/T 27—2014《金属材料 拉伸试验 第1部分：室温试验方法》GB/T 228.1—2010	焊接骨架和焊接网：拉伸试验、剪切试验（钢筋网片）	（JGJ 18—2012 第5.2.1条）凡钢筋牌号、直径及尺寸相同的焊接骨架和焊接网视为同一类型制品，且每300件作为一批，一周内不足300件的也为一批	（JGJ 18—2012 第5.2.1条）从每批中截取，拉伸试样至少有一个交叉点，拉伸试样长度不小于20倍试样直径或不小于180mm（取两者中大的）。剪切试样：沿同一横向钢筋随机截取3个，钢筋网两个方向的均为单根钢筋较粗的方向为受拉钢筋	（JGJ 18—2012 第5.2.7条）当拉伸试验结果不合格时，应再截取双倍数量试样进行复检。当剪切试验结果不合格时，应从该批制品中再截取6个试样进行复验	/
		《钢筋焊接及验收规程》JGJ 18-2012	《钢筋焊接接头试验方法标准》JGJ/T 27—2014《金属材料 拉伸试验 第1部分：室温试验方法》GB/T 228.1—2010	闪光对焊接头：拉伸试验、弯曲试验（JGJ 18—2012第5.3.1条）	（JGJ 18—2012 第5.3.1条）在同一个台班内，由同一个焊工完成的300个接头应作为一检验批。当同一台班内焊接的接头数量较少，可在一周之内累计计算，累计仍不足300个接头时，应按一检验批计算	（JGJ 18—2012 第5.3.1条）从每批接头中随机切取6个接头，其中3个做拉伸试验，3个做弯曲试验	（JGJ 18—2012 第5.1.9/5.1.10条）①钢筋闪光对焊接头、电弧焊接头、电渣压力焊接头、气压焊接头、箍筋闪光对焊接头、预埋件钢筋T形接头的拉伸试验结果不合格，经评定符合复验条件的：复验时，应再切取6个试件。复验结果，当仍有1个试件的抗拉强度小于钢筋母材的抗拉强度标准值，或有3个试件断于焊缝或热影响区，呈脆性断裂，则应判定该批接头为不合格品。	/

续表

序号	检测对象	取样依据的产品标准或者工程建设标准	检测依据的产品/方法标准或工程建设标准	主要检测参数	产品标准或工程建设标准组批原则或取样频率	取样方法及数量	不合格复检或处理办法	备注
10	钢筋焊接	《钢筋焊接及验收规程》JGJ 18—2012	《钢筋焊接接头试验方法标准》JGJ/T 27—2014 《金属材料 拉伸试验 第1部分：室温试验方法》GB/T 228.1—2010	电弧焊接头、拉伸试验（JGJ 18—2012 第5.5.：条）	（JGJ 18—2012 第5.5.1条）①在现浇混凝土结构中，应以300个同牌号钢筋，同形式接头作为一检验批；在房屋结构中，应在不超过二楼层中300个同牌号钢筋，同形式接头作为一检验批。②在装配式结构中，可按生产条件制作模拟试件，每批3个，做拉伸试验。③钢筋与钢板电弧搭接接头与钢筋接头可只进行外观检查。注：在同一批中若有几种不同直径的钢筋焊接接头，应在最大直径接头和最小直径钢筋中分别切取3个试件进行拉伸试验。	（JGJ 18—2012 第5.5.1条）每批随机切取3个接头，做拉伸试验	②凡不符合上述复验条件的检验批接头，均评为不合格品。①当拉伸试验中，有试件断于钢筋母材，或呈脆性断裂，或延性热影响区，其抗拉强度抖小于钢筋母材抗拉强度标准值。以上两种情况均属异常现象，应视该项试验无效，并检查各钢筋闪光对焊接能、气压焊接头的质量性能。钢筋闪光对焊接头、气压焊接头，当进行弯曲试验时，弯曲结果等于至90°，每2个或3个试件外侧（含焊缝和热影响区）未发生破裂，应评定该批接头弯曲试验合格。当发生破裂，应进行复验。当有2个试件发生破裂，则一次判定该批接头为不合格品。复验结果，当有3个试件有1个破裂，应再取6个试件复验。当仅有1～2个试件发生破裂时，应评定该批焊接接头为合格品。	/

续表

序号	检测对象	取样依据的产品标准或者工程建设标准	检测依据的产品/方法标准或工程建设标准	主要检测参数	产品标准或工程建设标准组批原则或取样频率	取样方法及数量	不合格复检或试件处理办法	备注
10	钢筋焊接	《钢筋焊接及验收规程》JGJ 18—2012	《钢筋焊接接头试验方法标准》JGJ/T 27—2014；《金属材料 拉伸试验 第1部分：室温试验方法》GB/T 228.1—2010	钢筋电渣压力焊接头：拉伸试验（JGJ 18—2012 第5.6条）	（JGJ 18—2012 第5.6.1/5.7.1条）在现浇钢筋混凝土结构中，以300个同牌号钢筋接头作为一批；在房屋结构中，不超过二楼层号钢筋接头，以300个接头作为一批。当不足300个接头时，仍应作为一批	（JGJ 18—2012 第5.6.1条）每批随机切取3个接头试件做拉伸试验		/
				钢筋气压焊接头：拉伸试验、弯曲试验（JGJ 18—2012 第5.7条）	（JGJ 18—2012 第5.7.1条）在柱、墙的竖向钢筋连接中，应从每批接头中随机切取3个接头做拉伸试验；在梁、板的水平钢筋连接中，应另切取3个接头做弯曲试验	（JGJ 18—2012 第5.7.1条）从每批接头中随机切取6个接头，3个接头做拉伸、3个接头做弯曲试验。在同一批中，若有几种不同直径的钢筋接头，应在最大直径钢筋接头和最小直径钢筋接头中分别切取3个接头进行拉伸、弯曲试验		
				预埋件钢筋T形接头：拉伸试验（JGJ 18—2012 第5.8）	（JGJ 18—2012 第5.8.4条）应以300件同类型预埋件作为一批。一周内连续焊接时，可累计计算。当不足300件时，也应按一批计算	（JGJ 18—2012 第5.8.4条）从每批中随机切取3个接头做拉伸试验，试件中钢筋的长度应大于或等于200mm，钢板的长度和宽度均应大于或等于60mm，并按规范钢筋直径而定	（JGJ 18—2012 第5.8.5条）当试件接头结果若有一个试件接头强度小于规定值时，应进行复验。复验时，应再截取6个试件	/

续表

序号	检测对象	取样依据的产品标准或者工程建设标准	检测依据的产品标准/方法标准或工程建设标准	主要检测参数	产品标准或工程建设标准组批原则或取样频率	取样方法及数量	不合格复检或处理办法	备注
10	钢筋焊接	工程建设标准:《混凝土结构工程施工质量验收规范》GB 50204—2015	《钢筋焊接接头试验方法标准》JGJ/T 27—2014《金属材料 拉伸试验 第1部分:室温试验方法》GB/T 228.1—2010	拉伸试验、弯曲试验(GB 50204—2015 第5.4.2条)	(GB 50204—2015 第5.4.2条)接头试件应从工程实体中截取,以300个同牌号钢筋接头作为一批	(GB 50204—2015 第5.4.2条)《钢筋焊接及验收规程》JGJ 18的规定执行	(GB 50204—2015 第3.0.6条)不合格检验批的处理应符合下列规定:①材料、构配件,器具及半成品检验批不合格时不得使用;②混凝土浇筑前施工质量不合格的检验批,应返工、返修,并应重新验收;③混凝土浇筑后施工质量不合格的检验批,应按本规范有关规定进行处理	/
11	钢筋机械连接	《钢筋机械连接技术规程》JGJ 107—2016	《钢筋机械连接技术规程》JGJ 107—2016 附录A	接头的极限抗拉强度、接头单向拉伸变形性能(单向拉伸残余变形)(JGJ 107—2016 第7.0.2条)	(JGJ 107—2016 第7.0.5条)同钢筋生产厂、同强度等级、同规格、同类型和同形式接头以500个为一检验批,不足500个按一检验批计	(JGJ 107—2016 第7.0.2条)每种规格钢筋接头试件3根	(JGJ 107—2016 第7.0.7条)当有一个试件的极限抗拉强度不符合要求时,取6个试件进行复检	/

续表

序号	检测对象	取样依据的产品标准或者工程建设标准	检测依据的产品/方法标准或工程建设标准	主要检测参数	产品标准或工程建设标准组批原则或取样频率	取样方法及数量	不合格复检或处理办法	备注
11	钢筋机械连接	工程建设标准：《混凝土结构工程施工质量验收规范》GB 50204—2015	《钢筋机械连接技术规程》JGJ 107—2016 附录A	接头的极限抗拉强度（GB 50204—2015 第5.4.2条）	（GB 50204—2015 第5.4.2条）接头试件应从工程实体中截取。执行JGJ 107标准，同一钢筋生产厂，同钢筋生产厂，同一强度等级、同规格、同类型和同形式接头以500个为一检验批，不足500个按一检验批计	（JGJ 107—2016 第7.0.2条）每种规格钢筋接头试件不少于3根	（GB 50204—2015 第3.0.6条）不合格处理应符合下列规定：①材料、构配件、器具及半成品进场时不合格不得使用；②混凝土浇筑前施工质量不合格的，应返工、返修，并应重新验收；③混凝土浇筑后施工质量不合格的检验批，应按本规范有关规定进行处理	/
12	钢结构用型钢板、型材、管材	《钢结构工程施工质量验收标准》GB 50205—2020	《金属材料 拉伸试验 第1部分：室温试验方法》GB/T 228.1—2010《金属材料 弯曲试验方法》GB/T 232—2010《钢及钢产品力学性能试验取样位置及试样制备》GB/T 2975—2018	屈服强度，抗拉强度，伸长率，冷弯性能（GB 50205—2020 表A.0.4）	（GB 50205—2020 表A.0.2）每检验批由同一牌号、同一质量等级、同一规格、同一交货条件的钢材组成。检验批量按表A.0.2采用	（GB 50205—2020 表A.0.4）每批拉伸性能试样1个、冷弯性能试样3个	按《建筑工程施工质量验收统一标准》GB 50300—2013执行	焊接承重结构和弯曲成型构件采用钢材检测冷弯性能

续表

序号	检测对象	取样依据的产品标准或者工程建设标准	检测依据的产品标准/方法标准或工程建设标准	主要检测参数	产品标准或工程建设标准组批原则或取样频率	取样方法及数量	不合格复检或处理办法	备注
13	钢结构用铸钢件	《钢结构工程施工质量验收标准》GB 50205—2020	《金属材料 拉伸试验 第1部分：室温试验方法》GB/T 228.1—2010 《钢及钢产品力学性能试验取样位置及试样制备》GB/T 2975—2018 《预应力混凝土用螺纹钢筋》GB/T 20065—2016 《聚羧酸系高性能减水剂》JG/T 223—2017	屈服强度、抗拉强度、伸长率，化学成分（GB 50205—2020 表A.0.5）	（GB 50205—2020 表A.0.5）①铸钢件的检验，应按同一类型构件、同一炉浇注、同一热处理方法划分为一个检验批；②厂家在按批浇注过程中应连体铸出试件，经同炉热处理后加工成试件两组，其中一组用于出厂检验，另一组随产品进场进行见证送验	（GB 50205—2020 表A.0.4）铸钢件按批进行检验，每批应分别成分试件，1个化学成分试件，1个拉伸试件	按《建筑工程施工质量验收统一标准》GB 50300—2013执行	/
14	钢结构用材料焊接接头	《钢结构焊接规范》GB 50661—2011 《钢结构工程施工质量验收标准》GB 50205—2020	《焊接接头拉伸试验方法》GB/T 2651—2008 《金属材料 拉伸试验 第1部分：室温试验方法》GB/T 228.1—2010 《焊接接头弯曲试验方法》GB/T 2653—2008	板、管对接接头：抗拉强度、面弯、背弯 十字接头：抗拉强度 板弯 管—管、管—球：全断面拉伸	（GB 50205—2020 第5.1.2条）钢结构构件焊接工程的检验批或相应安装工程检验批的划分原则划分为一个或若干个检验批	（GB/T 2651 第5.1条）试样接头应从焊接方向垂直于焊缝，试样轴线方向截成后，焊缝加工完成后应位于试样平行长度的中间。外径小于或等于18mm管试样可采用整管。（GB/T 2653—2008 第5条）对接接头，应从产品或试件截取的焊接接头保证在试件的轴线上焊缝线加工完成后，横向截取的横向弯曲试样或纵向弯曲试样的中心；对接接头试样或从产品或试件截取的焊接试件的划分原则或纵向截取若干个试样个数：拉伸试样2个，面弯2个，背弯2个	（GB 50661—2011 第6.1.8条）评定结果不合格时，应在原焊件上就不合格取样重新加倍取样检验	（GB/T 2651—2008 第5.4条）取样采用的机械加工或热加工方法对试样不得产生性能影响

续表

序号	检测对象	取样依据的产品标准或者工程建设标准	检测依据的产品/方法标准或工程建设标准	主要检测参数	产品标准或工程建设标准批准则或取样频率	取样方法及数量	不合格复检或处理办法	备注
三	防水卷材							
1	高聚物改性沥青类防水卷材	《弹性体改性沥青防水卷材》GB 18242—2008	《建筑防水卷材试验方法》GB/T 328.26/328.11/328.14/328.10/328.8/328.20/328.18—2007《建筑材料老化试验方法》GB/T 18244—2000《沥青防水卷材用胎基》GB/T 18840—2018	可溶物含量、耐热性、低温柔性、不透水性、拉力及延伸率、热老化、接缝剥离强度、钉杆撕裂强度	(GB 18242—2008 第7.5条) 同一生产厂家、同一品种、同一规格、同一批次（10000m²）、从单位面积、面积质量、厚度及外观合格的卷材中任意一卷一卷检查一次	(GB 18242—2008 第7.7.1.2条) 从外观质量合格的卷材中任取一卷	(GB 18242—2008 第7.7.1.2.6条) 对不合格项进行单项复检。达到标准规定时，则判该产品材料性能合格	
		《塑性体改性沥青防水卷材》GB 18243—2008	《建筑防水卷材试验方法》GB/T 18244—2000	可溶物含量、耐热性、低温柔性、不透水性、拉力及延伸率、热老化、接缝剥离强度、钉杆撕裂强度	(GB 18243—2008 第7.5条) 同一生产厂家、同一品种、同一规格、同一批次（10000m²）、从单位面积、面积质量、厚度及外观合格的卷材中任意一卷一卷检查一次	(GB 18243—2008 第7.7.1.2条) 从外观质量合格的卷材中任取一卷	(GB 18243—2008 第7.7.1.2.5条) 对不合格项进行单项复检。达到标准规定时，则判该产品材料性能合格	
		《改性沥青聚乙烯胎防水卷材》GB 18967—2009	《建筑防水卷材试验方法》GB/T 328.10/328.11/328.14/328.8/328.20—2007《建筑防水材料老化试验方法》GB/T 18244—2000《种植屋面用耐根穿刺防水卷材》JC/T 1075—2008	不透水性、低温柔性、拉伸性能、尺寸稳定性、热老化、剥离强度	(GB 18967—2009 第7.2条) 同一生产厂家、同一品种、同一规格、同一批次（10000m²）、从单位面积、面积质量、厚度及外观合格的卷材中任意一卷一卷检查一次	(GB 18967—2009 第7.3条) 从外观质量合格的卷材中裁取1.5m²	(GB 18967—2009 第7.4.1.2.5条) 对不合格项进行单项复检。达到标准规定时，则判该产品材料性能合格	

续表

序号	检测对象	取样依据的产品标准或者工程建设标准	检测依据的产品/方法标准或工程建设标准	主要检测参数	产品标准或工程建设标准组批原则或取样频率	取样方法及数量	不合格复检或处理办法	备注
1	高聚物改性沥青类防水卷材	《自粘聚合物改性沥青防水卷材》GB 23441—2009	《建筑防水卷材试验方法》GB/T 328.26/328.8/328.18/328.11/328.14/328.10/328.20—2007 《建筑防水材料老化试验方法》GB/T 18244—2000	可溶物含量（PY）、拉伸性能、钉杆撕裂强度（N）、耐热性、低温柔性、不透水性、剥离强度、热老化	（GB 23441—2009 第6.2条）同一生产厂家、同一品种、同一规格、同一批次（10000m²），从单位面积、面积、厚度及外观质量合格的卷材中任意一卷检查一次	（GB 23441—2009 第6.3条）从合格的卷材中裁取1.5m²	（GB 23441—2009 第6.4.2条）对不合格单项进行单项复检。达到标准规定时，则判该产品材料性能合格	
		《预铺防水卷材》GB/T 23457—2017	《建筑防水卷材试验方法》GB/T 328.26/328.8/328.18/328.11/328.15/328.14/328.10/328.20—2007 《硫化橡胶或热塑性橡胶 拉伸应力应变性能的测定》GB/T 528—2009 《聚氯乙烯（PVC）防水卷材》GB 12952—2011	可溶物含量、拉伸性能、撕裂强度、低温弯折、耐热性、不透水性、低温柔性、热老化、剥离强度	（GB/T 23457—2017 第7.2条）同一生产厂家、同一品种、同一规格、同一批次（10000m²），从单位面积、面积、厚度及外观质量合格的卷材中任意一卷检查一次	（GB/T 23457—2017 第7.3条）从外观质量合格的卷材中裁取1.5m²	（GB/T 23457—2017 第7.4.2条）对不合格单项进行单项复检。达到标准规定时，则判该产品材料性能合格	
		《湿铺防水卷材》GB/T 35467—2017	《建筑防水卷材试验方法》GB/T 328.26/328.8/328.11/328.14/328.10/328.20—2007 《建筑防水材料老化试验方法》GB/T 18244—2000 《硫化橡胶或热塑性橡胶撕裂强度的测定 直角形 试件》GB/T 529—2008	可溶物含量、拉伸性能、撕裂力、低温柔性、耐热性、不透水性、热老化、剥离强度	（GB/T 35467—2017 第6.2条）同一生产厂家、同一品种、同一规格、同一批次（10000m²），从单位面积、面积、厚度及外观质量合格的卷材中任意一卷检查一次	（GB/T 35467—2017 第6.3条）从合格的卷材中裁取1.5m²	（GB/T 35467—2017 第6.4.2条）对不合格单项进行单项复检。达到标准规定时，则判该产品材料性能合格	

续表

序号	检测对象	取样依据的产品标准或者工程建设标准	检测依据的产品/方法标准或工程建设标准试验方法	主要检测参数	产品标准或工程建设标准批组批原则或取样频率	取样方法及数量	不合格复检或处理办法	备注
		《种植屋面用耐根穿刺防水卷材》GB/T 35468—2017	《建筑防水卷材试验方法》GB/T 328.12/328.13/328.20/328.21—2007 《弹性体改性沥青防水卷材》GB 18242—2008 《塑性体改性沥青防水卷材》GB 18243—2008 《改性沥青聚乙烯胎防水卷材》GB 18967—2009 《热塑性聚烯烃（TPO）防水卷材》GB 27789—2011	可溶物含量、耐热性、低温柔性、不透水性、拉力及延伸率、热老化、钉杆撕裂强度、接缝剥离强度、耐根穿刺	（GB/T 35468—2017 第 8.4 条）按国家相关标准的规定进行，试样数量应满足试验需要	从外观质量合格的卷材中裁取 1m²	（GB/T 35468—2017 第 8.5 条）对不合格单项进行复检。当到该产品材料复检符合标准规定时，耐根穿刺材料符合本标准规定，则判定该批次产品合格。当复检不合格，则判定产品不合格	
1	高聚物改性沥青类防水卷材	《地下防水工程质量验收规范》GB 50208—2011 《屋面工程质量验收规范》GB 50207—2012 《江苏省建筑水工程技术规程》DGJ32/TJ 212—2016	《建筑防水卷材试验方法》GB/T 328.26/328.8/328.9/328.11/328.10—2007 《建筑防水材料老化试验方法》GB/T 18244—2000	可溶物含量、拉力及延伸率、耐热性、低温柔性、不透水性、热老化后低温柔性	（GB 50208—2011 中附录 B 表 B.0.2）（GB 50207—2012 中附录 A 表 A.0.1）大于 1000 卷抽 5 卷、每 500~1000 卷抽 4 卷、100~499 卷抽 3 卷、100 卷以下抽 2 卷，进行规格尺寸和外观质量检验。在外观质量检验合格的卷材中，取一卷做物理性能检验。GB 50208—2011 中第 4.3.14 条）按铺贴面积每 100m² 抽查一处，每处 10m²，且不得少于 3 处	（GB 50208—2011 中附录 B 表 B.0.2）（GB 50207—2012 中附录 A 表 A.0.1）从外观质量检验合格的卷材中，任选一卷作物理性能检验	不合格处理方式按产品标准进行	

续表

序号	检测对象	取样依据的产品标准或者工程建设标准	检测依据的产品/方法标准或工程建设标准	主要检测参数	产品标准或工程建设标准批组批原则或取样频率	取样方法及数量	不合格复检或处理办法	备注
2	合成高分子类防水卷材	《聚氯乙烯（PVC）防水卷材》GB 12952—2011	《建筑防水卷材试验方法》GB/T 328.9/328.10/328.15/328.21—2007 《硫化橡胶或热塑性橡胶 拉伸应力应变性能的测定》GB/T 528—2009 《硫化橡胶或热塑性橡胶撕裂强度的测定（裤形、直角形和新月形试样）》GB/T 529—2008 《建筑防水材料老化试验方法》GB/T 18244—2000	拉伸性能、低温弯折性、不透水性、剥离强度、接缝剪切强度、撕裂强度、热老化	（GB 12952—2011第7.2条）同一生产厂家、同一品种、规格、同一批次（10000m²），从单位面积质量、面积及厚度及外观合格的卷材中任意一卷在距外层端部500mm处截取一次检查一次	（GB 12952—2011第7.2条）从单位面积、面积及厚度及外观合格的卷材中任意一卷在距外层端部500mm处检查一次		
		《氯化聚乙烯防水卷材》GB 12953—2003	《建筑防水卷材试验方法》GB/T 328 《硫化橡胶或热塑性橡胶 拉伸应力应变性能的测定》GB/T 528—2009 《建筑防水材料老化试验方法》GB/T 18244—2000	拉伸强度、断裂伸长率、低温弯折性、不透水性、热老化	（GB 12953—2003第6.2条）同一生产厂家、同一品种、规格、同一批次（10000m²），从单位面积质量、面积及厚度及外观合格的卷材中任意一卷在距外层端部500mm处截取一次检查一次	（GB 12953—2003第6.2条）从单位面积、面积及厚度及外观合格的卷材中任意一卷在距外层端部500mm处检查一次	（GB 12953—2003第6.3.2.3条）对不合格单项进行复检。达到标准规定时，则判该产品材料性能合格	

续表

序号	检测对象	取样依据的产品标准或者工程建设标准	检测依据的产品/方法标准或工程建设标准	主要检测参数	产品标准或工程建设标准组批原则或取样频率	取样方法及数量	不合格复检或处理办法	备注
		《高分子防水材料 第1部分：片材》GB/T 18173.1—2012	《硫化橡胶或热塑性橡胶 拉伸应力应变性能的测定》GB/T 528—2009 《硫化橡胶或热塑性橡胶撕裂强度的测定（裤形、直角形和新月形试样）》GB/T 529—2008	拉伸强度、拉断伸长率、撕裂强度、不透水性、低温弯折性	（GB/T 18173.1—2012 第7.1.1条）以连续生产同品种、同规格的5000m²为一批（不足5000m²时），以连续生产的片材量为同品种的片材量为一批。日产量超过8000m²则以8000m²为一批，从规格检验合格的卷材中外观质量检验合格的卷材中任意一卷检查一次	（GB/T 18173.1—2012 第7.1.1条）从规格尺寸和外观质量检验合格的卷材中任意一卷检查一次	（GB/T 18173.1—2012 第7.2.3条）物理性能有一项指标不符合技术要求时，应另取双倍试样进行该项复试，复试结果若仍不合格，则该批产品为不合格品	
2	合成高分子类防水卷材	《热塑性聚烯烃（TPO）防水卷材》GB 27789—2011	《建筑防水卷材试验方法》GB/T 328.9/328.10/328.13/328.15/328.19/328.21—2007 《硫化橡胶或热塑性橡胶 拉伸应力应变性能的测定》GB/T 528—2009 《硫化橡胶撕裂强度的测定（裤形、直角形）GB/T 1824—2000 《建筑防水材料老化试验方法》GB/T 18244—2000 《聚氯乙烯（PVC）防水卷材》GB 12952—2011	拉伸性能、低温弯折性、不透水性、接缝剥离强度、撕裂强度、热老化	（GB 27789—2011 第7.2条）同一生产厂家、同一品种、同一规格，同一批次（10000m²），从单位面积质量、面积、厚度及外观合格的卷材中任意一卷在距外层端部500mm处截取3m检查一次	（GB 27789—2011 第7.2条）在距外层端部500mm处截取3m	（GB 27789—2011 第7.3.2.4条）对不合格单项进行单项复检，达到标准规定时，则判该产品材料性能合格	

续表

序号	检测对象	取样依据的产品标准或者工程建设标准	检测依据的产品/方法标准或工程建设标准	主要检测参数	产品标准或工程建设标准批组批原则或取样频率	取样方法及数量	不合格复检或处理办法	备注
2	合成高分子类防水卷材	《地下防水工程质量验收规范》GB 50208—2011 《屋面工程质量验收规范》GB 50207—2012 《江苏省建筑工程防水技术规程》DGJ32/TJ 212—2016	《建筑防水卷材试验方法》GB/T 328 《硫化橡胶或热塑性橡胶 拉伸应力应变性能的测定》GB/T 528—2009 《硫化橡胶撕裂强度的测定（裤形、直角形和新月形试样）》GB/T 529—2008 《聚氯乙烯（PVC）防水卷材》GB 12952—2011 《高分子防水材料 第1部分：片材》GB/T 18173.1—2012	拉伸性能、撕裂强度、不透水性、低温弯折性	（GB 50208—2011 附录B表B.0.2）（GB 50207—2012 中附录A表A.0.1）大于1000卷抽5卷、500～1000卷抽4卷、100～499卷抽3卷、100卷以下抽2卷，进行规格尺寸和外观质量检验。在规定合格的卷材中，取一卷做物理性能检验。（GB 50208—2011 中4.3.14）按铺贴面积每100m²抽查一处，取每处10m²，且不得少于3处	（GB 50208—2011 中附录B表B.0.2）（GB 50207—2012 中附录A表A.0.1）从外观质量合格的卷材中裁取1m²	（GB 50208—2011 第3.0.7条）当材料的物理性能检验项目有一项指标不符合受检产品中重新取样进行该项指标复验。（GB 50207—2012 第3.0.7条）防水、保温材料进场检验项目及材料检验标准应符合本规范附录A和附录B的规定。不合格材料不得在工程中使用	
3	防水涂料	《聚氨酯防水涂料》GB/T 19250—2013	《硫化橡胶或热塑性橡胶 拉伸应力应变性能的测定》GB/T 528—2009 《硫化橡胶撕裂强度的测定（裤形、直角形和新月形试样）》GB/T 529—2008 《防水涂料试验方法》GB/T 16777—2008	固体含量、定伸强度、断裂伸长率、撕裂强度、低温弯折性、不透水性	（GB/T 19250—2013 第7.2条）以同一类型15t为一批，不足15t按一批抽样	（GB/T 19250—2013 第7.3条）每批产品随机抽取两组样品，一组用于检验，另一组封存备用。每组至少5kg	（GB/T 19250—2013 第7.4.1.2条）若有一项指标不符合标准规定，则用备用样对不合格项进行单项复检	

续表

序号	检测对象	取样依据的产品标准或者工程建设标准	检测依据的产品/方法标准或工程建设标准	主要检测参数	产品标准或工程建设标准组批原则或取样频率	取样方法及数量	不合格复检或处理办法	备注
3	防水涂料	《聚合物水泥防水涂料》GB 23445—2009	《硫化橡胶或热塑性橡胶 拉伸应力应变性能的测定》GB/T 528—2009 《硫化橡胶撕裂强度的测定（裤形、直角形和新月形试样）》GB/T 529—2008 《建筑防水涂料试验方法》GB/T 16777—2008	固体含量、拉伸强度、断裂伸长率、低温柔性、不透水性、抗渗性	（GB 23445—2009 第8.2.1条）以同一批型10t为一批，不足10t按一批抽样	（GB 23445—2009 第8.2.2条）随机抽取，不宜少于5kg	（GB 23445—2009 第8.3.2条）若有一项指标不符合标准规定，在同批产品中，抽取双倍试样对不合格项进行双倍复检	
		《聚合物乳液建筑防水涂料》JC/T 864—2008	《硫化橡胶或热塑性橡胶 拉伸应力应变性能的测定》GB/T 528—2009 《硫化橡胶撕裂强度的测定（裤形、直角形和新月形试样）》GB/T 529—2008 《建筑防水涂料试验方法》GB/T 16777—2008	固体含量、拉伸强度、断裂伸长率、低温柔性、不透水性	（JC/T 864—2008 第6.2.1条）以同一原料、配方、连续生产5t为一批，不足5t按一批抽样	（JC/T 864—2008 第6.2.2条）按GB/T 3186选项，不宜少于4kg	（JC/T 864—2008 第6.3.1.2.4条）若有一项指标不符合标准规定，在同批产品中，抽取双倍试样对不合格项进行双倍复检	
		《水乳型沥青基防水涂料》JC/T 408—2005	《硫化橡胶或热塑性橡胶 拉伸应力应变性能的测定》GB/T 528—2009 《硫化橡胶撕裂强度的测定（裤形、直角形和新月形试样）》GB/T 529—2008 《建筑防水涂料试验方法》GB/T 16777—2008	固体含量、耐热度、不透水性、低温柔性、断裂伸长率	（JC/T 408—2005 第6.2条）以同一规格型、同一类为一批，不足5t也作为一批	（JC/T 408—2005 第6.3条）按GB 3186规定取样，不宜少于2kg	（JC/T 408—2005 第6.4.1.2.6条）若仅有一项指标不符合标准规定，可对不合格项进行单项复验	

续表

序号	检测对象	取样依据的产品标准或者工程建设标准	检测依据的产品/方法标准或工程建设标准	主要检测参数	产品标准或工程建设标准组批原则或取样频率	取样方法及数量	不合格复检或处理办法	备注
3	防水涂料	《非固化橡胶沥青防水涂料》JC/T 2428—2017	《硫化橡胶或热塑性橡胶拉伸应力应变性能的测定》GB/T 528—2009；《硫化橡胶或热塑性橡胶撕裂强度的测定（裤形、直角形和新月形试样）》GB/T 529—2008；《建筑防水涂料试验方法》GB/T 16777—2008	固体含量、黏结性能、低温柔性、耐热性	（JC/T 2428—2017第8.2条）以同一类型10t为一批，不足10t按一批抽样	（JC/T 2428—2017第8.3条）随机抽取，不宜少于4kg	（JC/T 2428—2017第8.4.1.2.5条）若有一项指标不符合标准规定，可对不合格项进行单项复检	
		《水泥基渗结晶型防水材料》GB 18845—2012	《混凝土外加剂匀质性试验方法》GB/T 8077—2012；《水泥化学分析方法》GB/T 176—2017；《水泥胶砂强度检验方法（ISO法）》GB/T 17671	细度、氯离子含量、抗压强度、抗渗性能	（GB 18845—2012第8.2条）以同一原料、配方、连续生产50t为一批，不足50t按一批抽样	（GB 18845—2012第8.3条）随机抽取，不宜少于10kg	（GB 18845—2012第8.4条）若仪有一项指标不符合标准规定，可对不合格项进行单项复检	
		《聚合物水泥防水砂浆》JC/T 984—2011	《水泥标准稠度用水量、凝结时间、安定性检验方法》GB/T 1346—2011；《无机防水堵漏材料》GB 23440—2009；《水泥胶砂强度检验方法（ISO法）》GB/T 17671	凝结时间、无渗压力、抗折抗压强度	（JC/T 984—2011第8.2条）对同一类产品50t为一批，不足50t按一批抽样	（JC/T 984—2011第8.3条）随机抽取，不宜少于20kg。一份试验一份备用	（JC/T 984—2011第8.4.2.3条）若有一项指标不符合标准规定，可对不合格项进行单项复检	

续表

序号	检测对象	取样依据的产品标准或者工程建设标准	检测依据的产品/方法标准或工程建设标准	主要检测参数	产品标准或工程建设标准批组批原则或取样频率	取样方法及数量	不合格复检或处理办法	备注
3	防水涂料	《地下防水工程质量验收规范》GB 50208—2011《屋面工程质量验收规范》GB 50207—2012《江苏省建筑防水工程技术规程》DGJ32/TJ 212—2016	《硫化橡胶或热塑性橡胶 拉伸应力应变性能的测定》GB/T 528—2009《硫化橡胶或热塑性橡胶撕裂强度的测定（裤形、直角形和新月形试样）》GB/T 529—2008《建筑防水涂料试验方法》GB/T 16777—2008	有机防水涂料：潮湿基面粘结强度、浸水168h后拉伸强度、浸水168h后断裂伸长率、抗渗性、耐水性	（GB 50208—2011 中附录 B 表 B.0.2）中（GB 50207—2012 中附录A表A.0.1）每5t按一批，不足5t按一批抽样。（GB 50208—2011中4.3.14）按涂层面积每100m²抽查一处，每处少于10m²，且不得少于3处	随机抽取，不宜少于4kg	（GB 50208—2011 第3.0.7条）材料的物理能性检验项目有一项指标不符合标准规定，应在受检产品中重新取样进行该项指标复验。（GB 50207—2012 第3.0.7条）防水、保温材料进场检验项目符合本及材料标准附录A和附录B规范附录A的规定，不合格材料不得在工程中使用	
4	防水密封材料	《硅酮和改性硅酮建筑密封胶》GB/T 14683—2017	《建筑密封材料试验方法》GB/T 13477.3—2017 GB/T 13477.8—2017 GB/T 13477.10—2017 GB/T 13477.11—2017 GB/T 13477.13—2019 GB/T 13477.17—2019	下垂度、挤出性、拉伸模量、弹性恢复率、定伸粘结性	（GB/T 14683—2017 第7.2条）以同一类型、同一级别的产品每5t为一批，不足5t也作为一批	（GB/T 14683—2017 第7.3条）单组分产品由该批产品中随机分产品中随机抽取3件包装箱，从每件包装箱中随机抽取12只，共取36支，多组分产品按配比随机抽样，共抽取6kg，取样后应立即密封包装	（GB/T 14683—2017 第7.4.2条）有两项或两项以上指标不符合规定时，则判该批次产品不合格。若有一项指标不符合规定时，可进行单项复检	

续表

序号	检测对象	取样依据的产品标准或者工程建设标准	检测依据的产品/方法标准或工程建设标准	主要检测参数	产品标准或工程建设标准批组批原则或取样频率	取样方法及数量	不合格复验或处理办法	备注
4	防水密封材料	《建筑用硅酮结构密封胶》GB 16776—2005	《建筑密封材料试验方法》GB/T 13477.3—2017 GB/T 13477.8—2017	下垂度、适用期、邵氏硬度、拉伸粘结性、热老化	(GB 16776—2005 第7.3.1条）连续生产3t为一批。不足3t也为一批。	(GB 16776—2005 第7.3.2条）随机抽取，单组分5支；双组分3~5kg，均须密封包装	(GB 16776—2005 第7.4.3条）有两项或两项以上指标不符合规定时，则判该批次产品不合格。若仅有一项指标不符合规定时，可双倍进行单项复检。	
		《聚氨酯建筑密封胶》JC/T 482—2003	《建筑密封材料试验方法》GB/T 13477.6—2002 GB/T 13477.8—2017 GB/T 13477.10—2017 GB/T 13477.11—2017 GB/T 13477.13—2017 GB/T 13477.17—2017	流动性、挤出性、弹性恢复率、定伸模量、定伸粘结性	(JC/T 482—2003 第6.2.1条）同一品种、同一类型为一批，不足5t按5t一批抽样	(JC/T 482—2003 第6.2.2条）单组分：随机抽取3支；多组分：随机抽取4kg	(JC/T 482—2003 第6.3.2条）有两项或两项以上指标不符合规定时，则判该批次产品不合格。若有一项指标不符合规定时，可进行单项复检。	
		《聚硫建筑密封胶》JC/T 483—2006	《建筑密封材料试验方法》GB/T 13477.6—2002 GB/T 13477.8—2017 GB/T 13477.10—2017 GB/T 13477.11—2017 GB/T 13477.13—2017 GB/T 13477.17—2017	流动性、适用期、弹性恢复率、定伸模量、定伸粘结性	(JC/T 483—2006 第6.2.1条）同一品种、同一类型的产品，每10t为一批，不足10t按一批抽样	(JC/T 483—2006 第6.2.2条）随机抽取4kg	(JC/T 483—2006 第6.3.2条）有两项或两项以上指标不符合规定时，则判该批次产品不合格。若有一项指标不符合规定时，可进行单项复检。	
		《丙烯酸酯建筑密封胶》JC/T 484—2006	《建筑密封材料试验方法》GB/T 13477.3—2017 GB/T 13477.4—2017 GB/T 13477.7—2002 GB/T 13477.8—2017 GB/T 13477.10—2017 GB/T 13477.17—2017	下垂度、挤出性、弹性恢复率、断裂伸长率、低温柔性、体积变化率	(JC/T 484—2006 第6.2.1条）同一级别的产品每10t为一批，不足10t按一批抽样	(JC/T 484—2006 第6.2.2条）随机抽取三件包装箱，每件包装箱抽取2~3支；散装产品约取4kg	(JC/T 484—2006 第6.3.2条）有两项或两项以上指标不符合规定时，则判该批次产品不合格。若有一项指标不符合规定时，可进行单项复检。	

续表

序号	检测对象	取样依据的产品标准或者工程建设标准	检测依据的产品/方法标准或工程建设标准	主要检测参数	产品标准或工程建设标准组批原则或取样频率	取样方法及数量	不合格复检或处理办法	备注
4	防水密封材料	《建筑防水沥青嵌缝油膏》JC/T 207—2011	《建筑密封材料试验方法》GB/T 13477.1—2002 GB/T 13477.2—2018 GB/T 13477.8—2017	耐热性、低温柔性、拉伸粘结性、渗出性	（JC/T 207—2011 第7.3条）每 20t 为一批，不足 20t 按一批抽样	（JC/T 207—2011 第7.3条）随机抽取三件产品，离表皮大约 50mm 处各取 1kg	（JC/T 207—2011 第7.4.2条）：有两项或两项以上指标不符合规定时，则判该批次产品不合格。若有一项指标不符合规定时，可进行单项复检。	
		《混凝土接缝用建筑密封胶》JC/T 881—2017	《建筑密封材料试验方法》GB/T 13477.1—2002 GB/T 13477.3—2017 GB/T 13477.10—2017 GB/T 13477.17—2017 GB/T 13477.8—2017	流动性、挤出性、弹性恢复率、拉伸模量、定伸粘结性	（JC/T 881—2017 第7.2条）每 5t 为一批，不足 5t 按一批抽样	（JC/T 881—2017 第7.3条）随机抽取，单组分 12 支；双组分 6kg，均须密封包装	（JC/T 881—2017 第7.4.2条）有两项及以上指标不符合规定时，判为不合格。有一项指标不符合规定时，可进行单项复检。	
		《地下防水工程质量验收规范》GB 50208—2011 《屋面工程质量验收规范》GB 50207—2012 《江苏省建筑防水工程技术规范》DGJ32/TJ 212—2016	《建筑密封材料试验方法》GB/T 13477.2—2018 GB/T 13477.3—2017 GB/T 13477.10—2017	流动性、挤出性、定伸粘结性	（GB 50208—2011 中附录 B 表 B.0.2）（GB 50207—2012 中附录 A 表 A.0.1）每 2t 为一批，不足 2t 按一批抽样	随机抽取 4kg	（GB 50208—2011 第3.0.7条）材料的物理性能检验项目有一项指标不符合标准规定时，应在受检产品中重新取样进行该项指标复验。（GB 50207—2012 第3.0.7条）防水、保温材料进场检验应符合本规范及材料标准规定。不合格材料不得在工程中使用	

续表

序号	检测对象	取样依据的产品标准或者工程建设标准	检测依据的产品/方法标准或工程建设标准	主要检测参数	产品标准或工程建设标准批组批原则或取样频率	取样方法及数量	不合格复检或处理办法	备注
5	膨胀橡胶、止水带	《高分子防水材料 第2部分：止水带》GB/T 18173.2—2014	《硫化橡胶或热塑性橡胶 拉伸应力应变性能的测定》GB/T 528—2009 《硫化橡胶撕裂强度的测定（裤形、直角形和新月形试样）》GB/T 529—2008	拉伸强度、扯断伸长率、撕裂强度	（GB/T 18173.2—2014 第6.1.1.1条）B类、S类以同标记连续生产 5000m为一批，不足 5000m按一批计。J类止水带以每100m 制品所需要的胶料组为一批	（GB/T 18173.2—2014 第6.1.1.1条）在外观质量合格的样品中随机抽取 2m的试样	（GB/T 18173.2—2014 第6.2.3条）若有一项指标不符合技术要求时，则另取双倍试样进行复检	
		《地下防水工程质量验收规范》GB 50208—2011 《屋面工程质量验收规范》GB 50207—2012 《江苏省建筑防水工程技术规程》DGJ32/TJ 212—2016	《硫化橡胶或热塑性橡胶 拉伸应力应变性能的测定》GB/T 528—2009 《硫化橡胶撕裂强度的测定（裤形、直角形和新月形试样）》GB/T 529—2008	拉伸强度、扯断伸长率、撕裂强度	（GB 50208—2011 附录B 表B.0.2）（GB 50207—2012 中附录A 表A.0.1）中每月同标记产量为一批抽样	（GB/T 18173.2—2014 第6.1.1.1条）在外观质量合格的样品中随机抽取 2m的试样	（GB 50208—2011 第3.0.7条）材料的各项物理性能检验符合本标准规定时，应在受检产品中重新取样进行复验。（GB 50207—2012 第3.0.7条）防水、保温材料进场检验项目应符合本及材料标准或附录A和附录B的规定。不合格材料不得在工程中使用	
		《高分子防水材料 第3部分：遇水膨胀橡胶》GB/T 18173.3—2014	《硫化橡胶或热塑性橡胶 拉伸应力应变性能的测定》GB/T 528—2009 《硫化橡胶压入硬度试验方法 第1部分：邵氏硬度计法：部氏硬度（邵尔硬度）》GB/T 531.1—2008	硬度、拉伸强度、拉断伸长率、体积膨胀倍率、反复浸水试验、低温弯折	（GB/T 18173.3—2014 第7.1.1.1条）以1000m或5t同标记的止水带橡胶为一批	（GB/T 18173.3—2014 第7.1.1.1条）在外观质量合格的样品中随机抽取足够的试样	（GB/T 18173.3—2014 第7.2.3条）若有一项指标不符合技术要求时，则另取双倍试样进行复检	

续表

序号	检测对象	取样依据的产品标准或者工程建设标准	检测依据的产品/方法标准或工程建设标准	主要检测参数	产品标准或工程建设标准组批原则或取样频率	取样方法及数量	不合格复检或处理办法	备注
5	膨胀橡胶、止水带	《地下防水工程质量验收规范》GB 50208—2011《屋面工程质量验收规范》GB 50207—2012《江苏省建筑防水工程技术规程》DGJ32/TJ 212—2016	《硫化橡胶或热塑性橡胶 拉伸应力应变性能的测定》GB/T 528—2009《硫化橡胶或热塑性橡胶撕裂强度的测定（裤形、直角形和新月形试样》GB/T 529—2008	拉伸强度、拉断伸长率、表干时间、体积膨胀倍率	（GB 50208—2011 附录 B 表 B.0.2）（GB 50207—2012 中附录 A 表 A.0.1）每 5t 为一批，不足 5t 按一批抽样	（GB/T 18173.3—2014 第 7.1.1）在外观质量合格的样品中随机取足够的试样	（GB 50208—2011 第 3.0.7 条）材料的物理性能检验项目有一项指标不符合标准规定时，应在受检产品中重新取样进行该项指标复验。（GB 50207—2012 第 3.0.7 条）防水、保温材料进场检验应符合本及材料标准规范附录 A 和附录 B 的规定。不合格材料不得在工程中使用	
6	防水砂浆	《预拌砂浆》GB/T 25181—2019	《建筑砂浆基本性能试验方法标准》JGJ/T 70—2009	拉伸粘结强度、28d 抗压强度、28d 抗渗压力	（GB/T 25181—2019 第 9.3 条）湿拌砂浆：在交货地点随机取样。当从货车中取样时，应在卸料过程中卸料量的 1/4～3/4 采取，且从同一运输车中采取。干混砂浆：①年产量 10×10⁴ 以上，不量为 800t 或 1d 产量过一批；②年产量 4×10⁴～10×10⁴，不量为 600t 或 1d 产量过一批；③年产量 1×10⁴～4×10⁴，不量为 400t 或 1d 产量过一批；④年产量 1×10⁴ 以下，不量为 200t 或 1d 产量过一批	（GB/T 25181—2019 第 9.3 条）湿拌砂浆：取样用量不少于 3 倍。干混砂浆：取样用量不少于试验用量的 6 倍。以生产厂同一批干混砂浆的型式检验报告为验收依据时，每批取样随机进行。取样用量不少于试验用量的 3 倍	（GB/T 25181—2019 第 9.4 条）当有一项指标不符合要求时，则判定该批产品不合格	

续表

序号	检测对象	取样依据的产品标准或者工程建设标准	检测依据的产品/方法标准或工程建设标准	主要检测参数	产品标准或工程建设标准组批原则或取样频率	取样方法及数量	不合格复检或处理办法	备注
		《聚合物水泥防水砂浆》JC/T 984—2011	《水泥标准稠度用水量、凝结时间、安定性检验方法》GB/T 1346—2001 《无机防水堵漏材料》GB 23440—2009 《水泥胶砂强度检验方法（ISO法）》GB/T 17671—1999	凝结时间、扩渗压力、抗折强度-抗压强度	（JC/T 984—2011 第8.2条）对同一类产品50t为一批，不足50t按一批抽样	（JC/T 984—2011 第8.3条）随机抽取，不宜少于20kg。一份试验一份备用	（JC/T 984—2011 第8.4.2.3条）若仅有一项指标不符合标准规定时，可对不合格项进行单项复检	
6	防水砂浆	《地下防水工程质量验收规范》GB 50208—2011 《屋面工程质量验收规范》GB 50207—2012 《江苏省建筑防水工程技术规程》DGJ32/TJ 212—2016	《建筑砂浆基本性能试验方法标准》JGJ/T 70—2009 《水泥标准稠度用水量、凝结时间、安定性检验方法》GB/T 1346—2001 《无机防水堵漏材料》GB 23440—2009 《水泥胶砂强度检验方法（ISO法）》GB/T 17671—1999	7d粘结强度、7d抗渗性、耐水性	（GB 50208—2011 附录B表B.0.2）（GB 50207—2012 中附录A表A.0.1）对同一类产品10t为一批，不足10t按一批抽样。（GB 50208—2011 中4.2.6）按施工面积每100m²抽查一处，每处10m²，且不得少于3处	在检验批内随即抽取，取样数量不少于10kg	（GB 50208—2011 第3.0.7条）材料的物理性能检验项目有一项指标不符合标准规定时，应在受检产品中重新取样进行该项指标复验。（GB 50207—2012 第3.0.7条）防水、保温材料进场检验应符合本及材料标准附录A和附录B规定的。不合格材料不得在工程中使用	

续表

序号	检测对象	取样依据的产品标准或者工程建设标准	检测依据的产品/方法标准或者工程建设标准	主要检测参数	产品标准或工程建设标准批原则或取样频率	取样方法及数量	不合格复检或处理办法	备注
7	防水混凝土	《建筑地基基础工程施工质量验收标准》GB 50202—2018	《混凝土物理力学性能试验方法标准》GB/T 50081—2019 《普通混凝土长期性能和耐久性能试验方法标准》GB/T 50082—2009	抗压强度，抗渗等级	（GB 50202—2018 第 7.2.5/7.7.4 条）灌注桩混凝土强度检验试样应在施工现场随机抽取。来自同一搅拌站混凝土，灌注桩每浇筑 50m³ 留置一组混凝土试样，单桩不足 50m³，每连续浇筑 12h 至少留置 1 组试样；有抗渗等级要求的灌注桩应留置一个级配不少于 3 组的抗渗检测试件。地下连续墙身混凝土强度每 100m³ 取样不少于一组，且每幅槽段不少于 1 组，墙身混凝土抗渗每 5 幅槽段不少于 1 组	抗压强度：每组三个试块 150×150×150（mm）或 100 × 100 × 100 （mm）或 200 × 200 × 200 （mm） 抗渗等级：每组六个试块 φ175mm（顶）/φ185mm(底)×150mm	（GB 50202—2018 表 7.7.6—3 条）当混凝土试块缺乏代表性或试块数量不足、试块强度不合格的，采用局部破损检测混凝土结构构件，按现行标准对结构构件混凝土强度进行推定	

61

续表

序号	检测对象	取样依据的产品标准或者工程建设标准	检测依据的产品/方法标准或工程建设标准	主要检测参数	产品标准或工程建设标准取样原则或取样频率	取样方法及数量	不合格复检或处理办法	备注
7	防水混凝土	《城镇污水处理厂工程质量验收规范》GB 50334—2017 《给水排水构筑物工程施工及验收规范》GB 50141—2008	《混凝土物理力学性能试验方法标准》GB/T 50081—2019 《普通混凝土长期性能和耐久性能试验方法标准》GB/T 50082—2009	抗压强度、抗渗等级	(GB 50202—2018 第7.2.5/7.7.4 条) 灌注桩混凝土强度检验试样应在施工现场随机抽取。来自同一搅拌站混凝土，灌注桩每浇筑50m³留置一组混凝土试样，单桩不足50m³，每连续浇筑12h至少留置1组试样；有抗渗等级要求的灌注桩应留置一个等级配不少于3组的抗渗检测试件。地下连续墙墙身混凝土强度每100m³取样不少于一组，且每幅墙不少于1组，墙身混凝土抗渗每5幅槽段不少于1组	抗压强度：每组三个试块 150×150×150 (mm) 或 100×100×100 (mm) 或 200×200×200 (mm) 抗渗等级：每组六个试块 φ175mm(顶)/φ185mm(底)×150mm	(GB 50202—2018 表7.7.6-3) 当混凝土试块缺之代表性或试块强度数量不足、试块强度不合格的，采用局部破损检测混凝土结构构件，按现行标准对结构构件混凝土强度进行推定	

续表

序号	检测对象	取样依据的产品标准或者工程建设标准	检测依据的产品/方法标准或工程建设标准	主要检测参数	产品标准或工程建设标准组批原则或取样频率	取样方法及数量	不合格复检或处理办法	备注
四	装饰装修用材料							
1	天然饰面石材、大理石、大理石板石、花岗石、预制板材、天然条石和块石	《天然大理石建筑板材》GB/T 19766—2016	《天然石材试验方法》GB/T 9966.1～9966.7—2020	弯曲强度、压缩强度、体积密度、吸水率、放射性	（GB/T 19766—2016 第8.1.2条）同一品种、类别、等级、同一供货批的板材为一批，或按连续安装部位的板材为一批	（GB/T 9966.1～3—2020 第4.1～4.2条）压缩强度、体积密度、吸水率和边长50mm的正方体或直径50mm×50mm的圆柱体5块；弯曲强度:试样长度为10H＋50mm，宽度为100mm。取样量不少于2kg	（GB/T 19766—2016 第8.2.5条）弯曲强度、压缩强度、体积密度、吸水率的试验结果中，有两项及以上不符合相应要求，有一项不符合要求时，利用备样对该项目进行复检，复检合格时判定该批次板材合格，否则判定该批板材为不合格	
		《天然花岗石建筑板材》GB/T 18601—2009	《天然石材试验方法》GB/T 9966.1～9966.7—2020	弯曲强度、压缩强度、体积密度、吸水率、放射性	（GB/T 18601—2009 第7.1.2条）同一品种、类别、等级、同一供货批的板材为一批，或按连续安装部位的板材为一批	（GB/T 9966.1～3—2020 第4.1～4.2条）压缩强度、体积密度、吸水率和边长50mm的正方体或直径50mm×50mm的圆柱体5块；弯曲强度:试样长度为10H＋50mm，宽度为100mm。取样量不少于2kg	（GB/T 18601—2009 第7.2.5条）体积密度、吸水率、弯曲强度、干燥压缩强度的试验结果中，有一项不符合5.5.1～5.5.3的要求时，则判定该批板材为不合格	

续表

序号	检测对象	取样依据的产品标准或者工程建设标准	检测依据的产品/方法标准或工程建设标准	主要检测参数	产品标准或工程建设标准组批原则或取样频率	取样方法及数量	不合格复检或处理办法	备注
1	天然饰面石材、大理石、大理石板材、花岗石、预制板块、天然条石和块石	《建筑地面工程施工质量验收规范》GB 50209—2010	《建筑材料放射性核素限量》GB 6566—2010	放射性	（GB 50209—2010 第6.3.5 条）同一工程、同一材料、同一厂家、同一生产、同一型号、同一规格、同一批号批量检查一次	（GB 6566—2010 第4.2.1条）放射性核素限量：在检验批内随机抽取样品两份，每份不少于2kg，一份封存，一份作为检验样品	（GB 50325—2020 第5.2.8条）建筑主体材料和建筑装饰材料的检测项目不全或对检测结果有疑问时，应对材料进行检验，检验合格后方可使用	
		《建筑装饰装修工程质量验收标准》GB 50210—2018	《建筑材料放射性核素限量》GB 6566—2010	放射性	（GB 50210—2018 第3.2.5条）同一品种、同一类型的进场材料应至少抽取一组样品进行复验	（GB 6566—2010 第4.2.1条）放射性核素限量：在检验批内随机抽取样品两份，每份不少于2kg，一份封存，一份作为检验样品	（GB 50210—2018 第3.2.5条）获得认证证书的产品或来源稳定且连续三批均一次检验合格的产品，进场验收时对该产品的检验批容量可扩大一倍，且仅对扩大一次的检验批容量的产品进行检验。当扩大检验批后的检验出现不合格情况时，应按扩大前的检验批容量重新验收，且该产品不得再次扩大检验批容量	
		《民用建筑工程室内环境污染控制标准》GB 50325—2020	《建筑材料放射性核素限量》GB 6566—2010	放射性	（GB 50325—2020 第5.1.2条）同一产地、同一品种产品使用面积大于200m²时需进行复验。组批按同一产地、同一品种、每5000m²为一批，不足5000m²按一批	（GB 6566—2010 第4.2.1条）放射性核素限量：在检验批内随机抽取样品两份，每份不少于2kg，一份封存，一份作为检验样品	（GB 50325—2020 第5.2.8条）建筑主体材料和建筑装饰材料的检测项目不全或对检测结果有疑问时，应对材料进行检验，检验合格后方可使用	

续表

序号	检测对象	取样依据的产品标准或者工程建设标准	检测依据的产品/方法标准或工程建设标准	主要检测参数	产品标准或工程建设标准批组批原则或取样频率	取样方法及数量	不合格复检或处理办法	备注
2	陶瓷板、陶瓷砖	《陶瓷板》GB/T 23266—2009	《陶瓷砖试验方法》GB/T 3810.1~16—2016	吸水率、断裂模数和破坏强度的测定、抗冻性（限严寒和寒冷地区）	（GB/T 23266—2009 第7.2.1条）按同品种同规格产品进行组批，以1500m²为一批，不足1500m²仍以一批计	（GB/T 23266—2009 第6.1条）在检验批内随机抽取。取样数量不少于三片整板；对于因加工而表面积小于1.62m²的产品，应取总面积不小于5.0m²的产品	（GB/T 23266—2009 第7.3条）经检验所有项目的所有试样均合格，则该批产品合格。凡有一项或一项以上不合格，综合判定该批产品不合格	
		《陶瓷砖》GB/T 4100—2015	《陶瓷砖试验方法》GB/T 3810.1~16—2016	吸水率、断裂模数和破坏强度的测定、抗冻性（限严寒和寒冷地区）	（GB/T 3810.1—2016 第3.3.6条）按同一生产厂生产的同品种同规格同质量产品进行组批，批量应得到供需双方同意	（GB/T 3810.3—2016 第4.1~4.4条）吸水率：每种类型取10块整砖进行检测。如每块砖的表面积不小于0.04m²，只需用5块整砖进行测试。如每块砖的质量小于50~100g，砖的边长小于大于200mm且小于等于400mm时，至少需要3块整砖的中间部位切取最小边长为100mm的5块试样。（GB/T 3810.12—2016 第4.1条）抗冻性：使用不少于10块整砖，并且其最小面积为0.25m²。对于大规格的砖，为能进入冷冻机，可进行切割。切割试样应没有裂纹、砖可能大、釉裂、针孔、碰等缺陷	（GB/T 3810.1—2016 第9.1条）断裂模数和破坏强度的测定：第一样检验得出的不合格数为0时判定合格，大于等于2时判定不合格，等于1时抽取同第一样本数相同的第二样本数进行检验，若总不合格数仍为1判定合格；总不合格数大于2时判定不合格。抗冻性：检验合格得出的不合格数为小于2时判定合格，不合格数大于2时判定不合格	

续表

序号	检测对象	取样依据的产品标准或者工程建设标准	检测依据的产品/方法标准或工程建设标准	主要检测参数	产品标准或工程建设标准批取样原则或取样频率	取样方法及数量	不合格复检或处理办法	备注
2	陶瓷板、陶瓷砖	《建筑装饰装修工程质量验收标准》GB 50210—2018	《建筑材料放射性核素限量》GB 6566—2010	放射性	（GB 50210—2018 第3.2.5条）同一厂家生产的同一品种、同一类型的进场材料应至少抽取一组样品进行复验	（GB 6566—2010 第4.2.1条）放射性核素限量：在检验批内随机抽取样品两份，每份不少于2kg，一份封存，一份作为检验样品	（GB 50210—2018 第3.2.5条）获得认证且连续三批均一次检验合格的产品，或来源稳定且连续三批均一次检验合格的产品，进场检验时可扩大检验批的容量可扩大一倍，且可扩大检验批后的容量。扩大检验批后，出现不合格情况时，应按扩大前的检验批容量重新验收，且该产品不得再次扩大检验批容量	
		《建筑地面工程施工质量验收规范》GB 50209—2010	《建筑材料放射性核素限量》GB 6566—2010	放射性	（GB 50209—2019 第6.3.5条）同一工程、同一材料、同一生产厂家、同一型号、同一规格、同一批号检查一次	（GB 6566—2010 第4.2.1条）放射性核素限量：在检验批内随机抽取样品两份，每份不少于2kg，一份封存，一份作为检验样品	（GB 50209—2010 第3.0.22条）凡未达到国家标准时，应按施工质量验收标准《建筑工程施工质量统一验收标准》GB 50300规定处理。①经返工或返修的检验批应重新进行验收；②经有资质能够检定到设计要求的检测机构鉴定达不到设计要求、但经原设计单位核算并认可能够满足安全和使用功能的检验批，可予以验收；③经有资质的检测机构检测鉴定达不到设计要求、但经原设计单位核算并认可能够满足安全及使用功能的分项工程，可按技术处理方案和协商文件的要求予以验收	

续表

序号	检测对象	取样依据的产品标准或者工程建设标准	检测依据的产品标准/方法标准或工程建设标准	主要检测参数	产品标准或工程建设标准组批原则或抽取频率	取样方法及数量	不合格复检或处理办法	备注
2	陶瓷板、陶瓷砖	《民用建筑工程室内环境污染控制标准》GB 50325—2020	《建筑材料放射性核素限量》GB 6566—2010	放射性	（GB 50325—2020 第5.1.2表）同一产地、同一品种使用面积大于200m²时需进行复验，同一产地、同一品种每5000m²为一批，不足5000m²按一批计	（GB 6566—2010 第4.2.1条）放射性核素限量：在检验批内随机抽取样品两份，每份不少于2kg，一份封存，一份作为检验样品	（GB 50325—2020 第5.2.8条）建筑主体材料和装饰装修材料的检验项目不足或对结果有疑问时，应对材料进行检验，检验合格后方可使用	
3	人造木板、饰面人造木板及其制品	《民用建筑工程室内环境污染控制标准》GB 50325—2020	《民用建筑工程室内环境污染控制标准》GB 50325—2020《人造板及饰面人造板理化性能试验方法》GB/T 17657—2013	甲醛释放量	（GB 50325—2020 第5.1.2条）当同一品种、同一厂家、同一规格产品使用面积大于500m²时需进行复验，同一品种、同一厂家、同一规格每5000m²为一批，不足5000m²按一批计	（GB 50325—2020 附录B第B.0.3.5条）环境测试舱法：样品表面积与环境测试舱容积之比应为1:1。（GB/T 17657—2013 第4.59.5）干燥器法：（150±1.0）mm，宽（50±1.0）mm 两组，每组10块	（GB 50325—2020 第5.2.8条）建筑主体材料和装饰装修材料的检验项目不足或对结果有疑问时，应对材料进行检验，检验合格后方可使用	
		《建筑装饰装修工程质量验收标准》GB 50210—2018	《室内装饰装修材料人造板及其制品中甲醛释放限量》GB 18580—2017《人造板及饰面人造板理化性能试验方法》GB/T 17657—2013	甲醛释放量	（GB 50210—2018 第3.2.5条）同一厂家生产的同一品种、同一类型的进场材料应至少抽取一组样品进行复验	（GB 18580—2017 第5.2条）环境测试舱法：长（500±5）mm，宽（500±5）mm，2块试件表面积为1m²。当试件长、宽尺寸所需小于1m²时，允许采用不影响测定结果的方法拼接	（GB 50210—2018 第3.2.5条）获得认证的产品或连续三批均来源稳定且连续的产品，进场验收时检验批的容量可扩大一倍（扩大检验批后的容量仅可扩大一倍）。出现不合格情况时，应按扩大前的检验批重新验收，且该扩大检验批不得再次扩大容量	

续表

序号	检测对象	取样依据的产品标准或者工程建设取样标准	检测依据的产品/方法标准或工程建设标准	主要检测参数	产品标准批原则或取样频率	取样方法及数量	不合格复检或处理办法	备注
3	人造木板、饰面人造木板及其制品	《民用建筑工程室内装修工程环境质量验收规程》DGJ32/J 140—2012	《民用建筑工程室内环境污染控制标准》GB 50325—2020《人造板及饰面人造板理化性能试验方法》GB/T 17657—2013	甲醛释放量	（DGJ32/J 140—2012 第4.9.4条）大于500m²时，应对不同产品，批次同面的游离甲醛含量或游离甲醛释放量分别进行复验	（GB 50325—2020 附录B第B.0.3.5条）样品环境测试舱法：样品表面积与环境测试舱容积之比应为1:1	（GB 50325—2020 第5.2.8条）建筑主体材料和装修材料的检验项目不足或对结果有疑问时，应对材料进行检验、检验合格后方可使用	
4	聚氯乙烯卷材地板、木塑制地板、橡塑类铺地材料（有害物质）	《室内装饰装修材料聚氯乙烯卷材地板中有害物质限量》GB 18586—2001《室内装饰装修材料聚氯乙烯残留氯乙烯单体的测定气相色谱法》GB/T 4615—2013	《室内装饰装修材料聚氯乙烯卷材地板中有害物质限量》GB 18586—2001《室内装饰装修材料聚氯乙烯残留氯乙烯单体的测定气相色谱法》GB/T 4615—2013	氯乙烯单体含量、铝、镉、挥发物含量	（GB 18586—2001 第6.1条）同一配方、工艺、规格、花色型号的卷材地板，以5000m²为一批，不足此数也为一批	（GB 18586—2001 第4.2条）从每批产品中随机抽取一卷	（GB 18586—2001 第3.3条）所有检验结果均达到标准规定，则判定该批产品为合格产品。若有一项检验结果未达到该标准规定，判定该批产品不合格	
		《建筑装饰装修工程质量验收标准》GB 50210—2018	《建筑装饰装修工程质量验收标准》GB 50210—2018	氯乙烯单体含量、铝、镉、挥发物含量	（GB 50210—2018 第3.2.5条）同一品种、同一类型的进场材料应至少抽取一组样品进行复验	（GB 18586—2001 第4.2条）从每批产品中随机抽取一卷	（GB 50210—2018 第3.2.5条）获得认证的产品或来源稳定且连续三批均一次检验合格的产品，进场验收时检验批的容量可扩大一倍，且仅可扩大一次	

续表

序号	检测对象	取样依据的产品标准或者工程建设标准	检测依据的产品/方法标准或工程建设标准	主要检测参数	产品标准或工程建设标准组批原则或取样频率	取样方法及数量	不合格复检或处理办法	备注
5	壁纸（布）(有害物质)	《民用建筑工程室内环境污染控制标准》GB 50325—2020	《室内装饰装修材料壁纸中有害物质限量》GB 18585—2001	游离甲醛	(GB 18585—2001 第5.1条) 同一品种、同一配方、同一工艺的壁纸为一批，每批壁纸不多于 5000m²	(GB 18585—2001 第5.2条) 每批壁纸至少抽取 5 卷壁纸	(GB 18585—2001 第7.4条) 若所有标准检验规定结果均未达到该批产品为合格产品。若有一项检验结果未达到原标准判定该批产品，应从原批中随机抽取两倍复样品进行全项复验，若复验结果均达到标准规定，则判定该批产品为合格产品；若复验结果仍未达到两倍标准规定，则判定该批产品为不合格产品	
		《室内装饰装修材料壁纸中有害物质限量》GB 18585—2001《聚氯乙烯残留氯乙烯单体的测定 气相色谱法》GB/T 4615—2013	重金属（钡、镉、铬、铅、砷、锑、硒、汞）、氯乙烯单体、甲醛含量	(GB 18585—2001 第5.1条) 同一品种、同一配方、同一工艺的壁纸为一批，每批壁纸不多于 5000m²	(GB 18585—2001 第5.2条) 每批壁纸至少抽取 5 卷壁纸	(GB 18585—2001 第7.4条) 若所有标准检验规定结果均未达到该批产品为合格产品。若有一项检验结果未达到原标准判定该批产品，应从原批中随机抽取两倍复样品进行全项复验，若复验结果均达到标准规定，则判定该批产品为合格产品；若复验结果仍未达到两倍标准规定，则判定该批产品为不合格产品	

续表

序号	检测对象	取样依据的产品标准或者工程建设标准	检测依据的产品/方法标准或工程建设标准	主要检测参数	产品标准或工程建设标准组批原则或取样频率	取样方法及数量	不合格复检或处理办法	备注
6	木家具中有害物质	《室内装饰装修材料木家具中有害物质限量》GB 18584—2001	《室内装饰装修材料木家具中有害物质限量》GB 18584—2001 《人造板及饰面人造板理化性能试验方法》GB/T 17657—2013	甲醛释放量，重金属含量（铅、镉、铬、汞）	（GB 18584—2001 第6.1.1条）正常生产情况下，应定期或累计一定生产量后进行一次型式检验。周期一般为一年	（GB 18584—2001 第5.1.4条）①若有一项采用数种木质种木质材料，则分别任每种木质材料部件上取样；②试件沿边沿50mm内取样；③试件数量：10块；试样规格：宽长（150±1mm），宽（50±1mm）	（GB 18584—2001 第6.2条）①若有一项检验结果未达到标准要求，则判定该产品不合格。②若对检验结果有异议要求复验时，应从原封存样品或备样中进行复验	
7	溶剂型涂料	《溶剂型外墙涂料》GB/T 9757—2001	《溶剂型外墙涂料》GB/T 9757—2001 《漆膜耐水性测定法》GB/T 1733—1993 《建筑涂料 涂层耐碱性的测定》GB/T 9265—2009 《建筑涂料 涂层耐洗刷性的测定》GB/T 9266—2009 《建筑涂料 涂层耐沾污性试验方法》GB/T 9780—2013	在容器中状态，施工性能，干燥时间，涂膜外观，对比率，耐水性，耐碱性，耐洗污性，耐沾刷生	（HG/T 2458—93 第3.3条）生产厂的质量检验部门应对涂料产品逐批（同一生产周期中生产的质量和颜色相同的产品；或连续生产时间不超过24h生产的同质量和同颜色的产品为一生产批）进行检验	（GB 3186—2006 第6.1条）样品的最少量应为2kg或完成规定试验所需量的3~4倍	（HG/T 2458—93 第3.5条）接收部门有权按产品标准对产品进行检验，如发现质量不符合标准规定的技术要求时，供需双方共同按GB/T 3186 规定重新取双倍样进行复验；如仍不符合标准规定的技术要求时，则该产品即为不合格品	

续表

序号	检测对象	取样依据的产品标准或者工程建设标准	检测依据的产品/方法标准或工程建设标准	主要检测参数	产品标准或工程建设标准组批原则或取样频率	取样方法及数量	不合格复检或处理办法	备注
7	溶剂型涂料	《建筑装饰装修工程质量验收标准》GB 50210—2018	《溶剂型外墙涂料》GB/T 9757—2001《漆膜、腻子膜干燥时间测定法》GB/T 1728—2020《漆膜耐水性测定法》GB/T 1733—1993《建筑涂料 涂层耐碱性的测定》GB/T 9265—2009《建筑涂料 涂层耐洗刷性的测定》GB/T 9266—2009《建筑涂料 涂层耐沾污性试验方法》GB/T 9780—2013《涂料产品检验、运输和贮存通则》HG/T 2458—1993《色漆、清漆和色漆与清漆用原材料取样》GB/T 3186—2006	在容器中状态、施工性能、干燥时间、涂膜外观、对比率、耐水性、耐碱性、耐沾污性、耐洗刷性	（GB 50210—2018 第12.1.3 条）①室外涂饰工程每一栋楼的同类涂料涂饰的墙面每 1000m² 应划分为一个检验批，不足 1000m² 也应划分为一个检验批；②室内涂饰工程同类涂料涂饰墙面每 50 间应划分为一个检验批，不足 50 间也应划分为一个检验批，大面积房间和走廊可按涂饰面积每 30m² 计为 1 间	（GB/T 3186—2006 第 6.1 条）样品应为 2kg 或完成规定试验所需量的最少量，或完成规定试验所需量的 3～4 倍	（GB 50210—2018 第3.2.5 条）获得认证且连续三批均一次检验合格的产品，进场检验的产品或来源稳定且连续三批均一次检验合格的产品，进场检验时检验批的容量可扩大一倍，且仅可扩大一次。扩大检验批后的检验中，出现不合格情况时，应按扩大前的检验批容量重新验收，且该产品不得再次扩大检验批容量	

续表

序号	检测对象	取样依据的产品标准或者工程建设标准	检测依据的产品/方法标准或工程建设标准	主要检测参数	产品标准或工程建设标准批组批原则或取样频率	取样方法及数量	不合格复检或处理办法	备注
		《合成树脂乳液外墙涂料》GB/T 9755—2014《合成树脂乳液内墙涂料》GB/T 9756—2018《外墙无机建筑涂料》JG/T 26—2002	《合成树脂乳液外墙涂料》GB/T 9755—2014《漆膜、腻子膜干燥时间测定法》GB/T 1728—2020《漆膜耐水性测定法》GB/T 1733—1993《建筑涂料 涂层耐碱性的测定》GB/T 9265—2009《建筑涂料 涂层耐洗刷性的测定》GB/T 9266—2009《色漆、清漆和色漆与清漆用原材料取样》GB/T 3186—2006	在容器中状态、施工性能、干燥时间、涂膜外观、对比率、耐沾污性、耐碱性、耐洗刷性	（HG/T 2458—1993第3.3条）生产厂的质量检验部门应对涂料产品逐批（同一生产周期中生产的质量和颜色相同的产品；或连续生产时间不超过24h生产的同质量和同颜色的产品）进行检验	（GB 3186—2006第6.1条）样品的最少量应为2kg或完成规定试验所需量的3~4倍	（HG/T 2458—1993第3.5条）接收部门有权按产品标准规定对产品进行检验，如发现质量不符合标准规定的技术要求时同需双方GB/T 3186规定重新取双倍试样进行复验，供验双方另行整个批号产品。如仍不符合标准规定的技术要求时，则该产品即为不合格品	
8	水性涂料	《建筑装饰装修工程质量验收标准》GB 50210—2018	《合成树脂乳液外墙涂料》GB/T 9755—2014《漆膜、腻子膜干燥时间测定法》GB/T 1728—2020《漆膜耐水性测定法》GB/T 1733—1993《建筑涂料 涂层耐碱性的测定》GB/T 9265—2009《建筑涂料 涂层耐洗刷性的测定》GB/T 9266—2009《色漆、清漆和色漆与清漆用原材料取样》GB/T 3186—2006	在容器中状态、施工性能、干燥时间、涂膜外观、对比率、耐沾污性、耐碱性、耐洗刷性	（GB 50210—2018第12.1.3条）①室外涂饰工程每一栋楼的同类涂料涂饰的墙面每1000m²应划分为一个检验批，不足1000m²也应划分为一个检验批；②室内涂饰工程同类涂料涂饰墙面每50间应划分为一个检验批，不足50间也应划分为一个检验批，大面积房间和走廊可按涂饰面积每30m²计为1间	（GB/T 3186—2006第6.1条）样品的最少量应为2kg或完成规定试验所需量的3~4倍	（GB 50210—2018第3.2.5条）产品或来源稳定且连续三批均一次检验合格的产品，进场验收时检验批的容量可扩大一倍，且仅可扩大一次。扩大检验批后的检验中，出现不合格情况时，应按扩大前的检验批重新验收，且该次检验批不得再次扩大检验批容量	

续表

序号	检测对象	取样依据的产品标准或者工程建设标准	检测依据的产品/方法标准或者工程建设标准	主要检测参数	产品标准或工程建设标准批组批原则或取样频率	取样方法及数量	不合格复检或处理办法	备注
9	建筑外墙用腻子	《建筑外墙用腻子》JG/T 157—2009	《建筑外墙用腻子》JG/T 157—2009；《漆膜、腻子膜干燥时间测定法》GB/T 1728—2020；《漆膜耐水性测定法》GB/T 1733—1993；《建筑涂料 涂层耐碱性的测定》GB/T 9265—2009	在容器中状态、施工性、干燥时间、耐水性、耐碱性	（JG/T 298—2010 第7.2条）以每15t同类产品为一批，不足15t也按一批计	（GB/T 3186—2006 第6.1条）样品应为2kg或完成规定试验所需量的3～4倍。样品分为两份，一份密封保存，一份作为检验用	（JG/T 157—2009 第7.2.2条）如一项检验结果未达到本标准要求时，应对保存样品进行复验。如复验结果仍未达到标准要求时，该产品为不符合标准要求	
	建筑室内用腻子	《建筑室内用腻子》JG/T 298—2010	《建筑室内用腻子》JG/T 298—2010；《漆膜、腻子膜干燥时间测定法》GB/T 1728—2020；《漆膜耐水性测定法》GB/T 1733—1993；《色漆、清漆和色漆与清漆用原材料取样》GB/T 3186—2006	在容器中状态、施工性、干燥时间、耐水性	（JG/T 298—2010 第7.2条）以每15t同类产品为一批，不足15t也按一批计	（GB 3186—2006 第6.1条）样品的最少量应为2kg或完成规定试验所需量的3～4倍	（JG/T 298—2010 第7.4.2条）所有项目均达到标准要求时，该产品符合标准要求	
10	建筑用涂料（有害物质）	《木器涂料中有害物质限量》GB 18581—2020	《色漆和清漆 挥发性有机化合物（VOC）含量的测定 气相色谱法》GB/T 23986—2009；《涂料中苯、甲苯、乙苯和二甲苯含量的测定 气相色谱法》GB/T 23990—2009；《涂料中氯代烃含量的测定 气相色谱法》GB/T 23992—2009	甲醛、VOC、苯、甲苯+二甲苯+乙苯、TDI+HDI	（GB 18581—2020 第7.1.1条）在正常生产情况下，每年至少进行一次型式检验	（GB/T 3186—2006 第6.1条）样品的最少量应为2kg或完成实验所需量的3～4倍	（GB 18581—2020 第7.2条）所有检验结果均达到GB 18581的规定，产品为符合标准	

续表

序号	检测对象	取样依据的产品标准或者工程建设标准	检测依据的产品/方法标准或工程建设标准	主要检测参数	产品标准或工程建设标准组批原则或取样频率	取样方法及数量	不合格复检或处理办法	备注
10	建筑用涂料（有害物质）	《建筑用墙面涂料中有害物质限量》GB 18582—2020	《色漆和清漆 挥发性有机化合物（VOC）含量的测定 差值法》GB/T 23985—2009《色漆和清漆 挥发性有机化合物（VOC）含量的测定 气相色谱法》GB/T 23986—2009《涂料中苯、甲苯、乙苯和二甲苯含量的测定 气相色谱法》GB/T 23990—2009《涂料中可溶性有害元素含量的测定》GB/T 23991—2009《涂料中有害元素总含量的测定》GB/T 30647—2014《涂料中氯代烃含量的测定 气相色谱法》GB/T 23992—2009	VOC，苯十甲苯十甲苯十乙苯总和，可溶性金属	（GB 18582—2020 第7.1.1条）在正常生产情况下，每年至少进行一次型式检验	（GB/T 3186—2006 第6.1条）样品的最少量应为2kg或完成规定实验所需量的3～4倍	（GB 18582—2020 第7.2条）所有项目的检验结果均达到GB 18582 的规定，产品为符合标准	
		《民用建筑工程室内环境污染控制标准》GB 50325—2020	《木器涂料中有害物质限量》GB 18581—2020《建筑用墙面涂料中有害物质限量》GB 18582—2020《室内地坪涂料中有害物质限量》GB 38468—2019	VOC，苯，二苯十甲苯十乙苯	（GB 50325—2020 第5.1.2条）溶剂型涂料：组批按同一厂家、同一品规格产品每5t为一批，不足5t按一批计；水性涂料和水性腻子：组批按同一厂家、同一品种、同一规格产品每5t为一批，不足5t按一批计	（GB/T 3186—2006 第6.1条）样品的最少量应为2kg或完成规定实验所需量的3～4倍	（GB 50325—2020 第5.2.8条）建筑主体材料和装饰装修材料的检验项目不足或对结果有疑问时，应对材料进行检验，检验合格后方可使用	

续表

序号	检测对象	取样依据的产品标准或者工程建设标准	检测依据的产品/方法标准或工程建设标准	主要检测参数	产品标准或工程建设标准组批原则或取样频率	取样方法及数量	不合格复检或处理办法	备注
10	建筑用涂料（有害物质）	《建筑装饰装修工程质量验收标准》GB 50210—2018	《色漆和清漆 挥发性有机化合物（VOC）含量的测定 差值法》GB/T 23985—2009；《色漆和清漆 挥发性有机化合物（VOC）含量的测定 气相色谱法》GB/T 23986—2009；《涂料中苯、甲苯、乙苯和二甲苯含量的测定 气相色谱法》GB/T 23990—2009；《涂料中氯代烃含量的测定 气相色谱法》GB/T 23992—2009；《水性涂料中甲醛含量的测定 乙酰丙酮分光光度法》GB/T 23993—2009	甲醛、VOC、苯、甲苯+二甲苯+乙苯、TDI+HDI	（GB 50210—2018 第 3.2.5 条）同一厂家生产的同一品种、同一类型的进场材料应至少抽取一组样品进行复验	（GB 50210—2018 第 12.1.4 条）检查数量应符合下列规定：①室外涂饰工程每 100m² 应至少检查一处，每处不得小于 10m²；②室内涂饰工程每个检验批应至少抽样 10%，并不得少于 3 间；不足 3 间时应全数检查	（GB 50210—2018 第 3.2.5 条）获得认证且连续三批均一次源验定合格的产品，进场检验时检验批的容量可扩大一倍，且仅可扩大检验批一次。扩大检验批后的检验中，出现不合格情况时，应按扩大前的检验批容量重新验收，且该产品不得再次扩大检验批容量	
11	建筑用胶粘剂（有害物质）	《室内装饰装修材料 胶粘剂中有害物质限量》GB 18583—2008	《胶粘剂挥发物含量的测定》GB/T 2793—1995；《液态胶粘剂密度的测定方法 重量杯法》GB/T 13354—1992；《胶粘剂挥发性有机化合物限量》GB/T 33372—2020	游离甲醛、苯、甲苯+二甲苯、甲苯二异氰酸酯、总挥发性有机物	（GB 18583—2001 第 5.1 条）在正常生产情况下，每年至少进行一次型式检验	（GB 18583—2008 第 5.2 条）在同一批产品中随机抽取三份样品，每份不小于 0.5kg	（GB 18583—2008 第 5.3 条）如有一项检验结果未达到 GB 18583 要求时，应对保存样品进行复验，如复验结果仍未达到 GB 18583 要求时，则判定为不合格	

续表

序号	检测对象	取样依据的产品标准或者工程建设标准	检测依据的产品/方法标准或工程建设标准	主要检测参数	产品标准或工程建设标准组批原则或取样频率	取样方法及数量	不合格复检或处理办法	备注
		《民用建筑工程室内环境污染控制标准》GB 50325—2020	《建筑胶粘剂有害物质限量》GB 30982—2014 《胶粘剂挥发性有机化合物限量》GB/T 33372—2020 《胶粘剂挥发物含量的测定》GB/T 2793—1995	游离甲醛、总室发性有机物	(GB 50325—2020 第5.1.2表)以每 5t 为一批,厂家以同一批产品不足 5t 按一批计	(GB 30982—2014 第6.2条)在同一批产品中随机抽取三份样品。每份不少于 0.5kg	(GB 50325—2020 第5.2.8条)建筑主体和装饰装修材料的检验项目不足对结果有疑问时,应对材料进行检验。检验合格后方可使用	
11	建筑用胶粘剂(有害物质)	《室内装饰装修材料地毯、地毯衬垫及地毯胶粘剂有害物质释放限量》GB 18587—2001	《室内装饰装修材料地毯、地毯衬垫及地毯胶粘剂中有害物质限量》GB 18587—2001 《空气质量甲醛丙酮丙分光光度法》GB/T 15516—1995 《公共场所卫生检验方法 第2部分:化学污染物》GB/T 18204.2—2014 《室内空气 第6部分—室内空气易挥发性有机化合物的测定》ISO/DIS 1600—6:1999 《室内空气、环境空气和工作场所空气利用吸附管/热解析/毛细管气相色谱仪进行取样和分析》ISO 16017—7:2000	总挥发性有机化合物、甲醛、苯乙烯、4-苯基环己烯、丁基羟基甲苯、乙二醇己醇	(GB 18587—2001 第6.1条)批量大小和样本大小按相应产品标准执行	(GB 18587—2001 附录A.3.1条)①样品应从常规方式生产,下机不超过30d,经检验合格包装的产品中抽取。②在成卷产品中取样。至少距头端 2m,中间截取至少 1m² 样品两块	(GB 18587—2001 中第6.2条)①型式检验抽样产品如果"限量"超标,则判该产品不合格。②检验项目中只有一项不合格时,允许对该产品加倍复验。如全部复验合格则可以判断该批产品合格	

续表

序号	检测对象	取样依据的产品标准或者工程建设标准	检测依据的产品/方法标准或工程建设标准	主要检测参数	产品标准或工程建设标准批组批原则或取样频率	取样方法及数量	不合格复检或处理办法	备注
12	建筑外门窗（塑料、铝合金）	《建筑用塑料窗》GB/T 28887—2012	《建筑外门窗气密、水密、抗风压性能检测方法》GB/T 7106—2019 《建筑外门窗保温性能检测方法》GB/T 8484—2020	气密性能、水密性能、抗风压性能、保温性能	（GB/T 28887—2012 第 7.2.2 条）以出厂检验合格的同系列作为检验批	（GB/T 28887—2012 第 7.2.3 条）从出厂检验（交货）批中的不同系列品种分别随机抽取 5%，且物理性能不应少于 3 樘，保温性能不应少于 1 樘	（GB/T 28887—2012 第 7.3.2.3 条）若有不合格项目时，应从该产品中抽取双倍试件对该不合格项进行重复检验，重复检验结果全部达到要求时，判定该项目合格；否则判定该批产品不合格	
		《铝合金门窗》GB/T 8478—2020	《建筑外门窗气密、水密、抗风压性能检测方法》GB/T 7106—2019 《建筑外门窗保温性能检测方法》GB/T 8484—2020	气密性能、水密性能、抗风压性能、保温性能	（GB/T 8478—2020 第 7.3.2 条）从不少于 100 樘的出厂合格批中任选一批	（GB/T 8478—2020 第 7.3.2 条）从每个出厂检验（交货）批中的不同系列品种分别随机抽取 5%，且物理性能不应少于 3 樘，保温性能不应少于 1 樘	（GB/T 8478—2020 第 7.3.4 条）若有不合格项目时，应从该产品中抽取双倍试件对该不合格项进行重复检验，重复检验达到要求时合格；否则判定该批产品不合格	
		《建筑装饰装修工程质量验收标准》GB 50210—2018	《建筑外门窗气密、水密、抗风压性能检测方法》GB/T 7106—2019	气密性能、水密性能、抗风压性能、保温性能	（GB 50210—2018 第 6.1.5 条）同一品种、类型和规格的木门窗、金属门窗、塑料门窗和门窗玻璃每 100 樘划分为一个检验批，不足 100 樘也应划分为一个检验批	（GB 50210—2018 第 6.1.6 条）金属门窗和塑料门窗每批应至少抽查 3 樘，并不得少于 3 樘；不足 3 樘时应全数检查；高层建筑的外窗每个检验批应至少抽查 6 樘，并不足 6 樘时应全数检查	（GB 50210—2018 第 3.2.5 条）获得认证的产品或来源稳定且连续三批均一次检验合格的产品，进场验收时检验批容量可扩大一倍，且仅可扩大一次。扩大检验批后的检验中，出现不合格情况时，应按扩大前的容量重新验收，且该检验批产品不得再次用扩大检验批容量	

序号	检测对象	取样依据的产品标准或者工程建设标准	检测依据的产品/方法标准或工程建设标准	主要检测参数	产品标准或工程建设标准批组批原则或取样频率	取样方法及数量	不合格复检或处理办法	备注
12	建筑外门窗（塑料、铝合金）	《建筑节能施工质量验收标准》GB 50411—2019	《建筑外门窗保温性能检测方法》GB/T 8484—2020	保温性能	（GB 50411—2019 中第6.1.4条）同一厂家的同材质、类型、型号的门窗每200樘划分为一个检验批	（GB 50411—2019 中第6.2.2条）任检验批内随机抽取1樘	（GB 50411—2019 第3.2.3条）当复验结果不合格时，该材料、构件和设备不得使用	
13	铝合金型材	《铝合金建筑型材 第1部分：基材》GB/T 5237.1—2017	《铝合金建筑型材 第1部分：基材》GB/T 5237.1—2017；《铝合金韦氏硬度试验方法》YS/T 420—2000	壁厚、硬度	（GB/T 5237.1—2017 第6.2条）基材提交验收，每批应由同一牌号、状态、尺寸规格的基材、型材组成，批重不限	（GB/T 5237.1—2017 第6.4条）每批选取基材总数的1%不少于10根，批量少于10根，应逐根检查	（GB/T 5237.1—2017 第6.5.2条）任一试样的尺寸偏差不合格时，判该批不合格，但允许逐根检验，合格的交货	
		《铝合金建筑型材 第2部分：阳极氧化型材》GB/T 5237.2—2017	《铝合金建筑型材 第2部分：基材》GB/T 5237.1—2017；《铝合金韦氏硬度试验方法》YS/T 420—2000；《铝及铝合金阳极氧化膜厚度的测量方法 第1部分：测量原则》GB/T 8014.1—2005；《铝及铝合金阳极氧化膜厚度的测量方法 第2部分：质量损失法》GB/T 8014.2—2005；《非导电基体金属上非磁性电覆盖层覆盖层厚度测量 涡流法》GB/T 4957—2003	壁厚、膜厚、硬度	（GB/T 5237.2—2017 第6.2条）基材提交验收，每批应由同一牌号、状态、尺寸规格、表面处理类型、膜层级别、膜层颜色和相同表面处理方式与工艺的型材组成，批重不限	（GB/T 5237.2—2017 第6.4条）尺寸检查：逐根检查；力学性能：取2根基材；膜厚：每批（热处理炉）取2根基材上切取1个试样；膜厚：批量范围1~10根，抽取数量全部，不合格上限0根；批量范围11~200根，不合格上限1根，抽取数量10根；批量范围201~300根，抽取数量15根，不合格上限1根；批量范围301~500根，批量上限2根，抽取数量20根，不合格上限2根；批量范围501~800根，抽取数量30根，不合格上限3根；批量范围800根以上，抽取数量40根，不合格上限4根	（GB/T 5237.2—2017 第6.5.3条）任一尺寸偏差不合格时，判该批不合格，但允许逐根检验，合格的交货	

续表

序号	检测对象	取样依据的产品标准或者工程建设标准	检测依据的产品/方法标准或工程建设标准	主要检测参数	产品标准或工程建设标准组批原则或取样频率	取样方法及数量	不合格复检或处理办法	备注
13	铝合金型材	《铝合金建筑型材 第3部分：电泳涂漆型材》GB/T 5237.3—2017	《铝合金建筑型材 第1部分：基材》GB/T 5237.1—2017 《铝合金建筑型材 第3部分：电泳涂漆型材》GB/T 5237.3—2017 《铝合金韦氏硬度试验方法》YS/T 420—2000 《铝及铝合金阳极氧化膜厚度的测量方法 第1部分：测量原则》GB/T 8014.1—2005 《铝及铝合金阳极氧化膜厚度的测量方法 第2部分：质量损失法》GB/T 8014.2—2005 《非磁性基体金属上非导电覆盖层 覆盖层厚度测量 涡流法》GB/T 4957—2003	壁厚、膜厚、硬度	（GB/T 5237.3—2017 第6.2条）型材应成批提交验收，每批应由同一牌号、状态、尺寸规格（或截面代号）、表面纹理类型、膜层级别、膜层颜色和相同表面处理方式与工艺的型材组成，批重不限	（GB/T 5237.3—2017 第6.4条）尺寸偏差：逐根检查；力学性能：每批（热处理炉）取2根基材，从每根基材上切取1个试样；膜厚：批量范围1~10根，抽取数量全部，不合格上限0根；批量范围11~200根，抽取数量10根，不合格上限1根；批量范围201~300根，抽取数量15根，不合格上限1根；批量范围301~500根，抽取数量20根，不合格上限2根；批量范围501~800根，抽取数量30根，不合格上限3根；批量范围800根以上，抽取数量40根，不合格上限4根	（GB/T 5237.3—2017 第6.5.3条）任一试样的尺寸偏差不合格时，判该批不合格。但允许逐根检验，合格的交货	

续表

序号	检测对象	取样依据的产品标准或者工程建设标准	检测依据的产品/方法标准或工程建设标准	主要检测参数	产品标准或工程建设标准组批原则或取样频率	取样方法及数量	不合格复检或处理办法	备注
13	铝合金型材	《铝合金建筑型材 第4部分：喷粉型材》GB/T 5237.4—2017	《铝合金建筑型材 第1部分：基材》GB/T 5237.1—2017 《铝合金建筑型材 第4部分：喷粉型材》GB/T 5237.4—2017 《铝合金韦氏硬度试验方法》YS/T 420—2000 《非磁性基体金属上非导电覆盖层 覆盖层厚度测量 涡流法》GB/T 4957—2003	壁厚、膜厚、重度	（GB/T 5237.4—2017 第6.2条）型材应按批提交验收，每批应由同一牌号、状态、尺寸规格、颜色（或色号）、外观效果、膜层性能级别及相同涂料类型及组分质量分数、相同表面处理工艺的型材组成，批重不限	（GB/T 5237.4—2017 第6.5条）尺寸偏差：逐根检查；力学性能：每批（热处理炉）取2根基材，从每根基材上切取1个试样；膜厚：批量范围1～10根，抽取根数全部，不合格上限0根；批量范围11～200根，抽取数量10根，不合格上限1根；批量范围201～300根，抽取数量15根，不合格上限1根；批量范围301～500根，抽取数量20根，不合格上限2根；批量范围501～800根，抽取数量30根，不合格上限3根；批量范围800根以上，抽取数量40根，不合格上限4根	（GB/T 5237.4—2017 第6.6.3条）任一试样的尺寸偏差不合格，则该批供方逐根检验。但允许该方逐根检验，合格的交货	

续表

序号	检测对象	取样依据的产品标准或者工程建设标准	检测依据的产品/方法标准或工程建设标准	主要检测参数	产品标准或工程建设标准组批原则或取样频率	取样方法及数量	不合格复检或处理办法	备注
13	铝合金型材	《铝合金建筑型材 第5部分：喷漆型材》GB/T 5237.5—2017	《铝合金建筑型材 第1部分：基材》GB/T 5237.1—2017《铝合金建筑型材 第5部分：喷漆型材》GB/T 5237.5—2017《铝合金韦氏硬度试验方法》YS/T 420—2000《非磁性基体金属上非导电覆盖层 覆盖层厚度测量 涡流法》GB/T 4957—2003	壁厚、膜厚、硬度	（GB/T 5237.5—2017 第6.2条）型材应成批提交验收，每批应由同一牌号、状态、尺寸规格、膜层颜色、膜层类型及同涂料类型及组分质量分数、相同表面处理工艺的型材组成，批量不限	（GB/T 5237.5—2017 中表6.4）规定：尺寸偏差检查、力学性能（热处理炉）取2根基材，从每根基材上切取1个试样；膜厚：取1根、抽取范围1～10根，不合格数量全部，不合格上限0根；批量范围11～200根，抽取数量15根，不合格上限1根；批量范围201～300根、抽取数量15根，不合格上限1根；批量范围301～500根、抽取数量20根，不合格上限2根；批量范围501～800根、抽取数量30根，不合格上限3根；批量范围800根以上，抽取数量40根，不合格上限4根	（GB/T 5237.5—2017 第6.5.4条）任一试样的尺寸不合格时，则该批不合格，但允许供方逐根差检，合格的交货	

续表

序号	检测对象	取样依据的产品标准或者工程建设标准	检测依据的产品/方法标准或方法建设标准	主要检测参数	产品标准或工程建设标准批组批原则或取样频率	取样方法及数量	不合格复检或处理办法	备注
13	铝合金型材	《铝合金建筑型材 第6部分：隔热型材》GB/T 5237.6—2017	《铝合金建筑型材 第1部分：基材》GB/T 5237.1—2017 《铝合金建筑型材 第6部分：隔热型材》GB/T 5237.6—2017 《铝合金建筑型材 第5部分：喷漆型材》GB/T 5237.5—2017 《铝合金韦氏硬度试验方法》YS/T 420—2000 《铝及铝合金阳极氧化膜厚度的测量方法 第1部分：测量原则》GB/T 8014.1—2005 《铝及铝合金阳极氧化膜厚度的测量方法 第2部分：质量损失法》GB/T 8014.2—2005	横向抗拉特征值、纵向抗剪特征值、壁厚、膜厚、硬度	（GB/T 5237.6—2017 第6.2条）隔热型材应成批提交验收，状态、表面处理方式（同侧型材的成膜材料种类与组分、表面处理工艺、膜层代号及膜层性能级别相同）的铝合金型材、与同一种类隔热型材成分和（聚酰胺型材成分相同、通过同一成分复合工艺制成的，具有相同规格尺寸、规格的隔热型材同横截面规格的隔热型材组成、批重不限	GB/T 5237.6—2017 第6.5条 ①壁厚、膜厚、硬度：每批选取基材总数的1%不少于10根，批量少于10根，应逐根检查。②横向抗拉特征值：每批抽取2根隔热型材，在抽取的隔热型材的中部和两端各切取5个试样。型材长度100mm±2mm。③纵向抗剪特征值：每批抽取2根隔热型材，在抽取的隔热型材的中部切取1根，于两端分别切取2个试样。型材长度100mm±2mm	（GB/T 5237.6—2017 第6.6.2条）任一试样的力学性能不合格时，应从该批双倍数量的试样中另取双倍试样进行重复试验。重复试验结果全部合格，则判定该批隔热型材合格。若重复试验结果中仍有试样不合格，则判定该批隔热型材不合格。经供需双方商定允许供方逐根检验，合格的交货	
		《玻璃幕墙工程质量检验标准》JGJ/T 139—2020	《铝合金建筑型材 第1部分：基材》GB/T 5237.1—2017 《铝合金建筑型材 第6部分：分隔热型材》GB/T 5237.6—2017	壁厚、膜厚、重度	（JGJ/T 139—2020 第2.1.1条）同一生产厂家的同一型号、规格，批号的材料作为一个检验批	（JGJ/T 139—2020 第2.2.1条）每批应随机抽取3%，且且不得少于5件		

续表

序号	检测对象	取样依据的产品标准或者工程建设标准	检测依据的产品/方法标准或工程建设标准	主要检测参数	产品标准或工程建设标准组批原则或取样频率	取样方法及数量	不合格复检或处理办法	备注
13	铝合金型材	《玻璃幕墙工程技术规范》JGJ 102—2003	《铝合金建筑型材 第1部分：基材》GB/T 5237.1—2017 《铝合金建筑型材 第6部分：分隔热型材》GB/T 5237.6—2017	壁厚、膜厚、硬度、抗拉强度、抗剪强度	（JGJ 102—2003 第3.2.1条）基材交验收，每批应由同一牌号、状态、尺寸规格的基材组成，批量不限	（JGJ 102—2003 第3.2.1条）①壁厚、膜厚、硬度取基材取样根数的1%，不少于10根，应逐根检查；②力学性能（抗拉、抗剪）：每批抽取2根隔热型材，在抽取的每根隔热型材中部切取1个试样，于两端分别切取2个试样。试样长100mm±2mm，试样最短允许缩至18mm（伸裁时，试样长为100mm±2mm）	（JGJ 102—2003 第3.2.1条）（GB/T 5237.1—2017 第6.5.2条）要求：任一试样的尺寸偏差不合格时，判定该批不合格，但允许逐根检验，合格的逐根交货	

续表

序号	检测对象	取样依据的产品标准或者工程建设标准	检测依据的产品/方法标准或工程建设标准	主要检测参数	产品标准或工程建设标准批组批原则或取样频率	取样方法及数量	不合格复检或处理办法	备注
14	未增塑聚氯乙烯（PVC-U）型材	《门、窗用未增塑聚氯乙烯（PVC-U）型材》GB/T 8814—2017	《门、窗用未增塑聚氯乙烯（PVC-U）型材》GB/T 8814—2017《塑料硬度测定 第2部分：洛氏硬度》GB/T 3398.2—2008《热塑性塑料维卡软化温度（VST）的测定》GB/T 1633—2000《塑料拉伸性能的测定》GB/T 1040.1~4—2006	壁厚、膜厚、维卡软化温度、可焊接性、抗冲击性、简支梁冲击	（GB/T 8814—2017 第8.2.1条）以同一原料、工艺、配方，同一截面几何结构特征的产品为一批，每批的产品量不超过50t。如连续7d的产量不足50t，则以7d的产量为一批	（GB/T 8814—2017 第8.2.2条）批量小于等于94，取样5件；91~150，取样8件；151~280，取样13件；281~500，取样20件；501~1200，取样32件；1201~3200，取样50件；3201~10000，取样80件；10001~35000，取样125件	（GB/T 8814—2017 第8.2.2~8.3.2条）外观与尺寸：批量小于等于90，1件不合格，判定该批不合格，91~150，2件不合格，判定该批不合格，151~280，3件不合格，判定该批不合格，281~500，4件不合格，判定该批不合格，501~1200，6件不合格，判定该批不合格，1201~3200，8件不合格，判定该批不合格，3201~10000，11件不合格，判定该批不合格，10001~35000，15件不合格，判定该批不合格	

续表

序号	检测对象	取样依据的产品标准或者工程建设标准	检测依据的产品/方法标准或工程建设标准	主要检测参数	产品标准或工程建设标准批组批原则或取样频率	取样方法及数量	不合格复检或处理办法	备注
15	轻钢龙骨	《建筑用轻钢龙骨》GB/T 11981—2008	《建筑用轻钢龙骨》GB/T 11981—2008	外观、尺寸、表面防锈、力学性能（抗冲击性试验、静载试验）	（GB/T 11981—2008 第7.2条）班产量大于等于2000m的，以2000m同型号、同规格的轻钢龙骨为一批，班产量小于2000m的，以实际班产量为一批。从批中随机抽取规定数量的双份试样，一份检验用，一份备用。	（GB/T 11981—2008 第6.2条）①用于外观检查和测定尺寸要求、双面镀锌层厚度、涂镀层厚度，以三根试件为一组试样。②吊顶龙骨U、C、V、L型龙骨：承载龙骨2根1200mm长，覆面龙骨2根1200mm长，吊件4件，挂件4件。③吊顶T型龙骨：主龙骨2根1200mm长，次龙骨数量为同1200mm长主龙骨上安装次龙骨的孔数，长度600mm，吊件或挂件4件。④吊顶H型龙骨：2根1200mm长，吊件4件，挂件4件。⑤墙体龙骨Q100及以上：横龙骨2根1200mm长，竖向龙骨3根5000mm，贯通龙骨3根1200mm长，支撑卡27只，贯通龙骨1200mm长。⑥墙体龙骨Q75：横龙骨2根1200mm，竖向龙骨3根4000mm，支撑卡21只，贯通龙骨3根1200mm。⑦墙体龙骨Q50：横龙骨2根1200mm长，竖向龙骨3根2700mm，支撑卡15只。	（GB/T 11981—2008 第7.3条）①单项检验结果的判定按GB/T 1250中修约值比较法进行。②对于龙骨的外观、断面尺寸A、B、E、F、长度、弯曲内角、半径、角度偏差、侧面平直度和底面平直度指标，在一根试件上其中有二项及二项以上指标不合格，即为不合格试件。三根龙骨中不合格试件多于一根，则判为该批不合格。③对于龙骨的厚度、尺寸C和D，三根龙骨均应合格，否则判定该批不合格。④对于龙骨的力学性能和表面防锈性能，均应合格，否则不合格。⑤不符合②、③、④要求的批，可用备用样对不合格项进行复检，若用备用样复检仍不合格，则判定该批不合格；如复检合格，则判定该批合格。	

续表

序号	检测对象	取样依据的产品标准或者工程建设标准	检测依据的产品/方法标准或工程建设标准	主要检测参数	产品标准或工程建设标准组批原则或取样频率	取样方法及数量	不合格复检或处理办法	备注
15	轻钢龙骨	《建筑装饰装修工程施工质量验收标准》GB 50210—2018	《建筑用轻钢龙骨》GB/T 11981—2008	外观、尺寸、表面防锈、力学性能（抗冲击性试验、承载试验）	（GB 50210—2018 中第 3.2.5 条）同一厂家生产的同一品种、同一类型的进场材料应至少抽取一组样品进行复检。获得认证的产品或来源稳定且连续三批均一次检验合格的产品，进场检验时检验批的容量可扩大一倍，且仅可扩大一次	（GB/T 11981—2008 中第 6.2 条）①用于检查和测定外观质量、形状和尺寸厚度、双面镀锌层厚度、涂镀层质量，以三根试件为一组试样。②吊顶 U、C、V、L 型龙骨：承载龙骨 2 根 1200mm 长、覆面龙骨 2 根 1200mm 长、吊件 4 件、挂件 4 件。③吊顶 T 型龙骨：主龙骨数量为次龙骨上主龙骨的孔数，次龙骨长 1200mm 长主龙骨安装次龙骨的孔数，吊件或挂件 4 件。④吊顶 H 型龙骨：2 根 1200mm 长、吊件 4 件、挂件 4 件。⑤墙体龙骨 Q100 及以上：横龙骨 2 根 1200mm、竖龙骨 3 根 5000mm、支撑卡 27 只、贯通龙骨 4 根 1200mm 长。⑥墙体龙骨 Q75：横龙骨 2 根 1200mm、竖龙骨 3 根 4000mm、支撑卡 21 只、贯通龙骨 3 根 1200mm 长。⑦墙体龙骨 Q50：横龙骨 2 根 1200mm、竖龙骨 3 根 2700mm、支撑卡 15 只	（GB 50210—2018 第 3.2.5 条）扩大检验批后的检验中，出现不合格情况时，应按扩大前的检验批容量重新验收，且该产品不得再次扩大检验批容量	

续表

序号	检测对象	取样依据的产品标准或者工程建设标准	检测依据的产品/方法标准或者工程建设标准	主要检测参数	产品标准或工程建设标准抽样原则或取样频率	取样方法及数量	不合格复检或处理办法	备注
16	中空玻璃	《中空玻璃》GB/T 11944—2012	《中空玻璃》GB/T 11944—2012	露点	（GB/T 11944—2012 第 8.2.1 条）采用相同材料、在同一工艺条件下生产的中空玻璃 500 块为一批	（GB/T 11944—2012 第 7.3.1 条）510mm×360mm 15 块	（GB/T 11944—2012 第 8.3.7 条）露点产品不合格，则该批产品不合格	
		《建筑节能工程施工质量验收标准》GB 50411—2019	《中空玻璃》GB/T 11944—2012《建筑外门窗保温性能检测方法》GB/T 8484—2020《建筑玻璃 可见光透射比、太阳光直接透射比、太阳能总透射比、紫外线透射比及有关窗玻璃参数的测定》GB/T 2680—2021	传热系数、露点、可见光透射比、遮阳系数	（GB 50411—2019 第 5.2.2 条）同厂家、同品种产品，幕墙面积 3000m² 以内应复验一次。面积每增加 3000m² 应增加一次。同工程项目、同施工单位且同期施工的多个单位工程，可合并计算抽检面积	（GB/T 8484—2020 第 E.2.1 条）800mm×1250mm 1 块（GB/T 11944—2012 第 7.3.1 条）510mm×360mm 15 块可见光透射比、遮阳系数取样：1 层 3 块 100mm×100mm2 层 6 块 100mm×100mm3 层 9 块 100mm×100mm	（GB 50411—2019 第 3.2.3 条）当复验结果不合格时，该材料、构件和设备不得使用	

序号	检测对象	取样依据的产品标准或者工程建设标准	检测依据的产品/方法标准或工程建设标准	主要检测参数	产品标准或工程建设标准组批原则或取样频率	取样方法及数量	不合格复检或处理办法	备注
16	中空玻璃	《建筑装饰装修工程质量验收标准》GB 50210—2018	《中空玻璃》GB/T 11944—2012 《建筑外门窗保温性能检测方法》GB/T 8484—2020	传热系数、露点	（GB 50210—2018 第11.1.5条）各分项工程检验批应按下列规定划分：①相同设计、材料、工艺和施工条件的幕墙工程每1000㎡应划分一个检验批，不足1000㎡也应划分一个检验批；②同一单位工程不连续的幕墙工程应单独划分检验批；③对于异形或有特殊要求的幕墙，检验批的划分应根据幕墙结构、工艺特点及幕墙单位（或施工单位）和施工单位协商确定	（GB/T 8484—2020 第E.2.1条）800mm×1250mm 1块。（GB/T 11944—2012 第7.3.1条）510mm×360mm 15块	（GB 50210—2018 第3.2.5条）获得认证且连续三批均一次检验合格的产品，进场验收时检验批的容量可扩大一倍，且仅可扩大一次。扩大检验批后的检验中，出现不合格情况时，应按扩大前的检验批容量重新验收，且该产品不得再次扩大检验批容量	
17	安全玻璃	《建筑用安全玻璃 第3部分：夹层玻璃》GB 15763.3—2009	《建筑用安全玻璃 第3部分：夹层玻璃》GB 15763.3—2009	落球冲击剥离性能、霰弹袋冲击性能	（GB 15763.3—2009 第8.2.2条）当该批产品批量大于500块时，以每500块为一批分批取样品	（GB 15763.3—2009 第7.11.1条）落球冲击剥离性能 610mm×610mm 6块。（GB 15763.3—2009 第7.12.1条）霰弹袋冲击性能 (1930±2)mm×(864±2)mm 12块	（GB 15763.3—2009 第8.3.7条）若所检参数中有1项不合格，则认为该批产品不合格	

续表

序号	检测对象	取样依据的产品标准或者工程建设标准	检测依据的产品/方法标准或工程建设标准	主要检测参数	产品标准或工程建设标准组批原则或取样频率	取样方法及数量	不合格复检或处理办法	备注
17	安全玻璃	《建筑用安全玻璃 第2部分：钢化玻璃》GB 15763.2—2005	《建筑用安全玻璃 第2部分：钢化玻璃》GB 15763.2—2005	碎片状态、抗冲击性、霰弹袋冲击性能	（GB 15763.2—2005 第7.2.2条）当该批产品批量大于1000块时，以每1000块为一批抽取试样	（GB 15763.2—2005 第5.6和第6.6.1条）碎片状态以制品为试样4块。（GB 15763.2—2005 第5.5和第6.5.1条）抗冲击610mm（−0mm，+5mm）×610mm（−0mm，+5mm）4块。（GB 15763.2—2005 第5.7和6.7.1条）霰弹袋冲击性能1930mm（−0mm，+5mm）×864mm（−0mm，+5mm）4块	（GB 15763.2—2005 第7.3条）若所检数中有1项不合格，则认为该批产品不合格	
		《建筑装饰装修工程质量验收标准》GB 50210—2018	《建筑用安全玻璃 第3部分：夹层玻璃》GB 15763.3—2009	落球冲击剥离性能、霰弹袋冲击性能	（GB 50210—2018 第11.1.5条）各分项工程检验批应按下列规定划分：①相同设计、材料、工艺和施工条件的幕墙工程每1000 m²应划分为一个检验批，不足1000 m²也应划分为一个检验批；②同一单位工程不连续的幕墙工程应单独划分检验批；③对于异形或有特殊要求的幕墙，检验批的划分应根据幕墙结构、工艺特点及幕墙单位（或施工单位）和监理单位协商确定	（GB 15763.3—2009 第7.11.1、7.12.1条）落球冲击610mm×610mm 6块。霰弹袋冲击性能610mm×610mm 6块。霰弹袋冲击性能（1930±2）mm×（864±2）mm 12块	（GB 50210—2018 第3.2.5条）获得认证且连续三批均一次检验合格的产品，进场检验的容量可扩大一倍，且仅可扩大一次。扩大检验批后的检验中，出现不合格情况时，应按扩大前的检验批容量重新验收，且该产品不得再次扩大检验批容量	

续表

序号	检测对象	取样依据的产品标准或者工程建设标准	检测依据的产品/方法标准或工程建设标准	主要检测参数	产品标准或工程建设标准批组批原则或取样频率	取样方法及数量	不合格复验或处理办法	备注
18	铝塑复合板	《建筑幕墙用铝塑复合板》GB/T 17748—2016	《夹层结构滚筒剥离试验方法》GB/T 1457—2005	滚筒剥离强度	（GB/T 17748—2016 第8.3.1条）以连续生产的同一品种、同一规格、同一颜色的产品3000㎡为一批，不足3000㎡的按一批计	（GB/T 17748—2016 第7.2条）纵向 25mm×350mm 6块 横向 350mm×25mm 6块	（GB/T 17748—2016 第8.4条）可再从抽取双倍样品对不合格项目进行复验。复验结果全部达到标准要求时判定该批产品合格，否则该批产品不合格	
		《建筑装饰装修工程质量验收标准》GB 50210—2018	《夹层结构滚筒剥离试验方法》GB/T 1457—2005	滚筒剥离强度	（GB 50210—2018 第11.1.5条）各分项工程检验批应按下列规定划分：①相同设计、材料、工艺和施工条件的幕墙工程每1000㎡应划分为一个检验批，不足1000㎡也应划分为一个检验批；②同一单位工程不连续的幕墙工程应单独划分检验批；③对于异型或有特殊要求的幕墙，检验批的划分应根据幕墙结构、工艺特点及幕墙工程规模，由建设单位（或监理单位）和施工单位协商确定	（GB/T 17748—2016 第7.2条）纵向 25mm×350mm 6块 横向 350mm×25mm 6块	（GB 50210—2018 第3.2.5条）获得认证且连续三批均一次检验合格的产品或来源稳定且连续三批均一次检验合格的产品，进场验收时检验批的容量可扩大一倍，且仅可扩大一次。扩大检验批后的检验中，出现不合格情况时，应按扩大前的检验批容量重新验收，且该产品不得再次扩大检验批容量	

续表

序号	检测对象	取样依据的产品标准或者工程建设标准	检测依据的产品/方法标准或工程建设标准	主要检测参数	产品标准或工程建设标准组批原则或取样频率	取样方法及数量	不合格复检或处理办法	备注
		《建筑用硅酮结构密封胶》GB 16776—2005	《建筑用硅酮结构密封胶》GB 16776—2005；《建筑密封材料试验方法 第8部分：拉伸粘结性的测定》GB/T 13477.8—2017；《硫化橡胶或热塑性橡胶压入硬度试验方法》GB/T 531	邵氏硬度、拉伸粘结性能、粘结性、相容性	（GB 16776—2005 第7.3.1 条）要求确定。连续生产时每3t为一批，不足3t也为一批；间断生产时，每金投料为一批	（GB 16776—2005 第7.3.2 条）随机抽取样品分样抽样。单组分样品抽样量为5支，双组分样品量3～5kg，均须分产品封包装	（GB 16776—2005 第7.4 条）外观质量不符合标准规定，则该批产品不合格。检验中若有两项达不到标准要求，则判该批产品不合格；若该项达不到标准要求，允许在该批中双倍抽样进行单项复检，如该项仍达不到标准规定，该批产品即判定为不合格	
19	结构胶	《玻璃幕墙工程技术规范》JGJ 102—2003	《建筑密封材料试验方法 第8部分：拉伸粘结性的测定》GB/T 13477.8—2017；《硫化橡胶或热塑性橡胶压入硬度试验方法》GB/T 531	邵氏硬度、拉伸粘结性能	（JGJ 102—2003 第11.1.4 条）相同设计、材料、工艺和施工条件的幕墙工件每500～1000 m²应划分一个检验批，不足500m²也应划分一个检验批	（GB 16776—2005 第7.3.2 条）随机抽取样品分样抽样。单组分样品抽样量为5支，双组分样品量3～5kg，均须分产品封包装	（JGJ 102—2003 第3.6.2 条）检验不合格的产品不得使用	
		《建筑装饰装修工程质量验收标准》GB 50210—2018	《建筑用硅酮结构密封胶》GB 16776—2005	粘结性、相容性	（GB 50210—2018 第11.1.5 条）各分项工程检验批应按下列规定划分：①相同设计、材料、工艺和施工条件的幕墙工程每1000 m²应划分一个检验批，不足1000 m²也应划分一个检验批	（GB 16776—2005 第7.3.2 条）随机抽取样品分样抽样。单组分样品抽样量为5支，双组分样品量3～5kg，均须分产品封包装	（GB 16776—2005 第7.4 条）外观质量不符合标准规定，则该批产品不合格。检验中若有两项达不到标准要求，则判该批产品不合格；若该项达不到标准要求，允许在该批中双倍抽样进行单项复检	

序号	检测对象	取样依据的产品标准或者工程建设标准	检测依据的产品/方法标准或工程建设标准	主要检测参数	产品标准或者工程建设标准组批原则或取样频率	取样方法及数量	不合格复验或检验方法处理办法	备注
					②同一单位工程不连续的幕墙工程应单独划分检验批；③对于异型或有特殊要求的幕墙，检验批的划分应根据幕墙结构、工艺特点及幕墙单位（或建设单位）和施工单位协商确定			如该项仍达不到标准规定，该批产品即判定为不合格
19	结构胶	《硅酮和改性硅酮建筑密封胶》GB/T 14683—2017	《建筑密封材料试验方法》GB/T 13477.3/5/6/8/10—2017	外观、下垂度、表干时间、挤出性、拉伸模量、定伸粘结性	（GB/T 14683—2017 第7.2条）以同一类型、同一级别的产品每5t为一批进行检验，不足5t也为一批	（GB/T 14683—2017 第7.3条）单组批产品中随机抽取该批产品，从每件包装箱中随机抽取3件包装箱中随机抽取4支，共取12支。多组分产品按配比随机抽取6kg，取样后立即密封包装	（GB/T 14683—2017 第7.4.2条）外观质量不符合标准规定时，则该批产品不合格。有两项或两项以上指标不符合产品标准时，则判判该批产品为不合格；若有一项指标不符合标准规定时，用备用的样品进行单项复验，如该批仍不合格，则判该批产品为不合格	
20	耐候胶	《建筑装饰装修工程质量验收标准》GB 50210—2018	《建筑密封材料试验方法》GB/T 13477.3/5/6/8/10—2017	外观、下垂度、表干时间、挤出性、拉伸模量、定伸粘结性	（GB 50210—2018 第3.2.5条）同一厂家生产的同一品种、同一类型的进场材料应至少抽取一组样品进行复验	（GB/T 14683—2017 第7.3条）单组批产品中随机抽取该批产品，从每件包装箱中随机抽取3件包装箱中随机抽取4支，共取12支。多组分产品按配比随机抽取6kg，取样后立即密封包装	〔GB 50210—2018 第3.2.5条）获得认证的产品或来源稳定且连续三批均一次检验合格的产品，进场验收时检验批的容量可扩大一倍，且仅可扩大一次。扩大检验批后的检验中出现不合格情况时，应按扩大前的检验批容量重新验收，且该检验批不得再次扩大检验批容量	

续表

序号	检测对象	取样依据的产品标准或者工程建设标准	检测依据的产品/方法标准或工程建设标准	主要检测参数	产品标准或工程建设标准组批原则或取样频率	取样方法及数量	不合格复检或处理办法	备注
21	石材用建筑密封胶	《石材用建筑密封胶》GB/T 23261—2009	《建筑密封材料试验方法》GB/T 13477.3/5/6/8/10—2017	外观、下垂度、表干时间、挤出性、拉伸模量、定伸粘结性	（GB/T 23261—2009 第 6.2 条）以同一品种、同一级别的产品每 5t 为一批进行检验，不足 5t 的也为一批	（GB/T 23261—2009 第 6.3 条）产品随机抽取，样品数量约为 4kg	（GB/T 23261—2009 第 6.4.2 条）外观污染性不符合标准规定，则该批产品不合格。检验结果有两项及以上不符合标准规定，则该批产品不合格。在外观质量和污染性均合格的条件下，其他项若有一项不符合标准规定，用备用样品对该项进行单项检验，合格则判该批产品合格，否则判该批产品不合格	
	石材用建筑密封胶	《建筑装饰装修工程质量验收标准》GB 50210—2018	《石材用建筑密封胶》GB/T 23261—2009	污染性	（GB 50210—2018 第 11.1.5 条）各分项工程检验批应按下列规定划分：①相同设计、材料、工艺和施工条件的幕墙工程每 1000 m² 应划分为一个检验批，不足 1000 m² 也应划分为一个检验批 ②同一单位工程不连续的幕墙工程应单独划分检验批	（GB/T 23261—2009 第 6.3 条）产品随机抽取，样品数量约为 4kg	（GB 50210—2018 第 3.2.5 条）获得认证的产品或来源稳定的产品或连续三批均一次检验合格的产品，进场验收时检验批的容量可扩大一倍，且仅可扩大一次。扩大检验批后的检验中，出现不合格情况时，应按扩大前的检验批容量重新验收，且该检验批产品不得再次扩大检验批容量	

续表

序号	检测对象	取样依据的产品标准或者工程建设标准	检测依据的产品/方法标准或工程建设标准	主要检测参数	产品标准或工程建设标准组批原则或取样频率	取样方法及数量	不合格复检或处理办法	备注
22	环氧AB胶	《干挂石材幕墙用环氧胶粘剂》JC 887—2001	《陶瓷砖胶粘剂》JC/T 547—1994	压剪强度（石材—石材、石材—不锈钢）	（JC 887—2001第7.3.1条）同一品种、同一配比生产的每釜产品为一批	（JC 887—2001第7.3.2条）在同一批产品中分别随机抽取一组包装，样品总量不少于1kg	（JC 887—2001 第7.4条）如果有两项或两项以上不合格，则判定该批产品不合格。如果有一项不合格，允许在同一批产品中加倍抽样进行单项复验，如该项仍不合格，则判定该批产品不合格	
		《金属与石材幕墙工程技术规范》JGJ 133—2001	《陶瓷砖胶粘剂》JC/T 547—1994	压剪强度（石材—石材、石材—不锈钢）	（JC 887—2001第7.3.1条）同一品种、同一配比生产的每釜产品为一批	（JC 887—2001第7.3.2条）在同一批产品中分别随机抽取一组包装，样品总量不少于1kg	（JC 887—2001 第7.4条）如果有两项或两项以上不合格，则判定该批产品不合格。如果有一项不合格，允许在同一批产品中加倍抽样进行单项复验，如该项仍不合格，则判定该批产品不合格	

续表

序号	检测对象	取样依据的产品标准或者工程建设标准	检测依据的产品/方法标准或工程建设标准	主要检测参数	产品标准或工程建设标准组批原则或取样频率	取样方法及数量	不合格复检或处理办法	备注
23	纸面石膏板	《纸面石膏板》GB/T 9775—2008	《纸面石膏板》GB/T 9775—2008	外观质量，对角线长度偏差、对角棱边断面尺寸、楔形棱边断面尺寸、面密度、断裂荷载、硬度、抗冲击性、护面纸与芯材粘结性、表面吸水率、遇火稳定性	（GB/T 9775—2008 第7.3条）每张2500 同型号、同规格的产品为一批，不足2500张时也按一批计	（GB/T 9775—2008 第7.3.2条）从每批产品中随机抽取5张板材作为一组试样	（GB/T 9775—2008）第7.4.2~7.4.4条：对干板材的外观质量、尺寸偏差、对角线长度差、楔形棱边断面尺寸、抗冲击性、护面纸与芯材粘结性指标，其中有一项不合格，即为不合格板。5张合格板中不合格板多于1张时，则该批产品判定为不合格。 第7.4.3条：对干板材的面密度、断裂荷载、表面吸水率、硬度、吸水率、遇火稳定性指标，5张板材需全部合格，否则该批产品判定为批不合格。 7.4.4对于按照7.4.2和7.4.3，允许重新再抽取两组试样，对不合格的项目进行重检，重检结果的判定规则同7.4.2和7.4.3，若该二组试样均合格，则判定为合格。如果二组试样有一组试样不合格，则判定定为不合格。	

续表

序号	检测对象	取样依据的产品标准或者工程建设标准	检测依据的产品/方法标准或工程建设标准	主要检测参数	产品标准或工程建设标准组批原则或取样频率	取样方法及数量	不合格复检或处理办法	备注
23	纸面石膏板	《装饰纸面石膏板》JC/T 997—2006	《装饰纸面石膏板》JC/T 997—2006	外观、尺寸偏差、含水率、单位面积质量、断裂荷载、受潮挠度、护面纸与石膏芯粘结	（JC/T 997—2006 第6.2条）同一生产厂家的以2000m³ 同一品种、同一规格、同一型号的产品为一批，不足2000m³ 时也按一批计，至少抽取一组样品进行复检	（JC/T 997—2006 第5.2条）普通板以三块整板作为一组试件，用于检查和测定外观、尺寸偏差、含水率、单位面积质量、断裂荷载，其中任选一块用于护面纸与石膏芯粘结的测定。用于单位面积质量、含水率测定的试件，尺寸为纵向300mm，横向400mm	（JC/T 997—2006 第6.3.1~6.3.3 条）笫6.3.1条：对于外观、尺寸允许偏差，其中有一项不合格，即为不合格。三块试件中不合格多于一张时，产品判定为不合格。笫6.3.2条：对于单位面积质量、断裂荷载、护面纸与石膏芯粘结和受潮挠度，所有项目需全部合格。否则，产品判定为不合格。6.3.3 按6.3.1 和6.3.2判定该批产品为不合格时，若有一项以上不合格，判该批产品为不合格；若只有一项不合格，允许对不合格的项目进行重检，重检结果的判定规则同6.3.1 和6.3.2。若该组试样合格，则判定该批产品为合格；否则，则判定该批产品为不合格	

续表

序号	检测对象	取样依据的产品标准或者工程建设标准	检测依据的产品/方法标准或工程建设标准	主要检测参数	产品标准或工程建设标准组批原则或取样频率	取样方法及数量	不合格复检或处理办法	备注
23	纸面石膏板	《建筑装饰装修工程质量验收标准》GB 50210—2018	《纸面石膏板》GB/T 9775—2008	外观质量、尺寸偏差、对角线长度差、楔形棱边尺寸、面密度、断裂荷载、硬度、抗冲击性、护面纸与芯材粘结性、表面吸水量、吸水率、遇火稳定性	（GB/T 9775—2008 第7.3条）每张2500同规格、同型号产品为一批，不足2500张时也按一批计	（GB/T 9775—2008 第7.3.2条）从每批产品中随机抽取五张板材作为一组试样	（GB 50210—2018 第3.2.5条）获得认证且来源稳定的产品或者连续三批均一次检验合格的产品，进场检验的容量可扩大一倍，且仅可扩大一次。扩大检验批后出现不合格情况时，应按扩大前的检验批重新验收，且该产品检验批容量不得再次扩大	
24	石膏板	《装饰石膏板》JC/T 799—2016	《装饰石膏板》JC/T 799—2016	含水率、单位面积质量、断裂荷载、防潮性能（防潮板）	（JC/T 799—2016 第8.3）以同一类型、同一规格3000块板材为一批，不足3000块板时也按一批计	（JC/T 799—2016 第5.2条、GB/T 9775—2008 第7.3.2条）：从每批产品中随机抽取五张试样	（JC/T 799—2016 第8.5.3条）单位面积质量、断裂荷载、吸水率、受潮挠度和燃烧性能有一项不合格即判该批产品不合格	
24		《吸声用穿孔石膏板》JC/T 803—2007 《装饰石膏板》JC/T 799—2016 《纸面石膏板》GB/T 9775—2008	《吸声用穿孔石膏板》JC/T 803—2007	含水率、断裂荷载、护面纸与石膏芯粘结	（JC/T 803—2007 第7.2条）以500块同品种、同规格、同型号板材为一批，不足规定数量时，均按一批计	（GB/T 9775—2008 第7.3.2条）从每批产品中随机抽取五张板材作为一组试样	（JC/T 803—2007 第7.3.3条）对于重不合格板材，允许在原批中抽取两组新板材，对不合格的项目进行复检，对重取样若所有一组试样不合格，则判定该批不合格	

续表

序号	检测对象	取样依据的产品标准或者工程建设标准	检测依据的产品/方法标准或工程建设标准	主要检测参数	产品标准或工程建设标准组批原则或取样频率	取样方法及数量	不合格复检或处理办法	备注
24	石膏板	《嵌装装饰石膏板》JC/T 800—2007	《嵌装装饰石膏板》JC/T 800—2007	含水率、断裂荷载、单位面积质量	（JC/T 800—2007 第7.2条）以同一规格、同一品种、同型号的板材为一批。不足500块板材时也按一批计	（JC/T 800—2007 第6.2条）对于普通嵌装式装饰石膏板，以三块整板作为一组试样。用于检查和测定外观质量、尺寸偏差、不平度、含水率、直角偏离度、单位面积质量和断裂荷载	（JC/T 800—2007 第7.3.2条）对于板材的含水率、单位面积质量、断裂荷载指标，三块试样均需合格，否则判定该批不合格	
五	墙体屋面材料							
1	普通混凝土小型空心砌块	《普通混凝土小型砌块》GB/T 8239—2014	《混凝土砌块和砖试验方法》GB/T 4111—2013	抗压强度	（GB/T 8239—2014 第8.2条）以同一种原材料配制成的相同规格、龄期、强度等级和相同生产工艺的500m³ 且不超过3万块砌块为一批。每周生产不足500m³ 或3万块砌块按一批计	（GB/T 4111—2013 附录 A）5块（抗压强度高宽比≥0.6）或10块（抗压强度高宽比＜0.6）	（GB/T 8239—2014 第8.4条）①若受检砌块的尺寸偏差和外观质量均符合表3、表4的相应合格判标时，判该批合格，否则判不合格。②若受检的32块砌块中，尺寸偏差和外观质量的不合格块数不大于7块时，判该批砌块合格，否则判该批砌块不合格。③当各项目的检验结果均符合本标准第6章相应的等级技术要求的等级各项时，判该批砌块符合相应等级，否则判定不合格	

续表

序号	检测对象	取样依据的产品标准或者工程建设标准	检测依据的产品/方法标准或工程建设标准	主要检测参数	产品标准或工程建设标准批组批原则或取样频率	取样方法及数量	不合格复检或处理办法	备注
2	轻集料混凝土小型空心砌块	《轻集料混凝土小型空心砌块》GB/T 15229—2011	《混凝土砌块和砖试验方法》GB/T 4111—2013	密度、抗压强度	（GB/T 15229—2011 第 8.2 条）以同一品种轻集料和水泥按同一生产工艺制成的相同密度等级和强度等级为一批，不足 300m³ 砌块为一批，不足 300m³ 也按一批计	（GB/T 4111—2013 附录 A）3 块（密度）5 块（抗压强度高宽比≥0.6）或 10 块（抗压强度高宽比<0.6）	（GB/T 15229—2011 第 8.4 条）①尺寸偏差与外观质量中不合格的 32 个砌块品尺中不合格产品数少于 7 块，判定该批外观质量合格。②当所有结果均符合第六章各项技术要求时，则判定该批产品合格	
3	粉煤灰混凝土小型空心砌块	《粉煤灰混凝土小型空心砌块》JC/T 862—2008	《混凝土砌块和砖试验方法》GB/T 4111—2013	密度、抗压强度	（JC/T862—2008 第 8.2 条）以用同一种粉煤灰、同一水泥、同一生产工艺制成的相同密度等级、相同强度等级的 10000 块为一批，每月生产的砌块数不足 10000 块也按一批计	（GB/T 4111—2013 附录 A）3 块（密度）5 块（抗压强度高宽比≥0.6）或 10 块（抗压强度高宽比<0.6）	（GB 50574—2010 第 10.1.4 条）①试验可由一个检测单位完成，但对试验结果有争议时，应由另一检测单位复检验。②检验性试验的试件数及每组试件的数量，在同等条件下，同一检测单位所进行的同一基本力学性能指标的试验试件的数量不应少于 6 件；同一物理性能指标的试验样本数量不应少于 2 组，每组应为 3 件	

续表

序号	检测对象	取样依据的产品标准或者工程建设标准	检测依据的产品/方法标准或工程建设标准	主要检测参数	产品标准或工程建设标准组批原则或取样频率	取样方法及数量	不合格复检或处理办法	备注
4	蒸压加气混凝土砌块	《蒸压加气混凝土砌块》GB/T 11968—2020	《蒸压加气混凝土性能试验方法》GB/T 11969—2020	抗压强度、干重度	（GB/T 11968—2020第8.2.2条）同品种、同规格、同等级的砌块，以10000块为一批，不足10000块也为一批	6块原尺寸（抗压强度、干密度）	（GB 50574—2010第10.1.4条）	
5	承重混凝土多孔砖	《承重混凝土多孔砖》GB 25779—2010 《砌墙砖检验规则》JC 466—1992	《承重混凝土多孔砖》GB 25779—2010	抗压强度	（GB 25779—2010第8.2条）同一批原材料，同一生产工艺生产、同一强度等级和同一龄期的10万块多孔砖为一批，不足10万块也按一批计	（GB 25779—2010附录A）5块（抗压强度高宽比≥0.6）或10块（抗压强度高宽比<0.6）	（JC 466—1992第8.2条）规定	
6	非承重混凝土空心砖	《非承重混凝土空心砖》GB/T 24492—2009 《砌墙砖检验规则》JC 466—1992	《非承重混凝土空心砖》GB/T 24492—2009 《混凝土砌块和砖试验方法》GB/T 4111—2013	表观密度、抗压强度	（GB/T 24492—2009第8.2条）空心砖按密度等级、强度等级分批验收。以用同一批原材料、同一工艺生产、同一规格尺寸、密度等级和强度等级相同的10万块空心砖为一批，生产不足10万块也按一批	（GB/T 24492—2009附录A）5块（抗压强度高宽比≥0.6）或10块（抗压强度高宽比<0.6）	（JC 466—1992第8.2条）	

续表

序号	检测对象	取样依据的产品标准或者工程建设标准	检测依据的产品/方法标准或者工程建设标准	主要检测参数	产品标准或者工程建设标准批原则或取样频率	取样方法及数量	不合格复检或处理办法	备注
7	混凝土实心砖	《混凝土实心砖》GB/T 21144—2007《砌墙砖检验规则》JC 466—1992	《混凝土实心砖》GB/T 21144—2007《混凝土砌块和砖试验方法》GB/T 4111—2013	密度、抗压强度	（GB/T 21144—2007 第 8.2 条）同一种原材料、同一工艺生产，相同质量等级的 10 万块为一批，不足 10 万块也按一批计	（GB/T 21144—2007 附录 A）3 块（密度）10 块（抗压强度）	（JC 466—1992 第 8.2 条）	
8	蒸压粉煤灰砖	《蒸压粉煤灰砖》JC/T 239—2014	《蒸压粉煤灰砖》JC/T 239—2014	抗压强度、抗折强度	（JC/T 239—2014 第 8.2 条）以同一批生产、同一规格型号、同一强度等级和同一龄期的每 10 万块砖为一批，不足 10 万块也按一批计	（JC/T 239—2014 附录 B 附录 A）10 块（抗压强度）10 块（抗折强度）	（GB 50574—2010 第 10.1.4 条）①试验可由一个检测单位完成，但对试验结果有争议时，应由另一检测单位进行重复试验。②检验性试验及每组试件的数量、在同等条件下，同一检测单位所进行的同一基本力学性能指标的同一检测试件数量不应少于 3 组；每组应为 6 件；同一物理性能指标的试验样本数量不应少于 2 组，每组应为 3 件	

续表

序号	检测对象	取样依据的产品标准或者工程建设标准	检测依据的产品/方法标准或者工程建设标准	主要检测参数	产品标准或工程建设标准批及取样原则或取样频率	取样方法及数量	不合格复检或处理办法	备注
9	烧结保温砖和保温砌块	《烧结保温砖和保温砌块》GB 26538—2011	《砌墙砖试验方法》GB/T 2542—2012	密度 强度	(GB 26538—2011 第7.2条) 3.5万块为一批，不足3.5万块按一批计	(GB/T 2542—2012 第7条、第9条) 5块（体积密度） 10块（抗压强度）	(GB 50574—2010 第10.1.4条) ①试验可由一个检测单位完成，但对试验结果有争议时，应由另一检测单位进行重复试验。②检验性试验的试件的数组数及每组试件个数量，在同等条件下，同一检测单位所进行的同一基本力学性能指标的试验试件数量不应少于3组，每组不应少于6件；同一物理性能指标的试验试件数量不应少于2组，等组应为3件。	
10	烧结多孔砖和多孔砌块	《烧结多孔砖和多孔砌块》GB 13544—2011 《砌墙砖检验规则》JC 466—1992	《砌墙砖试验方法》GB/T 2542—2012	强度等级	(GB 13544—2011 第7.2条) 3.5万块为一批，不足3.5万块按一批计	(GB/T 2542—2012 第7条) 10块抗压（强度）	(JC 466—1992 第8.2条)全部检验项目中有一项或一项以上判定为不合格的检验批，称为不合格批。对外观质量不合格的检验批，容许供方进行全数检查，剔除不合格品后，再提交检验。其他的不合格检验由供方按实际质量水平予以降等或者降级后另行处理	

续表

序号	检测对象	取样依据的产品标准或者工程建设标准	检测依据的产品/方法标准或工程建设标准	主要检测参数	产品标准或工程建设标准组批原则或取样频率	取样方法及数量	不合格复检或处理办法	备注
11	烧结空心砖和空心砌块	《烧结空心砖和多孔砖砌块》GB 13544—2011《砌体结构工程施工质量验收规范》GB 50203—2011《砌墙砖检验规则》JC 466—1992	《砌墙砖试验方法》GB/T 2542—2012	抗压强度	（GB/T 13545—2014 第 7.2 条）3.5 万～15 万块为一批，不足 3.5 万块按一批计	（GB/T 2542—2012 第 7 条）10 块（抗压强度）	（JC 466—1992 第 8.2 条）全部检验项目中有一项或一项以上判定为不合格项，称为不合格。退回供方有权拒收。对外观质量不合格的检验批，容许供方进行全数检查，剔除不合格品后，再提交检验。其他的不合格品由供方按实际质量水平以降等或者降级后另行处理	
12	烧结普通砖	《烧结普通砖》GB/T 5101—2017《砌墙砖检验规则》JC 466—1992	《砌墙砖试验方法》GB/T 2542—2012	抗压强度	（GB/T 5101—2017 第 8.2 条）3.5 万～15 万块为一批，不足 3.5 万块按一批计	（GB/T 2542—2012 第 7 条）10 块（抗压强度）	（JC 466—1992 第 8.2 条）全部检验项目以一项的检验为不合格，为不合格项。退回供方有权拒收。对外观质量不合格的检验批，容许供方进行全数检查，剔除不合格品后，再提交检验。其他的不合格品由供方按实际质量水平以降等或者降级后另行处理	

续表

序号	检测对象	取样依据的产品标准或者工程建设标准	检测依据的产品/方法标准或者工程建设标准	主要检测参数	产品标准或工程建设标准批组取样原则或取样频率	取样方法及数量	不合格复检或处理办法	备注
13	烧结瓦	《烧结瓦》GB/T 21149—2019	《屋面瓦试验方法》GB/T 36584—2018	抗弯曲性能、抗渗性能、吸水率、耐急冷急热性能、三寸偏差、抗冻性能	（GB/T 21149—2019 第7.2条）同品种、同规格、同等级，每10000~35000件瓦为一检验批。不足该数量时，也按一批计	（GB/T 21149—2019 第7.3条）共需43块，其中，20块（尺寸偏差）；5块（抗弯曲性能）；3块（抗冻性能、抗渗性能）；5块（吸水率）；5块（耐急冷急热性能）		
14	混凝土瓦	《混凝土瓦》JC/T 746—2007	《混凝土瓦》JC/T 746—2007	承载力、抗渗性能、抗冻性能、吸水率、宽度、长度、方正度、平面性	（JC/T 746—2007 第7.2条）2000~50000片：10片；50001~100000片：10片；100001~150000片14片；>15万片，18片	（JC/T 746—2007 第7.2条）共需30块，其中，7片（承载力）；3片（抗渗性能、抗冻性能、长度、宽度、方正度、平面度）；5片（吸水率）	（JC/T 746—2007 中9.4条）	
15	建筑隔墙用轻质条板	《建筑隔墙用轻质条板通用技术要求》JG/T 169—2016 《建筑用轻质隔墙条板》GB/T 23451—2009 《建筑隔墙用保温条板》GB/T 23450—2009 《混凝土轻质条板》JG/T 350—2011	《建筑装饰装修工程质量验收标准》GB 50210—2018	抗弯破坏荷载（抗弯承载）、抗压强度、软化系数、三燥收缩值	同一生产厂家、同一品种、同一类材料至少抽取一组样品进行复检	检验批内随机抽取，不少于6块整板	当型式检验不合格时，产品应停止出厂、产品停止出厂收，由厂方采取有效措施，直至型式检验合格后才能恢复复验	

续表

序号	检测对象	取样依据的产品标准或者工程建设标准	检测依据的产品/方法标准或者工程建设标准	主要检测参数	产品标准或工程建设标准组批原则或取样频率	取样方法及数量	不合格复检或处理办法	备注
16	蒸压加气混凝土板	《建筑装饰装修工程质量验收标准》GB 50210—2018	《蒸压加气混凝土板》GB/T 15762—2020	承载能力	同一生产厂家、同一品种、同一类型进场材料至少抽取一组样品进行复检	检验批内随机抽取，不少于 1 块整板	若出厂检验项目中仅有一项不合格，则对该项目加倍抽样，再次进行检验。若出厂检验项目中有两项或两项以上不合格，对全部出厂检验项目加倍抽样，再次进行检验	
17	增强水泥板 GRC 板	《建筑装饰装修工程质量验收标准》GB 50210—2018	《玻璃纤维增强水泥（GRC）装饰制品》JC/T 940—2004	抗弯板限强度、抗压强度、体积密度、吸水率、抗冲击强度	同一生产厂家、同一品种、同一类型进场材料至少抽取一组样品进行复检	检验批内随机抽取，不少于 5 块整板	若有一件不符合表 4 规定时，应再抽取 5 件样品进行复检	

105

第 2 部分：地基工程材料、市政道路用材料

序号	检测对象	取样依据的产品标准或者工程建设标准	检测依据的产品/方法标准或工程建设标准	主要检测参数	产品标准或工程建设标准准地或原则或取样频率	取样方法及数量	不合格复检或处理办法	备注
1	素土	《城镇道路工程施工与质量验收规范》CJJ 1—2008《土工试验方法标准》GB/T 50123—2019《公路土工试验规程》JTG 3430—2020	《土工试验方法标准》GB/T 50123—2019《公路土工试验规程》JTG 3430—2020	颗粒分析界限含水率有机质含量易溶盐含量击实相对密度（砂砾土）粗巨粒土最大干密度（振动击实法）	（CJJ 1—2008 第 6.1.4 条）施工前，应根据工程地质勘察报告，依据工程需要按现行国家标准《土工试验方法标准》GB/T 50123—2019 的规定，对路基土进行天然含水量、液塑限、标准击实、CBR 试验等各项试验	（GB/T 50123—2019附录 B.0.1）采样数量应满足要求进行的试验项目和试验方法的需要，常规试验项目采样的数量可按表 B0.1 的规定进行	（CJJ 1—2008 第 6.3.9 条）填方施工应符合下列规定：（略）	
2	灰土	《城镇道路工程施工与质量验收规范》CJJ 1—2008《土工试验方法标准》GB/T 50123—2019《公路土工试验规程》JTG 3430—2020《公路工程无机结合料稳定材料试验规程》JTG E51—2009	《土工试验方法标准》GB/T 50123—2019《公路土工试验规程》JTG 3430—2020《公路工程无机结合料稳定材料试验规程》JTG E51—2009	界限含水率击实试验粗颗粒土击实（振动击实法）无侧限抗压试验（设计有规定时）	（CJJ 1—2008 第 6.1.4 条）施工前，应根据工程地质勘察报告，依据工程需要按现行国家标准《土工试验方法标准》GB/T 50123—2019 的规定，对路基土进行天然含水量、液塑限、标准击实、CBR 试验等各项试验	（GB/T 50123—2019附录 B.0.1）采样数量应满足要求进行的试验项目和试验方法的需要，常规试验项目采样的数量可按表 B.0.1 的规定进行	（CJJ 1—2008 第 6.3.9 条）填方施工应符合下列规定：（略）	

续表

序号	检测对象	取样依据的产品标准或者工程建设标准	检测依据的产品/方法标准或工程建设标准	主要检测参数	产品标准或工程建设标准组批原则或取样频率	取样方法及数量	不合格复检或处理办法	备注
3	粗集料	《公路路面基层施工技术细则》JTG F20—2015《公路沥青路面施工技术规范》JTG F40—2004《城镇道路工程施工与质量验收规范》CJJ 1—2008《公路工程集料试验规程》JTG E42—2005	《公路工程集料试验规程》JTG E42—2005《公路路面基层施工技术细则》JTG F20—2015	颗粒级配 针片状含量 压碎值 0.075mm以下粉尘含量 软石含量	（JTG E42—2005 T0301—2005 第2.1条）同产地、同品种、同规格且连续进场为一批，抽查1次		（JTG F20—2015 第3.6条）粗集料应符合表3.6.1的规定	道路基层及底基层用
			《公路沥青路面施工技术规范》JTG F40—2004《公路工程集料试验规程》JTG E42—2005	颗粒级配 吸水率 软石含量 破碎砾石含量 小于0.075mm颗粒含量 针片状颗粒含量 表观密度 相对密度 洛杉矶磨耗损失 压碎值	（JTG E42—2005 T0301—2005 第2.1条）同产地、同品种、同规格且连续进场为一批，抽查1次	（JTG E42—2005 T0301—2005 第2.2条）取样方法：取样部位应均匀分布。取样数量：宜不少于表T0301—1各试验项目所需粗集料质量的最小取样质量（略）	（JTG F40—2004 第4.8条）粗集料应符合表4.8.2的规定	沥青面层用

续表

序号	检测对象	取样依据的产品标准或者工程建设标准	检测依据的产品标准/方法标准或工程建设标准	主要检测参数	产品标准或工程建设标准组批原则或取样频率	取样方法及数量	不合格复检或处理办法	备注
4	细集料	《城镇道路工程施工与质量验收规范》CJJ 1—2008 《公路路面基层施工技术细则》JTG F20—2015 《公路工程集料试验规程》JTG E42—2005	《公路路面基层施工技术细则》JTG F20—2015 《公路工程集料试验规程》JTG E42—2005	颗粒级配 塑性指数 有机质含量 硫酸盐含量	(JTG E42—2005 T0301—2005 第 2.1 条)同产地、同品种、同规格目连续进场为一批,抽查1次		(JTG F20—2015 第3.7条)细集料应符合第3.7条的要求	道路基层及底基层用
			《公路沥青路面施工技术规范》JTG F40—2004 《公路工程集料试验规程》JTG E42—2005	颗粒级配 表观密度 相对密度 含泥量(或小于0.075mm含量) 砂当量、棱角性	(JTG E42—2005 T0301—2005 第 2.1 条)同产地、同品种、同规格目连续进场为一批,抽查1次	(JTG E42—2005 T0301—2005 第 2.2 条)取样方法:(略) 取样数量:宜不少于表 T0301-1 各试验项目所需粗集料的最小取样质量(略)	(JTG F40—2004 第4.9条)细集料应符合表4.9.2的规定	沥青面层用
			《建设用砂》GB/T 14684—2011 《普通混凝土用砂、石质量及检验方法标准》JGJ 52—2006 《公路沥青路面施工技术规范》JTG F40—2004	颗粒级配 表观密度 堆积密度、空隙率 细度模数 含泥量(天然砂) 泥块含量(天然砂) 石粉含量(人工砂污染含量(混合砂) 氯离子含量	(JGJ 52—2006 第4.0.1条)以400m³或600t为一验收批,不足400m³或600t也为一验收批		(JTG F40—2004 第4.9.3条)天然砂应符合表4.9.3的规定	沥青面层用

续表

序号	检测对象	取样依据的产品标准或者工程建设标准	检测依据的产品/方法标准或工程建设标准	主要检测参数	产品标准或工程建设标准组批原则或取样频率	取样方法及数量	不合格复检或外观处理办法	备注
5	土工合成材料	《建筑地基基础工程施工质量验收标准》GB 50202—2018 《土工合成材料 塑料扁丝编织土工布》GB/T 17690—1999	GB/T 17690—1999 GB/T 6673—2001 GB/T 14799—2005 GB/T 13762—2009 GB/T 13761.1—2009 GB/T 13763—2010 GB/T 14800—2010 GB/T 3923.1—2013 GB/T 15789—2016 GB/T 16422.1—2019	外观 宽度和长度 断裂强度和断裂伸长率 梯形撕破强力 顶破强力 垂直渗透系数 等效孔径 单位面积质量 抗紫外线强力保持率	（GB/T 17690—1999 第 6.1 条）产品以批为单位进行验收。同一配方、同一规格的产品 10 万 m² 为一批。不足 10 万 m² 时，以实际数量的测定以批质量为单位	（GB/T 17690—1999 第 6.2 条）每批产品随机抽取 3 卷作为样品	（GB/T 17690—1999 第 6.4 条）对于外观及尺寸偏差规定的要求，其中有 1 项不合格即为不合格卷。不合格卷不多于 1 卷，且各项性能指标均符合要求时，判为合格批。若不合格卷多于 1 卷或有性能指标不合格项，则应在该批中重新加倍抽样，对不合格项目进行复检，如仍有 1 项结果不合格，则判为该批不合格。复检结果作为最终判定	

续表

序号	检测对象	取样依据的产品标准或者工程建设标准	检测依据的产品/方法标准或工程建设标准	主要检测参数	产品标准或工程建设标准批组批原则或取样频率	取样方法及数量	不合格复检或处理办法	备注
5	土工合成材料	《建筑地基基础工程施工质量验收标准》GB/T 50202—2018《土工合成材料塑料三维土工网垫》GB/T 18744—2002	GB/T 18744—2002 GB/T 15788—2017	单位面积质量 尺寸左偏差 拉伸强度	（GB/T 18744—2002 第 8.1 条）同一原料、同一类别、同一规格的塑料三维土工网垫为一批，每批数量不超过 500 卷（含 500 卷）	（GB/T 18744—2002 第 8.2 条）塑料三维土工网垫检验批以批为单位，检验批中随机抽取 1 卷	（GB/T 18744—2002 第 8.4 条）本标准单位面积质量、尺寸及偏差、拉伸强度全部项目均合格时，判定该批产品为合格批。若单位面积质量、尺寸及偏差、拉伸强度两项或两项以上中有两项或两项以上不合格时，则判定该批为不合格批；若单位面积质量、尺寸及偏差、拉伸强度中有一项不合格，则应对该批产品重新抽样，并将不合格项的抽取双倍试样进行复检。复检该批为合格批，则判定该批为合格批；复检仍有一项以上不合格，则判定该批为不合格批	

续表

序号	检测对象	取样依据的产品标准或者工程建设标准	检测依据的产品/方法标准或工程建设标准	主要检测参数	产品标准或工程建设标准组批原则或取样频率	取样方法及数量	不合格复检或处理办法	备注
5	土工合成材料	《土工合成材料 机织/非织造复合土工布》GB/T 18887—2002	GB/T 17630—1998 GB/T 17635.1—1998 GB/T 17636—1998 GB/T 17631—1998 GB/T 17632—1998 GB/T 17637—1998 GB/T 18887—2002 GB/T 4666—2009 GB/T 13762—2009 GB/T 14800—2010 GB/T 13763—2010 GB/T 16989—2013 GB/T 16422.2—2014 GB/T 16422.3—2014 GB/T 15789—2016 FZ/T 60011—2016 GB/T 16422.1—2019	断裂强度和定负荷伸长率 幅宽 CBR 顶破强力 等效孔径 垂直渗透系数 单位面积质量 撕破强力 动态穿孔（落锥）性能 摩擦系数 抗磨损性能 抗氧化性能 抗酸碱性能 蠕变性能 拼接强力 刺破强力 抗紫外线性能 剥离强力	（GB/T 18887—2002 第 6.1 条）按交货批号的同一品种、同一规格的产品作为检验批。从一批产品中按规定数量随机抽取的卷数	（GB/T 18887—2002 第 6.1 条）样品的抽取和试样的准备按 GB/T 13760 执行。不少于 3m	（GB/T 18887—2002 第 6.2～6.4 条）符合内在质量要求，则为内在质量合格。如不符合，则从该批中按取样样规定重新取样，对不符合项目进行复验。如复验结果仍不符合，则产品质量不合格。外观质量的检验，如果所有卷均符合外观质量合格，如有一卷不合格，则重新取样进行复验。如果复验合格，则该卷为合格卷。如有不合格卷，则外观质量不合格。批产品质量和外观质量均定为合格，则该批产品判定为合格	

续表

序号	检测对象	取样依据的产品标准或者工程建设标准	检测依据的产品/方法标准或工程建设标准	主要检测参数	产品标准或工程建设标准组批原则或取样频率	取样方法及数量	不合格复检或成品的判定处理办法	备注
5	土工合成材料	《土工合成材料 熟料土工格室》GB/T 19274—2003	GB/T 17391—1998 GB/T 1633—2000 GB/T 19274—2003 GB/T 1842—2008 GB/T 9352—2008 GB/T 1040.1—2018	尺寸及偏差 聚乙烯环境应力开裂 低温脆化温度 维卡软化温度 氧化诱导时间 拉伸屈服拉强度 焊接处抗拉强度 连接处抗拉强度	（GB/T 19274—2003 第8.2条）以同一批原料、相同工艺，连续生产的产品为一批。每批数量不超过500组。如果生产7d不足500组，则以7d的产量为一批	（GB/T 19274—2003 第8.3条、表5）按塑料土工格室要求进行抽样。取样数量≤150组，取8组，其中1组以下尺寸不合格，取2组及以上不合格为不合格。151～200组取13组，3组及以上不合格为不合格	（GB/T 19274—2003 第8.4条）塑料土工格室尺寸判定按表5 规定进行，其他性能的检验结果若有某项达不到规定指标时，可重新抽取双倍样对该项目进行复验，以复验结果作为该批产品的判定依据	
		《土工合成材料 塑料土工网》GB/T 19470—2004	GB/T 19470—2004 GB/T 13762—2009 GB/T 15788—2017	单位面积质量 厚度 网孔尺寸 宽度 长度 拉伸屈服拉强度	（GB/T 19470—2004 第8.2条）检验批同一原料、同一类别、同一规格的塑料土工网为1批。每批数量不超过500卷（含500卷）	（GB/T 19470—2004 第8.3条）从检验批中随机抽取1卷	（GB/T 19470—2004 第8.4条）若单位面积质量、厚度、网孔尺寸及规格偏差中有一项不合格，则判定该批塑料土工网为不合格批。若有一项拉伸屈服强度不合格，则应对该批塑料土工网重新抽样，并将塑料拉伸屈服强度双倍样品进行复检。若复检合格，则判定该批塑料土工网为合格批；复检不合格，则判定该批为不合格批	

续表

序号	检测对象	取样依据的产品标准或者工程建设标准	检测依据的产品/方法标准或工程建设标准	主要检测参数	产品标准或工程建设标准组批原则或取样频率	取样方法及数量	不合格复验或处理办法	备注
5	土工合成材料	《土工合成材料 短纤针刺非织造土工布》GB/T 17638—2017	GB/T 17630—1998 GB/T 17635.1—1998 GB/T 17636—1998 GB/T 17637—1998 GB/T 17632—1998 GB/T 17631—1998 GB/T 14799—2005 GB/T 19978—2005 GB/T 13762—2009 GB/T 4666—2009 GB/T 13761.1—2009 GB/T 13763—2010 GB/T 14800—2010 GB/T 3923.1—2013 GB/T 16989—2013 GB/T 31899—2015 GB/T 15789—2016 GB/T 15788—2017 GB/T 17634—2019 GB/T 17633—2019	纵、横向断裂强度 标称断裂强度对应伸长率 顶破强力 单位面积质量 幅宽偏差率 厚度偏差率 等效孔径 湿筛法孔径 垂直渗透系数 纵横向断裂强力 抗酸碱性 抗氧化性能 抗紫外线性能 动态穿孔 刺破强力 平面内水流量 摩擦系数 抗磨损性能 蠕变性能 拼接强度 定负荷伸长率和定伸长负荷	（GB/T 17638—2017 第 6.1 条）按交货批、同一品种、同一规格的产品作为检验批，尺寸应满足所有内在质量指标性能试验	（GB/T 17638—2017 第 6.2 条）随机抽取 1 卷，距头端至少 3m 剪取样品尺寸应满足所有内在质量指标标准性能试验	（GB/T 17638—2017 第 6.3 条）符合内在质量要求的为内在质量合格，否则为不合格。外观质量对批样所有卷进行外观质量检验评定，如果所有卷均符合外观质量要求，则为外观质量合格。如有不合格卷时，重新抽样进行复验，若复验均符合外观质量要求，则该批产品外观质量合格，如复验结果仍有不合格卷，则该批产品外观质量不合格。结果按外观和内在质量的判定均为合格，则该批产品合格	

续表

序号	检测对象	取样依据的产品标准或者工程建设标准	检测依据的产品/方法标准或者工程建设标准	主要检测参数	产品标准或工程建设标准组批原则或取样频率	取样方法及数量	不合格复检或处理办法	备注
5	土工合成材料	《土工合成材料 长丝纺粘针刺非织造土工布》GB/T 17639—2008	GB/T 17630—1998 GB/T 17635.1—1998 GB/T 17636—1998 GB/T 17631—1998 GB/T 17632—1998 GB/T 17637—1998 GB/T 19978—2005 GB/T 14799—2005 GB/T 4666—2009 GB/T 13761.1—2009 GB/T 13762—2009 GB/T 13763—2010 GB/T 14800—2010 GB/T 16989—2013 GB/T 16422.2—2014 GB/T 16422.3—2014 GB/T 15789—2016 GB/T 15788—2017 GB/T 16422.1—2019 GB/T 17634—2019 GB/T 17633—2019	幅宽 厚度 单位面积质量 断裂强度和标准强度 对应伸长率 撕破强力 CBR顶破强力 等效孔径 垂直渗透系数 平面内水流量 动态穿孔（落锥）性能 摩擦系数 抗磨损性能 抗氧化性能 抗酸碱性能 刺破强力 蠕变性能 拼接断裂强度 抗紫外线性能 定负荷伸长率和定伸长负荷 长负荷	（GB/T 17639—2008 第6.1条）按交货批号的同一品种、同一规格的产品作为检验批	（GB/T 17639—2008 第6.1条）一批卷数：≤50卷，≥51卷 最少抽2卷，取3卷	（GB/T 17639—2008 第6.4条）长丝纺粘针刺非织造土工布的技术要求分为内在质量和外观质量，内在质量要求按内在质量评定规定，外观质量要求按外观质量规定。长丝纺粘针刺非织造土工布的质量以卷（段）为单位评定，内在质量和外观质量均达要求的为合格，否则为不合格。	

续表

序号	检测对象	取样依据的产品标准或者工程建设标准	检测依据的产品/方法标准或工程建设标准	主要检测参数	产品标准或工程建设标准组批原则或取样频率	取样方法及数量	不合格复检或不合格处理办法	备注
5	土工合成材料	《土工合成材料 长丝机织土工布》GB/T 17640—2008	GB/T 17630—1998 GB/T 17635.1—1998 GB/T 17636—1998 GB/T 17631—1998 GB/T 17632—1998 GB/T 17637—1998 GB/T 19978—2005 GB/T 14799—2005 GB/T 17640—2008 GB/T 13762—2009 GB/T 4666—2009 GB/T 13763—2010 GB/T 14800—2010 GB/T 16989—2013 GB/T 16422.2—2014 GB/T 16422.3—2014 GB/T 15789—2016 GB/T 15788—2017 GB/T 16422.1—2019 GB/T 17634—2019	断裂强力和标准强度 对应伸长率 CBR 顶破强力 顶破强度 模袋冲灌厚度 等效孔径 垂直渗透系数 缝制强力 拼接断裂强度 单位面积质量 幅宽 撕破强力 动态穿孔（落锥）性能 摩擦系数 抗磨损性能 抗氧化性能 抗酸碱性能 蠕变性能 刺破强力 抗紫外线性能 定负荷伸长率和定伸长负荷	（GB/T 17640—2008 第 6.1 条）按交货批同一批号的同一品种、同一规格的产品作为检验批	（GB/T 17639—2008 第 6.1 条）一批卷数：≤50 卷，最少抽 2 卷；≥51 卷，取 3 卷	（GB/T 17640—2008 第 6.2~6.4 条）内在质量的判定：符合内在质量要求的为内在质量合格，否则为不合格。外观质量的判定按外观质量对批样的每卷产品进行外观质量检验评定，如果所有卷均符合外观质量要求，则为合格。如有不合格卷，则应在批中按规定重新抽样进行复验，若复验卷均符合要求，则该批产品外观质量合格，如果复验结果仍有不合格卷，则该批外观质量不合格。结果均判定为合格内外质量均为合格，则该批产品合格	

续表

序号	检测对象	取样依据的产品标准或者工程建设标准	检测依据的产品/方法标准或工程建设标准	主要检测参数	产品标准或工程建设标准组批原则或取样频率	取样方法及数量	不合格复检或处理办法	备注
5	土工合成材料	《土工合成材料 裂膜丝机织土工布》GB/T 17641—2017	GB/T 17635.1—1998 GB/T 17630—1998 GB/T 17636—1998 GB/T 17637—1998 GB/T 17632—1998 GB/T 17631—1998 GB/T 19978—2005 GB/T 14799—2005 GB/T 13762—2009 GB/T 4666—2009 GB/T 13761.1—2009 GB/T 13763—2010 GB/T 14800—2010 GB/T 3923.1—2013 GB/T 16989—2013 GB/T 31899—2015 GB/T 15789—2016 GB/T 15788—2017 GB/T 17634—2019	经纬向断裂强度和断裂伸长率 顶破强力 单位面积质量 幅宽偏差率 厚度偏差率 垂直渗透系数 抗酸碱性能 抗氧化性能 抗紫外线 动态穿孔性能 测破强力 摩擦系数 抗磨损性能 蠕变性能 拼接强度 定负荷伸长率与定伸长负荷 等效孔径 经纬向撕裂强力	（GB/T 17641—2017 第6.1条）按交货批号的同一品种、同一规格的产品作为检验批	（GB/T 17641—2017 第6.2.1条）内在质量：随机抽取1卷，距头端至少3m剪取样，其尺寸应满足所有内在质量指标所需试验。外观质量：一批一卷，最少卷数：≤50卷，取2卷；≥51卷，取3卷	（GB/T 17641—2017 第6.3条）对抽取样品的判定：对在质量进行内在质量评定，符合要求的为内在质量合格，否则为不合格。外观质量对批样的每卷质量进行外观质量评定。如果所有卷均为外观质量合格，则为外观质量合格。如有不合格卷，则为外观质量不合格。如该批产品外观质量不合格时，重新抽样卷进行复验。若该批产品外观质量仍有不合格，则该批产品外观质量不合格。结果判定按内在质量则该批判定为合格，外观质量均合格则该批产品均合格	

续表

序号	检测对象	取样依据的产品标准或者工程建设标准	检测依据的产品/方法标准或者工程建设标准	主要检测参数	产品标准或工程建设标准组批原则或取样频率	取样方法及数量	不合格复检或处理办法	备注
5	土工合成材料	《土工合成材料 非织造布复合土工膜》GB/T 17642—2008	GB/T 17635.1—1998 GB/T 17631—1998 GB/T 17632—1998 GB/T 17598—1998 GB/T 17637—1998 GB/T 17630—1998 GB/T 17636—1998 GB/T 19978—2005 GB/T 19979.1—2005 GB/T 19979.2—2006 GB/T 4666—2009 GB/T 13761.1—2009 GB/T 13762—2009 GB/T 13763—2010 GB/T 14800—2010 GB/T 16989—2013 GB/T 16422.2—2014 GB/T 16422.3—2014 GB/T 15788—2017 GB/T 16422.1—2019 GB/T 17633—2019	幅宽 厚度 单位面积质量 断裂强度伸长 撕破强力 CBR 顶破强力 动态穿孔（落锥） 摩擦系数 平面内水流量 抗氧化性能 耐酸碱性能 刺破强力 蠕变性能 接头/接缝断裂强度 抗紫外线 耐静水压 渗透系数 抗磨损性能 定负荷伸长率和定伸 长负荷	（GB/T 17642—2008第6.1条）按交货批号的同一品种、同一规格的产品作为检验批	（GB/T17642—2008第6.1条）一批卷数：≤50卷，最少抽2卷；≥51卷，取3卷	（GB/T 17642—2008第6.2～6.4条）内在质量的判定：按内在质量对抽取样品进行评定，符合质量要求的，否则为不合格。否则在质量量进行评定。外观质量的判定对批样的每卷产品进行评定，如所抽样符合要求，则外观质量为合格。卷该批中按规定重新抽样批进行复验。复验卷均符合要求，则该批产品外观质量仍为合格。如果复验结果卷有不合格卷，则该卷产品外观质量不合格，结果判定按批内外合格质量判定的为合格，则该批产品为合格。	

117

序号	检测对象	取样依据的产品标准或者工程建设标准	检测依据的产品/方法标准或工程建设标准	主要检测参数	产品标准或工程建设标准组批原则或取样频率	取样方法及数量	不合格复检或处理办法	备注
5	土工合成材料	《土工合成材料 聚乙烯土工膜》GB/T 17643—2011	GB/T 1037—1988 QB/T 1130—1991 GB/T 13021—1991 GB/T 17391—1998 GB/T 6673—2001 GB/T 6672—2001 GB/T 12027—2004 GB/T 5470—2008 GB/T 7141—2008 GB/T 1033.1—2008 GB/T 17643—2011 GB/T 16422.2—2014 GB/T 1040.1—2018 GB/T 1040.1—2018	外观、宽度、长度、厚度偏差、密度、毛糙高度、拉伸屈服强度及屈服伸长率、拉伸断裂强度及断裂伸长率、直角撕裂负荷、抗穿刺强度、拉伸负荷应力、碳黑含量、碳黑分散性、氧化诱导时间、低温冲击脆性能、水蒸气渗透系数、尺寸稳定性、85℃热老化、抗紫外线、2%正割模量	（GB/T 17643—2011第8.1条）土工膜产品以批为单位进行检验，同一配方、同一规格、同一工艺条件下连续生产的为一检验批。如日产量低，生产期6d尚不足50t，则以6d产量为一检验批。	（GB/T 17643—2011第8.2条）产品质量的随机抽取3卷按6.1.6.2条检验，在检验合格的样品中再抽取足够的试样按6.3条检验	（GB/T 17643—2011第8.5条）对于6.1～6.2所规定的要求，其中有1项不合格即为不合格卷。不合格卷多于1卷，且技术性指标符合6.3要求时，判为合格批。若不合格卷多于1卷或技术性能指标有不合格项，应在原批中重新加倍抽样，对不合格项复测。复检结果仍有不合格项时则判该批为不合格批。复测合格时则判为合格批	
		《土工合成材料 塑料土工格栅》GB/T 17689—2008	GB/T 13021—1991 GB/T 17637—1998 GB/T 17689—2008	尺寸偏差、颜色及外观、碳黑含量、拉伸强度及无伸率、蠕变性能	（GB/T 17689—2008第7.2条）同一配方和相同工艺情况下生产同一规格塑料土工格栅为一批。每批数量不得超过500卷。生产7d尚不足500卷则以7d产量为一批。	（GB/T 17689—2008第6.1条）在同工格栅塑料土工格栅产品中，随机抽取一卷，截取全幅宽1m长为样品	（GB/T 17689—2008第7.4条）尺寸偏差、颜色及外观、力学性能有不合格产品时，则应在该批产品中重新抽取双倍产品制作试样，对尺寸偏差、颜色及外观、力学性能有不合格项进行复检。若复检项目合格后检合格，则判定为合格；复检项目仍不合格，则判定该批为不合格	

续表

序号	检测对象	取样依据的产品标准或者工程建设标准	检测依据的产品/方法标准或工程建设标准	主要检测参数	产品标准或工程建设标准组批原则或取样频率	取样方法及数量	不合格复检或处理办法	备注
5	土工合成材料	《公路工程土工合成材料 防水材料 第 1 部分：塑料止水带》JT/T 1124.1—2017	GB/T 529—2008 GB/T 528—2009 GB/T 1690—2010 JTG/T D32—2012 GB/T 3512—2014 JT/T 1124.1—2017	外观 尺寸偏差 拉伸强度 扯断伸长率 撕裂强度 低温弯折率 热空气老化 耐碱性	(JT/T 1124.1—2017 第 7.2 条) 频率以同一产品、规格、同一生产批号的产品 每 5000m 为一批进行检验，不足 5000m 的也可按一批计	(JT/T 1124.1—2017 第 7.3 条) 每批产品中随机抽取 3 件进行外观及尺寸偏差检查，在上述检查合格的样品中再随机抽取 1 件裁取 1m 长的试样，进行物理性能测试	(JT/T 1124.1—2017 第 7.4 条) 若外观、尺寸偏差、物理力学性能各项技术要求全部合格，则判该批产品为合格批。若外观、尺寸偏差、物理力学性能各项技术要求有一项不合格，则应在该批产品副样中重新抽取双倍样品作试样，对不合格项目进行复检，复检全部合格，则该批为合格；复检如果仍有一项不合格，则判该批产品为不合格，检验结果作为最终判定依据	

119

续表

序号	检测对象	取样依据的产品标准或者工程建设标准	检测依据的产品/方法标准或工程建设标准	主要检测参数	产品标准或工程建设标准批组批原则或取样频率	取样方法及数量	不合格复检或处理办法	备注
5	土工合成材料	《交通工程土工合成材料 土工格栅》JT/T 480—2002	GB/T 13021—1991 JT/T 480—2002 JTG E 50—2006 GB/T 1549—2008 JTG/T D32—2012 GB/T 7689.3—2013	外观 网眼尺寸 单位面积质量 每延米极限折立强度 剥离强度 拉伸断裂强度 炭黑含量 宽度和长度 氧化物含量 蠕变指标	（JT/T 480—2002 第8.2.1条）产品以批为单位进行验收，同一牌号的原料、同一配方、同一规格、同一生产工艺并稳定连续生产的一定数量的产品为一批，每批数量不超过 500 卷，每卷长于或等于 50m，不足 500 卷则以 5d 产品量为一批。产品检验以批为单位	（JT/T 480—2002 第8.2.2条）检验从每批产品中随机抽取5卷	（JT/T 480—2002 第8.3条）外观质量的判定：样品外观质量判定应符合 6.3 的规定。理化性能中碱金属氧化物含量、网眼尺寸以样本算术平均值判定。复验列表：5.1.1 和 6.2.2.6.3.1 中只有一项不合格，则判为一项合格批。若5.1.1 和 6.2.2 有一项不合格，则应在该批产品中重新抽取双倍样品制作试样，对不合格项目进行复检，复检全部合格，则判该批为合格，检测如有一项不合格，则判该批为不合格。复验结果为最终判定依据	

续表

序号	检测对象	取样依据的产品标准或者工程建设标准	检测依据的产品/方法标准或工程建设标准	主要检测参数	产品标准或工程建设标准组批原则或取样频率	取样方法及数量	不合格复检或处理办法	备注
5	土工合成材料	《公路工程土工合成材料 土工网》JT/T 513—2004	GB/T 13021—1991 JT/T 513—2004 JTG E 50—2006 JTG/T D32—2012 GB/T 16422.2—2014	厚度 网眼尺寸 单位面积质量 拉伸断裂强度及伸长率 长率 多层平网或非平网之间焊点抗拉力 炭黑含量 光老化强度保持率	（JT/T 513—2004 第8.2.1条）产品以批为单位进行验收，同一牌号的原料、配方、规格以及生产工艺并稳定连续生产一定数量产品为一批。每批数量不超过500卷，每卷长度大于或等于30m，不足500卷则以5d产量为一批	（JT/T 513—2004 第8.2.2条）产品检验以批为单位，检验从每批产品中随机抽取两卷	（JT/T 513—2004 第8.3条）外观质量的判定，样品外观质量应符合6.2的规定。复检判定若6.1.2条全部合格，而6.1.2和6.2中只有一项不合格，则判为合格批。若6.1.1条和6.1.2条有一项不合格，则应在该批产品中重新抽取双倍数量的样品制作试样，对6.1.1条和6.1.2条中的不合格复检项目进行复检，则该批检全部合格，产品为合格批。复检结果如果有一项不合格，则判该批产品为不合格批；复检结果为最终判定依据	

续表

序号	检测对象	取样依据的产品标准或者工程建设标准	检测依据的产品/方法标准或工程建设标准	主要检测参数	产品标准或工程建设标准组批原则或取样频率	取样方法及数量	不合格复检或处理办法	备注
5	土工合成材料	《公路工程土工合成材料 有纺土工织物》 JT/T 514—2004	GB/T 13021—1991 JT/T 514—2004 JTG E 50—2006 JTG/T D32—2012 GB/T 16422.2—2014	外观 横、纵向撕破强度 单位面积质量及伸长率 每延米老化拉伸强度 抗光老化拉伸强度 CBR 顶破强度 炭黑含量 等效孔径 垂直渗透系数	（JT/T 514—2004 第 7.2.1 条）产品以批为单位进行验收，同一牌号的原料、同一配方、同一规格、同一生产工艺并稳定连续生产的一定数量的产品为一批，每批数量不超过 500 卷，卷长度大于或等于 30m，不足 500 卷则以 5d 产量为一批	（JT/T 514—2004 第 7.2.2 条）产品检验以批为单位，检验从每批产品中随机抽取 3 卷	（JT/T 514—2004 第 7.3 条）外观质量的判定：样品外观质量应符合 5.2 的规定。复检合格 5.1.1 条和 4.2 和 5.2 中只有一项不合格，则判为合格批。若 5.1.1 条有一项不合格，则应在该批产品中重新抽取双倍试样，对 5.1.1 条的样品制作试样，对 5.1.1 条中的不合格项目进行复检；该批仍为不合格，则检测如果有一项不合格，则该批产品为不合格，复检结果为最终判定依据	

续表

序号	检测对象	取样依据的产品标准或者工程建设标准	检测依据的产品/方法标准或标准工程建设标准	主要检测参数	产品标准或工程建设标准组批原则或取样频率	取样方法及数量	不合格复检或处理办法	备注
5	土工合成材料	《公路工程土工合成材料 土工模袋》JT/T 515—2004	GB/T 13021—1991 JT/T 515—2004 JTG E50—2006 JTG/T D32—2012 GB/T 16422.2—2014	外观及尺寸偏差 横、纵向撕破强度 单位面积质量 拉伸断裂强度及伸长率 蠕变性能 抗光老化拉伸强度 CBR 顶破强度 碳黑含量 等效孔径 垂直渗透系数 落锥穿透直径	（JT/T 515—2004 第 7.2.1 条）产品以批为单位进行验收，同一单位进行验收，同一配方、同一规格、同一生产工艺并稳定连续生产的一定数量的产品为一批，每批数量不超过 500 卷。每卷长度大于等于 30m，不足 500 卷则以 5d 产量为一批	（JT/T 515—2004 第 7.2.2 条）产品检验以批为单位，检验从每批产品中随机抽取 3 卷	（JT/T 515—2004 第 7.3 条）外观质量的判定：样品外观质量应符合 5.2 的规定。复检判定：若 5.1.1 条全部合格，而 4.2 条和 5.2 中只有一项不合格，则判为合格批。若检验中只有一项不合格，则应在该批产品中重新抽取双倍数量的样品制作试验，对 5.1.1 条中的不合格项目进行复检。若复检批为合格，复检批为合格批；如果检验仍有一项不合格，则判该批产品为不合格。复检结果为最终判定依据	

续表

序号	检测对象	取样依据的产品标准或者工程建设标准	检测依据的产品/方法标准或工程建设标准	主要检测参数	产品标准或工程建设标准组批原则或取样频率	取样方法及数量	不合格复检或处理办法	备注
5	土工合成材料	《公路工程土工合成材料 土工膜》 JT/T 518—2004	QB/T 1130—1991 GB/T 13021—1991 JT/T 518—2004 JTG E50—2006 GB/T 17642—2008 JTG/T D32—2012 GB/T 16422.2—2014	外观及尺寸偏差 横、纵向直角撕裂强度 低温弯折性 每延米拉伸强度及伸长率 CBR顶破强度 炭黑含量 抗光老化伸温系数 垂直渗透系数 耐静水压	(JT/T 518—2004 第7.2.1条)产品以批为单位进行验收。同一牌号的原料、同一配方、同一规格、同一生产工艺的产品为一批。每批数量不超过500卷，不足5d产量卷以500卷为一批	(JT/T 518—2004 第7.2.2条)产品检验以批为单位，检验从每批产品中随机抽取3卷	(JT/T 518—2004 第7.3条)外观质量的判定：样品外观质量应符合5.3的规定。复检判定：若5.1.1条全部合格，而4.2和5.2中只有一项不合格，则判为合格批。若5.1.1条有两项不合格，则应在该批产品中重新抽取双倍数量的样品制作试样，对样品中的不合格项目进行复检，则复检批全部合格；如果复检仍有一项不合格，则判该批为不合格批，复检结果为最终判定依据	

续表

序号	检测对象	取样依据的产品标准或者工程建设标准	检测依据的产品/方法标准或工程建设标准	主要检测参数	产品标准或工程建设标准批原则或取样频率	取样方法及数量	不合格复检或处理办法	备注
5	土工合成材料	《公路工程土工合成材料 防水材料》 JT/T 664—2006	GB/T 13021—1991 JTG E50—2006 GB/T 328.27—2007 GB/T 328.14—2007 GB/T 328.11—2007 GB/T 12954.1—2008 JTG/T D32—2012 GB/T 16422.2—2014	外观及尺寸 厚度 单位面积质量 拉伸强度 撕裂强度及伸长率 剥离强度 炭黑含量 不透水水压 柔度 耐热度 光老化强度	（JT/T 664—2006 第8.2.1 条）产品以批为单位进行验收。同一牌号的原料、配方、规格和生产工艺，并稳定连续生产一定数量的产品为一批。每批数量不超过300 卷（桶）。防水卷材每卷长度不宜小于20m，且质量不宜大于50kg；防水涂料每桶不超过25kg（桶），不足300 卷（桶）则以5d 产量为一批	（JT/T 664—2006 第8.2.2 条）产品检验以批为单位，从每批产品中随机抽取样品（桶）进行检验	（JT/T 664—2006 第8.3 条）外观质量的判定：样品外观质量应符合 6.2 的规定。复检判定：若 6.1.1 条全部合格，而 5.2 和 6.2 中只有一项不合格，则判为合格批；否则判为不合格批。若 6.1.1 条有一项不合格，则应在该批取双倍样品中重新抽取试样，对 6.1.1 条中的不合格项目进行复检。则该批产品为合格，复检全部合格；如果复检产品仍有一项不合格，则判该批产品为不合格。复检依据产品为最终判定结果的数据	

续表

序号	检测对象	取样依据的产品标准或者工程建设标准	检测依据的产品/方法标准或工程建设标准	主要检测参数	产品标准或工程建设标准组批原则或取样频率	取样方法及数量	不合格复检或处理办法	备注
5	土工合成材料	《公路工程土工合成材料 排水材料》JT/T 665—2006	GB/T 13021—1991 JT/T 518—2004 JT/T 665—2006 JTG E50—2006 JTG/T D32—2012 GB/T 16422.2—2014 GB/T 9647—2015	外观尺寸 孔眼尺寸 单位面积质量 厚度 拉伸强度及伸长率 纵向梯形撕裂 炭黑含量 通水量 环刚度 抗弯折性能 光老化强度保率 开孔率	(JT/T 665—2006 第8.2.1条) 产品以批为单位进行验收，同一牌号的原料、配方、规格和生产工艺，并稳定连续生产一定数量的产品为一批、每批数量不超过500卷（根），不足500卷（根）则以5d产量为一批	(JT/T 665—2006 第8.2.1条) 产品检验以批为单位，从每批产品中随机抽取两卷（根）进行检验	(JT/T 665—2006 第8.2.1条) 外观质量的判定：样品外观质量应符合6.3条的规定。复检判定：6.1.1条、6.1.2条和6.2条全部合格，5.2条和6.3条中只有一项不合格，则判为合格批。6.1.1条、6.1.2条和6.2条有一项不合格，则应在该批产品中重新抽取双倍样品制作试样，对不合格项目进行复检。复检全部合格，则该批产品为合格；复检如果仍有一项不合格，则判该批产品为不合格，复检结果为最终判定依据	

续表

序号	检测对象	取样依据的产品标准或者工程建设标准	检测依据的产品/方法标准或工程建设标准	主要检测参数	产品标准或工程建设标准组批原则或取样频率	取样方法及数量	不合格复检或处理办法	备注
5	土工合成材料	《公路工程土工合成材料 轻型硬质泡沫材料》JT/T 666—2006	GB/T 13021—1991 GB/T 6342—1996 GB/T 8810—2005 JTG E50—2006 GB/T 8811—2008 JTG/T D32—2012 GB/T 16422.2—2014 GB/T 8813—2020	外观尺寸 密度 单位面积质量 厚度 耐压性 尺寸稳定性 吸水率 碳黑含量 光老化强度保持率	(JT/T 666—2006 第8.2.1条) 产品以批为单位进行验收。同一牌号的原料，配方、规格和生产工艺，并稳定连续生产一定数量的产品为一批，每批数量不少于200m³，不足2000m³则以5d产量为一批	(JT/T 666—2006 第8.2.2条) 产品检验以批为单位，从每批产品中随机抽取两块整板进行检验	(JT/T 666—2006 第8.3条) 样品外观质量的判定，应符合6.2的规定。复检判定：若6.1.1条中只有一项不合格，则判为合格批；否则判为不合格批。而5.2条和6.2条中只有一项不合格，则应在该批产品中重新抽取双倍样品制作试样，对6.1.1条中的不合格项目进行复检，如果复检产品为合格，则判该批产品为合格批；如果复检仍有一项不合格，则判该批产品为不合格，复检结果为最终判定依据	

续表

序号	检测对象	取样依据的产品标准或者工程建设标准	检测依据的产品/方法标准或工程建设标准	主要检测参数	产品标准或工程建设标准组批原则或取样频率	取样方法及数量	不合格复检或处理办法	备注
5	土工合成材料	《公路工程土工合成材料 无纺土工织物》JT/T 667—2006	GB/T 13021—1991 JT/T 667—2006 JTG E50—2006 JTG/T D32—2012 GB/T 16422.2—2014 GB/T 18251—2019	外观尺寸 横、纵向断裂强度 CBR 顶破强度 垂直渗透系数 等效孔径 单位面积质量 拉伸强度及伸率 碳黑含量 抗老化强度保率 碳黑分布	（JT/T 667—2006 第7.2.1 条）产品以批为单位进行验收。同一牌号的原料、同一配方、同一规格和同一生产工艺并连续生产的一定数量的产品为一批。每批数量不超过 500 卷，每卷长度大于或等于 30m，不足 500 卷则以 5d 产量为一批	（JT/T 667—2006 第7.2.2 条）产品检验以批为单位，从每批产品中随机抽取三卷进行检验	（JT/T 667—2006 第7.3.3 条）复检判定：若检验样品满足 5.1.1 条的要求，而 4.2 条和 5.2 条中只有一项不合格，则判为合格批。若检验样品有一项不满足 5.1.1 条的要求，则应在该批产品中重新抽取双倍样品制作试样，对 5.11 条中的不合格项目进行复检，复检结果全部合格，该批为合格；如果复检仍有一项不满足 5.1.1 条的要求，则判该批为不合格，复检结果为最终判定依据	

128

续表

序号	检测对象	取样依据的产品标准或者工程建设标准	检测依据的产品/方法标准或工程建设标准	主要检测参数	产品标准或工程建设标准组批原则或取样频率	取样方法及数量	不合格复检或处理办法	备注
5	土工合成材料	《公路工程土工合成材料 保温隔热材料》JT/T 668—2006	GB/T 6342—1996 JT/T 518—2004 GB/T 8810—2005 JTG E50—2006 GB/T 17642—2008 GB/T 10294—2008 GB/T 10295—2008 GB/T 8811—2008 JTG/T D32—2012 GB/T 8813—2020	外观尺寸 横、纵向撕破强度 CBR 顶破强度 垂直渗透系数 密度 单位面积质量 拉伸强度及伸长率 吸水率 低温弯折性 耐静水压 导热系数 抗压强度 尺寸稳定性 尺寸稳定温度范围	(JT/T 668—2006 第8.2.1条) 产品以批为单位验收，同一牌号的原料、同一配方、同一规格、同一生产工艺并稳定连续生产的产品为一批。软质保温隔热材料，每批数量不超过 500 卷。每卷长度大于 20m，不足 500 卷则以 5d 产量为一批。硬质保温隔热材料，每批数量不超过 5000 块，不足 5000 块则以 5d 产量为一批	(JT/T 668—2006 第8.2.2条) 产品检验以批为单位，从每批产品中随机抽取软质保温隔热材料 5 卷或硬质保温隔热材料 10 块进行检验	(JT/T 668—2006 第8.3条) 样品外观质量判定应符合 6.2 条的规定。若符合 6.1 条规定，6.2 条全部合格并满足表 3 和表 4 中只有一项不合格，则判为合格批；若 6.2 条不能满足规定，则判为该批产品不合格。若一项不合格则判该批产品不合格。对 6.1 条和 6.2 条中的不合格项目进行复检，复检批全部为合格，则判该批产品为合格；如果仍有一项不合格，则判该批产品仍为不合格。复检结果为不合格则为最终判定结果	

129

续表

序号	检测对象	取样依据的产品标准或者工程建设标准	检测依据的产品/方法标准或工程建设标准	主要检测参数	产品标准或工程建设标准组批原则或取样频率	取样方法及数量	不合格复检或处理办法	备注
5	土工合成材料	《公路工程土工合成材料 土工格栅 第1部分：钢塑格栅》JT/T 925.1—2014	JTG E50—2006 JTG/T D32—2012 JT/T 925.1—2014	外观尺寸 拉伸强度及伸长率 连接点极限分离力 碳黑含量 抗冻性	（JT/T 925.1—2014 第7.2条）产品以批为单位进行验收，同一牌号的原料、同一规格、同一生产工艺并稳定连续生产的产品为一批，每批数量不超过50000m²	（JT/T 925.1—2014 第7.3条）在该批产品中随机抽取三卷，进行宽度和外观检查，在上述检查合格的产品中任取一卷，去掉外层长度500mm后，截取全幅宽产品1m作为力学性能检验产品；截取全幅宽产品5m作为型式检验样品	（JT/T 925.1—2014 第7.4条）若要求项技术要求全部合格，而表2中只有一项不合格时，则判该批产品为合格批。若第5章各项技术要求有一项不合格，则应在该批产品中重新抽取双倍样品制作试样，对不合格项目进行复检，该批检测如果为合格批，检测如果仍有一项不合格，则检验结果作为最终判定	
		《公路工程土工合成材料 土工格栅 第3部分：纤塑格栅》JT/T 925.3—2018	JTG E 50—2006 JTG/T D32—2012 JT/T 925.1—2014 JT/T 925.3—2018	外观尺寸 尺寸偏差 抗拉强度及伸长率 连接点极限分离力 碳黑含量 抗冻性	（JT/T 925.3—2018 第8.3条）产品以批为单位进行验收，同一牌号的原料、同一规格、同一生产工艺并稳定连续生产的产品为一批，每批数量不超过50000m²	（JT/T 925.3—2018 第8.3条）在每批产品中随机抽取3卷，进行宽度和外观检查，在检查合格的产品中任取一卷，去掉外层长度500mm后，截取产品1m长的试样进行物理力学性能测试	（JT/T 925.3—2018 第8.4条）针对型式检验和出厂检验的项目，若表6中要求检验的项目全部合格，则产品为合格批。若交检验的项目有一项不合格，则应在该批产品中重新抽取双倍样品制作试样，对不合格项目进行复检，若复检全部合格，则该批产品为合格批，若检测如果仍有一项不合格，则该批检测为不合格	

续表

序号	检测对象	取样依据的产品标准或者工程建设标准	检测依据的产品/方法标准或工程建设标准	主要检测参数	产品标准或工程建设标准批组批原则或取样频率	取样方法及数量	不合格复检或处理办法	备注
6	沥青（道路石油沥青）	《公路工程沥青及沥青混合料试验规程》JTG E20—2011		密度 针入度 延度 软化点 闪点 溶解度 粘度 与集料的黏附性等	（CJJ 1—2008 第 8.5.1 条）按同一生产厂家、同一品种、同一标号、同一批号为一个批次超过 100t 为一个批次抽查一次	（JTG E20—2011 T0601—2011 第 1.2 条）固体沥青不宜少于 4kg；液体沥青不宜少于 1L		
	沥青（改性沥青）	《公路工程沥青及沥青混合料试验规程》JTG E20—2011	《公路沥青路面施工技术规范》JTG F40—2004 《公路工程沥青及沥青合料试验规程》JTG E20—2011	密度 针入度 延度 软化点 闪点 溶解度 粘度 与集料的黏附性 TFOT/RTFOT 后耐老化性能 弹性恢复 储存稳定性等	（CJJ 1—2008 第 8.5.1 条）按同一生产厂家、同一品种、同一标号、同一批号为一个批次超过 50t 为一个批次抽查一次		（CJJ 1—2008 第 8.1.7 条）原材料应符合 8.1.7 条的规定	
	沥青（乳化沥青）	《公路工程沥青及沥青混合料试验规程》JTG E20—2011		破乳速度 粒子电荷 筛上剩余量 标准黏度 蒸发残留物点 储存稳定性等	（CJJ 1—2008 第 8.5.1 条）按同一生产厂家、同一品种、同一标号、同一批号为一个批次抽查一次	（JTG E20—2011 T0601—2011 第 1.2 条）送检具有代表性的均匀样品，不宜少于 4L		

续表

序号	检测对象	取样依据的产品标准或者工程建设标准	检测依据的产品/方法标准或工程建设标准	主要检测参数	产品标准或工程建设标准批组批原则或取样频率	取样方法及数量	不合格复检或处理办法	备注
7	热拌沥青混合料	《城镇道路工程施工与质量验收规范》CJJ 1—2008 《公路沥青路面施工技术规范》JTG F40—2004 《公路工程沥青及沥青混合料试验规程》JTG E 42—2005	《公路沥青路面施工技术规范》JTG F40—2004 《公路工程沥青及沥青混合料试验规程》JTG E20—2011	沥青用量 矿料级配 密度 马歇尔稳定度 流值 空隙率 矿料间隙率 理论最大密度 动稳定度（上面层）等	（CJJ 1—2008 第8.5.1条）每日、每品种检查1次	（JTG E20—2011 T0701—2011 第3.1.2条）不宜少于20kg；动稳定度不宜少于40kg	（CJJ 1—2008 第8.5条）热拌沥青混合料面层检验应符合8.5下列要求	用于动稳定度试验的样品送至实验室时，温度不应低于碾压温度
8	木质素纤维	《城镇道路工程施工与质量验收规范》CJJ 1—2008 《沥青路面用纤维》JT/T 533—2020	《公路沥青路面施工技术规范》JTG F40—2004 《沥青路面用纤维》JT/T 533—2020	纤维长度 灰分含量 pH值 吸油量 含水率	（JT/T 533—2020 第6.3.1条）同一批原材料、统一规格、稳定生产的产品（不超过50t）为一批，抽查一次	（JT/T 533—2020 第6.3.2条）以批为单位抽样。在不同包装袋、不同位置随机抽样后，混合、搅拌和四分法缩分得到两份样品，每份样品3kg，并立即采用塑料袋等密封包装	（CJJ 1—2008 第8.1.7—4条）沥青混合料用木质素纤维技术要求应符合8.1.7～12的规定	
9	矿粉	《城镇道路工程施工与质量验收规范》CJJ 1—2008 《公路工程集料试验规程》JTG E42—2005 《水泥取样方法》GB/T 12573—2008	《公路沥青路面施工技术规范》JTG F40—2004 《公路工程集料试验规程》JTG E42—2005 《水泥取样方法》GB/T 12573—2008	表观密度 含水量 筛分 亲水系数 塑性指数 加热安定性	（CJJ 1—2008 第8.5.1.1条）按同一生产厂家、同一品种为一个批次抽查一次	（GB/T 12573—2008 第7.2条）袋装：每1/10编号从一袋中取至少6kg；散装：每1/10编号在5min内取至少6kg	（CJJ 1—2008 第8.1.7条）沥青混合料用矿粉质量要求应符合表8.1.7—11的规定	

续表

序号	检测对象	取样依据的产品标准或者工程建设标准	检测依据的产品/方法标准或工程建设标准	主要检测参数	产品标准或工程建设标准批组批原则或取样频率	取样方法及数量	不合格复检或处理办法	备注
10	石灰	《公路路面基层施工技术细则》JTG F20—2015	《公路工程无机结合料稳定材料试验规程》JTG E51—2009	有效氧化钙和氧化镁含量（简易测定法） 未消化残渣含量	（JTG F20—2015 第8.2.7条）做材料组成设计和生产时分别测2个样品，以后每月测2个样品	（JTG E51—2009 试样）4.1：将生石灰样品打碎，使颗粒不大于1.18mm，拌和均匀后用四分法缩减至200g左右；4.2：将消石灰样品用四分法缩减至10g左右。未消化残渣含量（JTG E51—2009 T0815—2009 第3.1条）：将样好的试样破碎并全部通过方孔筛	（CJJ 1—2008 第7.2条）石灰的技术要求应符合表7.2.1的规定	
11	粉煤灰	《城镇道路工程施工与质量验收规范》CJJ 1—2008	《公路工程无机结合料稳定材料试验规程》JTG E51—2009 《用于水泥和混凝土的粉煤灰》GB/T 1596—2017	二氧化硅 三氧化二铝 三氧化二铁 烧失量 细度 比表面积等	（CJJ 1—2008 第7.8.1.1条）按进场批次，每批次抽查1次	（GB/T 1596—2017 第8.1条）连续或在10个以上不同部位取等量样品，总量不宜少于3kg	（CJJ 1—2008 第7.3条）粉煤灰应符合表7.3.1~2要求的技术的下列规定	

续表

序号	检测对象	取样依据的产品标准或者工程建设标准	检测依据的产品/方法标准或工程建设标准	主要检测参数	产品标准或工程建设标准批组批原则或取样频率	取样方法及数量	不合格复检或处理办法	备注
12	混合材料（石灰、粉煤灰稳定级配碎石等）	《城镇道路工程施工与质量验收规范》CJJ 1—2008 《公路工程无机结合料稳定材料试验规程》JTG E51—2009	《公路工程无机结合料稳定材料试验规程》JTG E51—2009 《公路土工试验规程》JTG 3430—2020 《公路工程集料试验规程》JTG E40—2005 《公路路面基层施工技术细则》JTG F20—2015	配合比（配合比验证）灰剂量 压实度 级配 7d无侧限抗压强度	灰剂量、压实度、级配（CJJ 1—2008 第18.0.1条）每条路段或异常时及时抽测，有异常时随时监测。7d无侧限抗压强度（CJJ 1—2008 第7.8.1.1条）每2000m² 一组（6块）	灰剂量：(JTG/T F20—2015 第8.5.6条）极限低值为-1.0%。压实度：(CJJ 1—2008 第7.8.1.2）灌砂法或灌水法。每1000m² 一组	(CJJ 1—2008 第7.8.1条）石灰稳定土、石灰、粉煤灰稳定砂砾（碎石）、石灰、粉煤灰稳定钢渣基层质量检验应符合7.8.1下列规定（略）	原材料应至少提前10d送样
	混合材料（水泥稳定级配碎石）					灰剂量：(JTG/T F20—2015 第8.5.6条）极限低值为-1.0%。压实度：(CJJ 1—2008 第7.8.1.1）灌砂法或灌水法。每1000m² 一组	CJJ 1—2008 第7.8.2条）水泥稳定土类基层及底基层质量检验应符合7.8.2下列规定（略）	原材料应至少提前10d送样

续表

序号	检测对象	取样依据的产品标准或者工程建设标准	检测依据的产品/方法标准或工程建设标准	主要检测参数	产品标准或工程建设标准批组批原则或取样频率	取样方法及数量	不合格复验或处理办法	备注
13	玻璃纤维增强塑料夹砂管	《玻璃纤维增强塑料夹砂管》GB/T 21238—2016	GB/T 25768—2010 GB/T 25778—2010 GB/T 14478—2012 GB/T 14498—1993 GB/T 53528—2005 GB/T 53518—2005 GB/T 14588—2009 GB/T 38548—2017	巴柯尔硬度 树脂不可溶物含量 直管段管壁组分含量 初始环刚度 初始环向拉伸强力 初始轴向拉伸强力 初始挠曲性 初始环向弯曲强度 水压渗漏	（GB/T 21238—2016 第 8.2.2 条）以相同材料、相同工艺、相同规格尺寸的 100 根 FRPM 管为一个批（不足 100 根的作为一个批次）	（GB/T 21238—2016 第 8.2.2 条）①检验批中随机抽样一根。②对于连续缠绕生产的 FRPM 管，公称直径不大于 1400mm 时，每根 FRPM 管均需进行水压渗漏检验；公称直径大于 1400mm 而不大于 2400mm 时，应按 50%的比例抽样进行水压渗漏检验；公称直径大于 2400mm 时，水压渗漏检验数量由供需双方商量确定，但应不少于 5%。③对于定长缠绕工艺、离心浇铸工艺生产的 FRPM 管，水压渗漏检验的数量由供需双方商量确定，但不应少于 1%	（GB/T 21238—2016 第 8.2.3 条）①巴柯尔硬度应达到相应要求，否则判该批管不合格。②其他检测参数均应达相应要求，判该批产品合格。除水压渗漏外，如果不合格项超过 2 项，判该批产品不合格；如不合格项不多于 2 项，可对不合格项加倍抽样，复检，复检项目应全部达到要求，否则，判该批产品不合格。③如果水压不合格，则对该批管逐根进行水压渗漏检验，通过检验的判该管管该项合格	

续表

序号	检测对象	取样依据的产品标准或者工程建设标准	检测依据的产品/方法标准或工程建设标准	主要检测参数	产品标准或工程建设标准批组批原则或取样频率	取样方法及数量	不合格复验或处理办法	备注
14	聚乙烯(PE)结构壁管材(聚乙烯双壁波纹管材)	《埋地用聚乙烯(PE)结构壁管道系统 第1部分：聚乙烯双壁波纹管材》GB/T 19472.1—2019	GB/T 9647—2015 GB/T 19472.1—2019	环刚度 环柔性 烘箱试验	(GB/T 19472.1—2019 第9.1条及 GB/T 19472.2—2019 第9.1条) 同一批原料、同一配方和工艺情况下生产的同一规格管材为一批。每批数量≤管材公称尺寸<500mm时，每批数量为60t，如生产量少，生产期7d尚不足60t，则以产材公称尺寸>500mm时，每批数量不超过300t，如生产量少，生产期30d产量尚不足300t，则以30天产量为一批	(GB/T 19472.1—2019 第9.2.3条) 在按产品标准第9.2.2条检查合格的管材中，随机抽取的同一规格管材，进行检测	(GB/T 19472.1—2019 第9.4条) 有一项达不到指标时，在按标准中第9.2.2条抽取双倍取样方案抽取的合格样品中再抽取样品，进行该项的复验；如仍不合格，判该批为不合格	
	聚乙烯(PE)结构壁管材(聚乙烯缠绕结构壁管材)	《埋地用聚乙烯(PE)结构壁管道系统 第2部分：聚乙烯缠绕结构壁管材》GB/T 19472.2—2017	GB/T 8804.3—2003 GB/T 9345.1—2008 GB/T 1033.1—2008 GB/T 19466.6—2009 GB/T 9647—2015	灰分 氧化诱导时间 密度 环刚度 环柔性 熔接处的拉伸力		(GB/T 19472.2—2017 第9.3.3条) 在按产品标准第9.3.2条规定检验合格的管材中，随机抽取足够样品，进行检测	(GB/T 19472.2—2017 第9.5条) 有一项达不到规定指标时，再按标准中第9.3.2条检验合格的管材中随机抽取合格样品中再抽取样品进行该项的复验；如仍不合格，则判定该批为不合格批	
	硬聚氯乙烯(PVC-U)结构壁管材	《埋地排水用硬聚氯乙烯(PVC-U)结构壁管道系统 第1部分：双壁波纹管材》GB/T 18477.1—2007	《埋地排水用硬聚氯乙烯(PVC-U)结构壁管道系统 第1部分：双壁波纹管材》GB/T 18477.1—2007 《热塑性塑料管材 环刚度的测定》GB/T 9647—2015 《热塑性塑料管材耐外冲击性能 试验方法 时针旋转法》GB/T 14152—2001	环刚度 冲击性能 环柔性 烘箱试验	(GB/T 18477.1—2007 第9.2条) 同一原料、配方和工艺连续生产的同一规格管材为一批，每批数量不超过60t，如生产7d尚不足60t，则以7d产量为一个交付检验批	(GB/T 18477.1—2007 第9.3.3条) 在按产品标准第9.3.2条抽样检验合格的管材中，随机抽取样品，进行检测	(GB/T 18477.1—2007 第9.5条) 任一项达不到指标时，再按标准中第9.3.2条抽取合格样品中抽取双倍样品进行试验复验，若试验结果均合格，则判判定该批为合格；若复验仍不合格，则判判定该批为不合格批	

续表

序号	检测对象	取样依据的产品标准或者工程建设标准	检测依据的产品/方法标准或工程建设标准	主要检测参数	产品标准或工程建设标准组批原则或取样频率	取样方法及数量	不合格复检或处理办法	备注
		《埋地排水用硬聚氯乙烯（PVC-U）结构壁管道系统 第 2 部分：加筋管材》GB/T 18477.2—2011	《埋地排水用硬聚氯乙烯（PVC-U）结构壁管道系统 第 2 部分：加筋管材》GB/T 18477.2—2011 《热塑性塑料管材 环刚度的测定》GB/T 9647—2015 《流体输送用热塑性塑料管道系统 耐内压性能的测定》GB/T 6111—2018	环刚度 落锤冲击 环柔性 烘箱试验 静液压试验	（GB/T 18477.2—2011 第 9.2 条）同一原料、同一配方和同一工艺生产的同一规格的管材为一批。每批数量不超过 50t。7d 不足 100t 的以 7d 产量为一批	（GB/T 18477.2—2011 第 9.3.3 条）在按产品标准 9.3.2 抽样检验合格的批量中，随机抽取足够样品，进行检测	（GB/T 18477.2—2011 第 9.5 条）物理力学性能中有一项达不到指标的，则随机抽取双倍样品对该项复验，如仍不合格，则判该批为不合格批	如管材用于低压排水排污时，需要进行静液压耐压试验
14	硬聚氯乙烯（PVC-U）结构壁管材	《埋地排水用硬聚氯乙烯（PVC-U）结构壁管道系统 第 3 部分：轴向中空壁管材》GB/T 18477.3—2019	GB/T 14152—2001 GB/T 6671—2001 GB/T 9647—2015 GB/T 6111—2018 GB/T 18477.3—2019	环刚度 环柔性 纵向回缩率 加热后状态 耐落锤冲击 耐内压性能试验	（GB/T 18477.3—2019 第 9.2.1 条）同一批时，同一配方、同一原料、同一工艺连续生产的管径、同一等级的管材为一批。每批数量不超过 15000m；当 315mm<dn≤700mm 时，每批数量不超过 9000m；当 700mm<dn≤1200mm 时，每批数量不超过 6000m，当 dn>1200mm 时，每批数量不超过 5000m，如生产 7d 仍不足批量，以 7d 产量不足批量为一批	（GB/T 18477.3—2019 第 9.3.3 条）在按产品标准 9.3.2 抽样检查合格的产品中，随机抽取足够样品，进行检测	（GB/T 18477.3—2019 第 9.5 条）有一项不符合要求时，从原批中随机抽取双倍样次对该项进行复验，如复验仍不合格，则判该批产品不合格	当产品用于低压排水时，应进行耐内压性能试验

续表

序号	检测对象	取样依据的产品标准或者工程建设标准	检测依据的产品/方法标准或者工程建设标准	主要检测参数	产品标准或工程建设标准批组批原则或取样频率	取样方法及数量	不合格复检或处理办法	备注
14	钢带增强聚乙烯（PE）螺旋波纹管	《埋地排水用钢带增强聚乙烯（PE）螺旋波纹管》 CJ/T 225—2011	GB/T 8804.3—2003 CJ/T 225—2011 GB/T 9647—2015 GB/T 19472.2—2017	环刚度 环柔性 烘箱试验 管材层压壁厚拉伸强度	（CJ/T 225—2011 第9.2条）同一原料、配方和工艺情况下生产的同一规格管材为一批。每批数量不超过300t。如生产不足300t，尚不足30d，则以30d产量为一批	（CJ/T 225—2011 第9.4.3条）在按产品标准9.4.2规定抽样检验合格的样品中，随机抽取一根样品，进行检测	（CJ/T 225—2011 第9.6条）物理力学性能有一项达不到标准要求时，在按标准第8.4.3检验合格的样品中随机抽取双倍样品进行该项复验，若仍不合格，则判该批为不合格批	
15	检查井盖及雨水箅（检查井盖）	《检查井盖》 GB/T 23858—2009	《检查井盖》 GB/T 23858—2009	承载力 尺寸偏差 残余变形	（GB/T 23858—2009 第8.2条）产品以同一级别、同一原材料在检查井盖件相似条件下制造、同一原材料的检查井盖构成批，500套为一批，不足500套也作为一批	（GB/T 23858—2009 第8.3.2条）从受检批中采用随机抽样方法抽取5套，逐套进行外观质量和尺寸检验；从受检外观质量和尺寸检查合格的检查井盖中抽取2套，逐套进行承载能力检验	（GB/T 23858—2009 第8.3.3.2条）承载能力检验中，如有一套不符合要求，在同一批中再抽取两套重复本项试验，若一套不符合要求，则该批检查井盖为不合格	

续表

序号	检测对象	取样依据的产品标准或者工程建设标准	检测依据的产品/方法标准或者工程建设标准	主要检测参数	产品标准或工程建设标准批组原则或取样频率	取样方法及数量	不合格复检试处理办法	备注
15	检查井盖及雨水算（检查井盖）	《铸铁检查井盖》CJ/T 511—2017	《铸铁检查井盖》CJ/T 511—2017	承载力 尺寸偏差 残留变形	（CJ/T 511—2017 第9.2条）以相同种别、相同种类、相同原材料生产的产品构成，500套为一批，不足500套也作为一批	（CJ/T 511—2017 第9.3.2.2条）从外观和尺寸偏差合格的产品中抽取2套，逐套进行承载能力检验	（CJ/T 511—2017 第9.3.3.2条）承载能力检验中，如有1套不符合7.3的规定，应在同批中再抽取2套复检，若仍有1套不符合规定，则该批产品为不合格	
		《再生树脂复合材料检查井盖》CJ/T 121—2000	《再生树脂复合材料检查井盖》CJ/T 121—2000	承载能力 人工老化 热老化	（CJ/T 121—2000 第7.1条）应符合 GB/T 2828 的要求，采用随机抽样方法：同一种类、同一规格、同一原材料 100套为一批，不足100套也作为一批	（CJ/T 121—2000 第7.2.2条）加载试验，每批检查井盖取2套检查井盖进行承载能力试验	（CJ/T 121—2000 第7.2.2条）如有一套不符合5.11要求，则再抽取2套重复检验。如再有1套不符合要求，则该批检查井盖不合格	
	（检查井盖）	《钢纤维混凝土检查井盖》GB 26537—2011 《钢纤维混凝土检查井盖》JC 889—2001	《钢纤维混凝土检查井盖》GB 26537—2011 《钢纤维混凝土检查井盖》JC 889—2001	外观质量 尺寸偏差 抗压强度 裂缝荷载	（GB 26537—2011 第8.2.2.1条）以同一种类、同规格、同材料与配合比生产的500只检查井盖为一批，但在3个月内生产不足500只时仍作为一批，随机抽取10只进行检验	（GB 26537—2011 第8.2.3.4条）在外观质量和尺寸偏差合格的产品中随机抽取2只进行承载能力检验	（GB 26537—2011 第8.2.3.4条）出厂检验尺寸判定：若井盖尺寸偏差、钢纤维混凝土抗压强度和裂缝荷载有一项不合格，则判定该批检查井盖为不合格。若井盖只有外观质量不合格，则允许修补，并对该批逐个检查，合格的则判为合格产品	

续表

序号	检测对象	取样依据的产品标准或者工程建设标准	检测依据的产品/方法标准或工程建设标准	主要检测参数	产品标准或工程建设标准组批原则或取样频率	取样方法及数量	不合格复检或处理办法	备注
15	（雨水箅）	《聚合物基复合材料水箅》CJ/T 212—2005	《聚合物基复合材料水箅》CJ/T 212—2005	承载力尺寸偏差残留变形	（CJ/T 212—2005 第7.1条）按批量采用随机抽样法取样。产品以同一规格、同一原材料在相似条件下生产的水箅成批量。生产批量：以300套为一批，不足该数量时按一批计	（CJ/T 212—2005 第7.2.2条）承载能力试验时，每批产品随机抽取三套进行承载能力试验	（CJ/T 212—2005 第7.2.2条）如有一套不符合5.10的要求，重复本项试验。如再有一套不符合要求，则该批水箅算为不合格	
			《再生树脂复合材料水箅》CJ/T 130—2001	内水压力外压荷载	（CJ/T 130—2001 第7.1条）应符合GB/T 2828的要求。采用随机抽样法取样。产品以同一规格、同一原材料一种类，同一原材料在相似条件下生产的水箅成批量。一批的水箅数量，一批为100套。不足100套也作为一批	（CJ/T 130—2001 第7.2条）按5.2~5.8要求，对水箅逐套检查。加载试验，每批随机抽取2套进行承载能力检验	（CJ/T 130—2001 第7.2.2条）如有一套不符合5.10的要求，则再抽取2套重复本项试验。如再有2套不符合要求，则该批水箅算为不合格	

续表

序号	检测对象	取样依据的产品标准或者工程建设标准	检测依据的产品/方法标准或工程建设标准	主要检测参数	产品标准或工程建设标准组批原则或取样频率	取样方法及数量	不合格复检或处理办法	备注
16	混凝土和钢筋混凝土管	《混凝土和钢筋混凝土排水管》GB/T 11836—2009	《混凝土和钢筋混凝土排水管》GB/T 11836—2009《混凝土和钢筋混凝土排水管试验方法》GB/T 16752—2017	内水压力 外压荷载	（GB/T 11836—2009 第 8.2.3.3 条）由相同材料、相同生产工艺生产的同一种规格、同一种接头形式、同一种外压荷载级别的组成一个受检批；3 个月内生产总数不足规定数应作为一个检验批。也 （产品品种／批量（根）：混凝土管 100～300 ≤3000；350～600 ≤2500；钢筋混凝土管 200～500 ≤2500；600～1400 ≤2000；1500～2200 ≤1500；2400～3500 ≤1000）	（GB/T 11836—2009 第 8.2.3.3 条）从混凝土抗压强度、外观质量和尺寸偏差检验合格的管子中抽取两根管子、混凝土管一根检验混凝土管内水压力；钢筋混凝土管一根检验混凝土管内水压力	（GB/T 11836—2009 第 8.3.4.2 条）力学性能：如内水压力或外压荷载检验 2 根管子中有 1 根不符合标准规定时，允许从同批产品中抽取 2 根管子进行复检。复检结果如符合标准合格规定时，则剔除原不合格的 1 根，判该批产品力学性能合格。复检结果如仍有 1 根检验结果不符合标准规定时，则判该批产品力学性能不合格。内水压力、外压荷载检验 2 根都不符合标准规定时，不得复检，判该批产品力学性能不合格	

第 3 部分：预制混凝土及装配式建筑用构件

序号	检测对象	取样依据的产品标准或者工程建设标准	检测依据的产品/方法标准或工程建设标准	主要检测参数	产品标准或工程建设标准批组批原则或取样频率	取样方法及数量	不合格复检或处理办法	备注
一	装配整体式混凝土结构用连接材料							
1	钢筋连接用灌浆套筒	《钢筋连接用灌浆套筒》JG/T 398—2019 工程建设标准：《钢筋套筒灌浆连接应用技术规程》JGJ 355—2015	《钢筋连接用灌浆套筒》JG/T 398—2019 《钢筋连接用灌浆套筒》JG/T 398—2019	外观 标记 外形尺寸 抗拉强度 外观质量 标识和尺寸偏差	（JG/T 398—2019 第7.2.2.2a 条）以连续生产的同原材料、同形式、同规格、同批号的1000个或少于1000个套筒为1个验收批。 （JG/T 398—2019 第7.2.2b 条）以同原材料、同类型、同规格为一批； （JGJ 355—2015 第7.0.3 条）同一批号、同一类型、同一规格，不超过1000个为一批	（JG/T 398—2019 第7.2.2a 条）每批抽取10%； 抗拉强度： （JG/T 398—2019 第7.2.2b 条）每批抽取3个； （JGJ 355—2015 第7.0.3 条）每批随机抽取10个	（JG/T 398 第7.2.2.2a 条）当合格率低于97%时，应加倍抽样复检，当复检合格率仍小于97%时，该验收批应逐个检验，合格后方可出厂。抗拉强度：（JG/T 398 第7.2.2b 条）当有1个试件不合格时，应再随机抽取6个试件进行复检，如果复检有1个试件不合格，则判定该验收批为不合格	

续表

序号	检测对象	取样依据的产品标准或者工程建设标准	检测依据的产品/方法标准或工程建设标准	主要检测参数	产品标准或工程建设标准组批原则或取样频率	取样方法及数量	不合格复检或处理办法	备注
		《预应力混凝土用金属波纹管》 JG/T 225—2020	《预应力混凝土用金属波纹管》 JG/T 225—2020	外观 尺寸 抗外荷载性能 抗渗漏性能	（JG/T 225—2020 第 6.3.1 条）每批应由同一钢带生产厂生产的同一钢带制造的产品组成。每半年或产量累计 50000m 生产一批为一批	（JG/T 225—2020 第 6.3.1 条）外观应全数检验，其他项目抽样数量均为 3 个	（JG/T 225—2020 第 6.4 条）出厂检验项目中当检验结果有不合格项目时，应从同一批产品中未经抽样的产品中重新加倍抽取样，对不合格检验项目复检，复检结果全部合格，应判定该批产品合格，否则应判定该批产品不合格	
2	钢筋浆锚连接用镀锌金属波纹管	工程建设标准：《装配式混凝土建筑技术标准》 GB/T 51231—2016	《预应力混凝土用金属波纹管》 JG/T 225—2020	外观质量 抗外荷载性能 抗渗漏性能	（GB/T 51231—2016 第 9.2.18 条）按进场的批次	（GB/T 51231—2016 第 9.2.18 条）①应全数检查外观质量；②应进行径向刚度（JG/T 225—2020 标准中表示为抗外荷载性能）和抗渗漏性能检验。检查数量应按进场的批次和产品的抽样检验方案确定	（JG/T 225—2020 第 6.4 条）同上	

序号	检测对象	取样依据的产品标准或者工程建设标准	检测依据的产品/方法标准或工程建设标准	主要检测参数	产品标准或工程建设标准组批原则或取样频率	取样方法及数量	不合格复检或处理办法	备注
3	钢筋锚固板	工程建设标准：《钢筋锚固板应用技术规程》JGJ 256—2011	《钢筋锚固板应用技术规程》JGJ 256—2011	抗拉强度	（JGJ 256—2011 第6.0.5条）同一施工条件下采用同一批材料的同类型、同规格的钢筋锚固板、螺纹连接锚固板应以500个为一个验收批进行检验与验收。不足500个也应作为一个验收批；焊接连接锚固板应以300个为一个验收批，不足300个也应作为一个验收批。 （JGJ 256—2011 第6.0.4条）钢筋锚固板加工与安装工程开始前，应对不同钢筋生产厂的进场钢筋进行钢筋锚固板工艺检验；施工过程中，更换钢筋锚固板生产厂商、变更钢筋锚固参数、形式及变更产品供应商时，应补充进行工艺检验	（JGJ 256—2011 第6.0.4条）3个试件。工艺检验：每种规格的钢筋锚固板试件不应少于3根	（JGJ 256—2011 第6.0.4条）如有1个试件的抗拉强度不符合要求，应再取6个试件进行复检。复检中如仍有1个试件不符合抗拉强度不符合要求，则该验收批应评为不合格	

续表

序号	检测对象	取样依据的产品标准或者工程建设标准	检测依据的产品/方法标准或工程建设标准	主要检测参数	产品标准或工程建设标准批组批原则或取样频率	取样方法及数量	不合格复检或处理办法	备注
4	夹芯墙板纤维增强塑料(FRP)连接件	《预制保温墙体用纤维增强塑料连接件》JG/T 561—2019	《纤维增强复合材料筋基本力学性能试验方法》GB/T 30022—2013；《纤维增强塑料拉伸性能试验方法》GB/T 1447—2005；《纤维增强塑料短梁法测定层间剪切强度》JC/T 773—2010	外观检验 纤维含量 拉伸强度和拉伸弹性模量 层间剪切强度 弯曲强度和弯曲弹性模量	（JG/T 561—2019 第8.2.2条）应以连续生产的同原材料、同类型、同截面尺寸的50000个连接件为一个验收批。当一次性生产不足50000个时，以此次生产的全部数量为一个验收批	（JG/T 561—2019 第8.2.3条）外观、尺寸和尺寸偏差检验采用一次随机抽样，每批抽样数量为1%。纤维含量、材料拉伸强度和拉伸弹性模量、材料层间剪切强度和材料弯曲强度和弯曲弹性模量检验采用第二次随机抽样检验，每项本数每批取第一次抽样各为5个，第二次抽样本数每批每项各为5个	（JG/T 561—2019 第8.2.4条）采用一次随机抽样时，所抽取样本全部符合要求或有一个不符合要求时，应判定该批为合格。采用一次随机抽样时，所抽取样本全部符合要求时应判定该批合格。如有2个或2个以上不符合要求，应判定该批不合格。当有1个样本不符合要求时，则进行第二次抽样，当第二次所抽样本全部符合要求则判定该批合格，否则判定该批不合格	
5	夹芯墙板金属连接件	工程建设标准：《装配式混凝土建筑技术标准》GB/T 51231—2016	《金属材料拉伸试验第1部分：室温试验方法》GB/T 228.1—2010；《金属材料线材和铆钉剪切试验方法》GB/T 6400—2007	屈服强度 拉伸强度 弹性模量 抗剪强度	（GB/T 51231—2016 第9.2.16条）同一厂家、同一类别、同一规格产品，不超过10000件为一批	根据实际连接件材质要求抽取试件拉伸试验数量，另每根据（GB/T 6400—2007 第6.2条）抗剪：每批铆钉中取不少于6个试样。每盘线材两端0.5 m处各取3个试样。凡在零件或其他金属制品上切取试样时，每一取样部位每一取向的试样数量不少于3个		

续表

序号	检测对象	取样依据的产品标准或者工程建设标准	检测依据的产品/方法标准或工程建设标准	主要检测参数	产品标准或工程建设标准批原则或取样频率	取样方法及数量	不合格复检或处理办法	备注
6	灌浆料	《钢筋连接用套筒灌浆料》JG/T 408—2019	《钢筋连接用套筒灌浆料》JG/T 408—2019 《普通混凝土拌合物性能试验方法标准》GB/T 50080—2016	流动度 抗压强度 竖向膨胀率 泌水率	（JG/T 408—2019 第7.3.1条）在 15d 内生产的同配方、同批号原材料的产品应以 50t 作为一生产批号，不足 50t 也应作为一生产批号	（JG/T 408—2019 第7.3.3条）取样应有代表性，可从多个部位取等量样品，总量不应少于 30kg		
		工程建设标准：《水泥基灌浆材料应用技术规范》GB/T 50448—2015	《水泥基灌浆材料应用技术规范》GB/T 50448—2015 《普通混凝土拌合物性能试验方法标准》GB/T 50080—2016	流动度 抗压强度 竖向膨胀率 泌水率	（GB/T 50448—2015 第6.2.1条）每 200t 应为一个检验批，不足 200t 的应按一个检验批应计。每一检验批应为一个取样单位	（GB/T 50448—2015 第6.2.2条）取样应有代表性，总量不应少于 30kg		
		工程建设标准：《钢筋套筒灌浆连接应用技术规程》JGJ 355—2015	《钢筋连接用套筒灌浆料》JG/T 408—2019	流动度 抗压强度 竖向膨胀率 泌水率	（JGJ 355—2015 第7.0.4条）同一成分、同一批号的灌浆料，不超过 50t 为一批	（JG/T 408—2019 第7.3.3条）取样应有代表性，可从多个部位取等量样品，总量不应少于 30 kg	（JG/T 408—2019 第7.4条）若有一项指标不符合要求，应从同一批次产品中重新取样，对所有项目进行复验	
7	坐浆料	工程建设标准：《装配式混凝土建筑技术标准》GB/T 51231—2016	《建筑砂浆基本性能试验方法标准》JGJ/T 70—2009	抗压强度	（GB/T 51231—2016 第11.3.5条）按批检验，以每层为一检验批；每个工作班取同一配合比制作1组目每层不应少于3组，标准养护 28d 后进行试验	（GB/T 51231—2016 第11.3.5条）70.7mm×70.7mm×70.7mm 每组3块	（GB 50300—2013 第5.0.6条）经返工或重新修的检验批，应重新进行验收	

续表

序号	检测对象	取样依据的产品标准或者工程建设标准	检测依据的产品/方法标准或工程建设标准	主要检测参数	产品标准或工程建设标准批组原则或取样频率	取样方法及数量	不合格复检或处理办法	备注
8	钢筋套筒灌浆连接接头	工程建设标准：《钢筋套筒灌浆连接应用技术规程》JGJ 355—2015	《钢筋套筒灌浆连接应用技术规程》JGJ 355—2015 《钢筋机械连接技术规程》JGJ 107—2016	极限抗拉强度 残余变形 灌浆料抗压强度	（JGJ 355—2015 第7.0.5 条）同一批、同一类型、同一规格的灌浆套筒，不超过1000个为一批。灌浆料试件应在施工现场制作：每工作班取样不得少于1次，每楼层取样不得少于3次。每次抽取1组40mm×40mm×160mm的试件，标准养护28d后进行抗压强度试验。（JGJ 355—2015 第7.0.5 条）灌浆施工前，应对不同钢筋生产企业的进场钢筋进行接头工艺检验；施工过程中，当更换钢筋生产企业，或同生产企业生产的钢筋外形尺寸与已完成工艺检验的钢筋有较大差异时，应再次进行工艺检验	（JGJ 355—2015 第7.0.5 条）40mm×40mm×160mm 每组3块，对中灌浆套筒连接接头每组3个	（JGJ 355—2015 第7.0.5 条）工艺检验不合格时，可再抽3个试件进行复检，仍不合格判为工艺检验不合格。（第7.0.6 条）未对复检做出规定，即应一次检验合格。为方便接头性能不合格时的处理，可根据工程情况留置灌浆料抗压强度试件，并同样养护。对于钢筋而非断于连接接头的接头的接头值为连接接头抗拉强度标准值的为不合格，不应判为不合格，按本条规定再次制作3个对中连接接头试件并重新检验	

续表

序号	检测对象	取样依据的产品标准或者工程建设标准	检测依据的产品/方法标准或工程建设标准	主要检测参数	产品标准或工程建设标准批原则或取样频率	取样方法及数量	不合格复检或处理办法	备注
8	钢筋套筒灌浆连接接头	工程建设标准：《装配式混凝土建筑技术标准》GB/T 51231—2016	《钢筋套筒灌浆连接应用技术规程》JGJ 355—2015 《钢筋机械连接技术规程》JGJ 107—2016	极限抗拉强度 残余变形 灌浆料抗压强度	(GB/T 51231—2016 第11.3.4条) 灌浆料抗压强度按批检验，以每工作班同一配合比制作1组且每层不应少于3组，标准养护28d后进行试验；接头质量参照钢筋机械连接	(GB/T 51231—2016 第11.3.4条) 40mm×40mm×160mm 每组3块，对中灌浆套筒连接接头每组3个		
		工程建设标准：《装配式住宅建筑检测技术标准》JGJ/T 485—2019	《钢筋套筒灌浆连接应用技术规程》JGJ 355—2015 《钢筋机械连接技术规程》JGJ 107—2016	极限抗拉强度 残余变形 灌浆料抗压强度	(JGJ/T 485—2019 第4.4.12条) 当检测钢筋接头强度时，每1000个为一个检验批，不足1000个的也应作为一个检验批	(JGJ/T 485—2019 第4.4.12条) 每个检验批选取3个接头做拉伸强度试验	(JGJ/T 485—2019 第4.4.12条) 若有1个试件的抗拉强度不符合要求，应再取6个试件进行复检。复检中若仍有抗拉强度不合格要求，则该检验批为不合格	
二	装配整体式混凝土结构用密封材料							
1	混凝土建筑接缝用密封胶	《混凝土建筑接缝用密封胶》JC/T 881—2017	GB/T 13477.1—2002 GB/T 13477.3—2017 GB/T 13477.5—2002 GB/T 13477.6—2002 GB/T 13477.8—2017 GB/T 13477.10—2017 GB/T 13477.11—2017	外观 流动性（下垂度、流平性）挤出性（或适用期）表干时间 拉伸模量 定伸粘结性	(JC/T 881—2017 第7.2条) 以同一类型、同一级别的产品，每5t为一批，不足5t也作为一批	(JC/T 881—2017 第7.3条) 单组分：随机抽取3包装箱，每箱取4支，共12支；双组分：6kg	(JC/T 881—2017 第7.4.2条) 外观质量不符合5.1规定时，则判该批质量不合格。有两项或两项以上指标不符合规定时，则判该批产品为不合格。若有一项指标不符合规定时，用备用样品进行单项复验。如该项仍不合格，则判该批产品为不合格	

续表

序号	检测对象	取样依据的产品标准或者工程建设标准	检测依据的产品标准/方法标准	主要检测参数	产品标准或工程建设标准批组批原则或取样频率	取样方法及数量	不合格复检或处理办法	备注
1	混凝土建筑接缝用密封胶	工程建设标准:《装配式建筑应用技术规程》T/CECS 655—2019	JC/T 881—2017 GB/T 13477.1—2002 GB/T 13477.3—2017 GB/T 13477.5—2002 GB/T 13477.6—2002 GB/T 13477.8—2017 GB/T 13477.10—2017 GB/T 13477.11—2017 GB/T 13477.17—2017 GB/T 13477.20—2017	外观 流动性 表干时间（或适用期） 挤出性 弹性恢复率 拉伸模量 浸水后定伸粘结性 相容性 污染性	（T/CECS 655—2019 第3.1.4条）相容性、污染性以同一品种、同一型号、同一级别的产品检验一次；其他项目以同一品种、同一型号、同一级别的产品，每5t为一批	（JC/T 881—2017 第7.3条）随机抽取3包装箱，每箱4支，共12支；双组分：6kg	（JC/T 881—2017 第7.4.2条）同上	
2	硅酮建筑密封胶	《硅酮和改性硅酮建筑密封胶》GB/T 14683—2017	GB/T 13477.1—2002 GB/T 13477.3—2017 GB/T 13477.5—2002 GB/T 13477.6—2002 GB/T 13477.8—2017 GB/T 13477.10—2017 GB/T 13477.11—2017	外观 下垂度 表干时间 挤出性（或适用期） 拉伸模量 定伸粘结性	（GB/T 14683—2017 第7.2条）以同一类型产品同一品种同一型号每5t为一批，不足一批作为一批	（GB/T 14683—2017 第7.3条）随机抽取3箱，每箱4支，共12支；双组分：按配比随机抽取，共抽取6kg，取样后应立即密封包装	（GB/T 14683—2017 第7.4.2条）外观符合5.1规定时，则判该批外观项目不合格。有两项或两项以上指标不符合规定的，则判该批产品为不合格。若有一项指标不符合规定时，用备用样品进行单项复验，如该项单项不合格，则判该批产品为不合格	
		工程建设标准:《装配式建筑应用技术规程》T/CECS 655—2019	GB/T 14683—2017 GB/T 13477.1—2002 GB/T 13477.3—2017 GB/T 13477.5—2002 GB/T 13477.6—2002 GB/T 13477.8—2017 GB/T 13477.10—2017 GB/T 13477.11—2017 GB/T 13477.17—2017 GB/T 13477.20—2017	外观 流动性 表干时间（或适用期） 挤出性 弹性恢复率 拉伸模量 浸水后定伸粘结性 相容性、污染性	（T/CECS 655—2019 第3.1.4条）相容性、污染性以同一品种、同一型号、同一级别的产品检验一次；其他项目以同一品种、同一型号、同一级别的产品，每5t为一批进行检验，不足5t也进行作为一批	（GB/T 14683—2017 第7.3条）随机抽取3箱，每箱4支，共12支；双组分：按配比随机抽取，共抽取6kg，取样后应立即密封包装	（T/CECS 655—2019 第3.1.2条）硅酮类和硅烷改性聚醚类密封胶应符合 GB/T 14683 的相关规定（具体内容同上）	

续表

序号	检测对象	取样依据的产品标准或者工程建设标准	检测依据的产品/方法标准或工程建设标准	主要检测参数	产品标准或工程建设标准批原则或取样频率	取样方法及数量	不合格复检或处理办法	备注
3	聚氨酯建筑密封胶	《聚氨酯建筑密封胶》JC/T 482—2003	GB/T 13477.1—2002 GB/T 13477.5—2002 GB/T 13477.6—2002	外观 流动性（下垂度、流平性） 表干时间 挤出性 适用期 拉伸模量 定伸粘结性	（JC/T 482—2003 第6.2.1条）以同一品种、同一类型的产品每5t为一批，不足5t也作为一批	（JC/T 482—2003 第6.2.2条）单组分：随机抽取3包装箱，每箱3支，共6～9支；双组分：样品总量6kg，取样后密封包装即密封包装	（JC/T 482—2003 第6.3.2条）外观质量不符合4.1规定时，不合格产品以上指标不符合产品不合格时；若有一项指标不符合规定时，在同批产品中再次抽取相同批产品数量的样品进行单项复验，如该项仍不合格，则判该批产品为不合格	
		工程建设标准：《装配式建筑密封胶应用技术规程》T/CECS 655—2019	JC/T 482—2003 GB/T 13477.1—2002 GB/T 13477.5—2002 GB/T 13477.6—2002	外观 流动性 表干时间（或适用期） 挤出性 弹性恢复率 拉伸模量 浸水后定伸粘结性 相容性 污染性	（T/CECS 655—2019 第3.1.4条）相容性、污染性以同一品种、同一级别的产品每个工程检验一次；其他项目以同一品种、同一型号，同一品种、同一级别的产品每5t为一批，不足5t也作为一批	（JC/T 482—2003 第6.2.2条）单组分：随机抽取3包装箱，每箱3支，共6～9支；双组分：样品总量6kg，取样后密封包装即密封包装	（JC/T 482—2003 第6.3.2条）同上	

续表

序号	检测对象	取样依据的产品标准或者工程建设标准	检测依据的产品/方法标准或工程建设标准	主要检测参数	产品标准或工程建设标准组批原则或取样频率	取样方法及数量	不合格复检或处理办法	备注
4	聚硫建筑密封胶	《聚硫建筑密封胶》JC/T 483—2006	GB/T 13477.1—2002 GB/T 13477.5—2002 GB/T 13477.6—2002	外观 流动性（下垂度、流平性） 表干时间 拉伸模量 适用期 弹性恢复率 定伸粘结性	（JC/T 483—2006 第6.2.1 条）同一品种、同一类型的产品每 10t 为一批进行检验，不足 10t 也作为一批	（JC/T 483—2006 第6.2.1 条）样品总量 4kg，取样后应立即密封包装	（JC/T 483—2006 第6.3.2 条）外观质量不符合 4.1 规定时，则判该批不合格。有两项或两项以上指标不符合规定时，则判该批产品为不合格；若有一项指标不符合产品，在同批产品中再次抽取相同数量的样品进行相应项复验，如该项仍不合格，则判该批产品为不合格	
		工程建设标准：《装配式建筑密封胶应用技术规程》T/CECS 655—2019	JC/T 483—2006 GB/T 13477.1—2002 GB/T 13477.5—2002 GB/T 13477.6—2002	外观 流动性 表干时间 挤出性（或适用期）弹性恢复率 拉伸模量 浸水后定伸粘结性 相容性 污染性	（T/CECS 655—2019 第 3.1.4 条）相容性、污染性以同一品种、同一型号、同一级别的产品每个工程检验一次；其他项目以同一品种、同一型号、同一级别产品每 5t 为一批进行检验，不足 5t 也作为一批	（JC/T 483—2006 第6.2.1 条）样品总量 4kg，取样后应立即密封包装	（JC/T 483—2006 第6.3.2 条）同上	

续表

序号	检测对象	取样依据的产品标准或者工程建设标准	检测依据的产品/方法标准或工程建设标准	主要检测参数	产品标准或工程建设标准批组批原则或取样频率	取样方法及数量	不合格复检或处理办法	备注
三	装配整体式混凝土结构用构配件							
1	构件几何尺寸	工程建设标准:《混凝土结构工程施工质量验收规范》GB 50204—2015	《混凝土结构工程施工质量验收规范》GB 50204—2015	尺寸偏差	(GB 50204—2015 第9.2.7条）同一类型的构件,不超过100个构件为一批	(GB 50204—2015 第9.2.7条）每批应抽查构件数量的5%,且不应少于3个		
		工程建设标准:《装配式混凝土建筑技术标准》GB/T 51231—2016	《装配式混凝土建筑技术标准》GB/T 51231—2016	尺寸偏差	(GB/T 51231—2016 第11.2.3条）全数检查	(GB/T 51231—2016 第11.2.3条）全数检查		
		工程建设标准:《装配式混凝土结构技术规程》JGJ 1—2014	《装配式混凝土结构技术规程》JGJ 1—2014	尺寸偏差	根据工程验收需要,供需双方商定抽取数量	根据工程验收需要,供需双方商定抽取数量		
2	外观质量	工程建设标准:《装配式住宅建筑检测技术标准》JGJ/T 485—2019	《装配式住宅建筑检测技术标准》JGJ/T 485—2019	外观缺陷	(JGJ/T 485—2019 第4.3.3条）受检范围内构件外观缺陷宜进行全数检查;当不具备全数检查条件时,应注明未检查的构件或区域,并应说明原因			

续表

序号	检测对象	取样依据的产品标准或者工程建设标准	检测依据的产品/方法标准或工程建设标准	主要检测参数	产品标准或工程建设标准组批原则或取样频率	取样方法及数量	不合格复检或处理办法	备注
3	叠合板结合面粗糙程度	工程建设标准：《装配整体式混凝土结构检测技术规程》DB32/T 3754—2020	《装配整体式混凝土结构检测技术规程》附录A DB32/T 3754—2020	叠合板结合面粗糙度	（DB32/T 3754—2020 第A.0.2条）同一类型构件不超过1000件为一批	（DB32/T 3754—2020 第A.0.2条）每批抽取不少于3个构件		
		工程建设标准：《装配式住宅建筑检测技术标准》JGJ/T 485—2019	《装配式住宅建筑检测技术标准》JGJ/T 485—2019	预制混凝土结合面粗糙度	（JGJ/T 485—2019 第4.3.8条）宜进行全数检查。当不具备全数检查条件时，应注明未检查的构件或区域，并应说明原因	（JGJ/T 485—2019 第A.0.3条）①对预制混凝土叠合楼板、预制混凝土叠合梁、预制混凝土叠合墙板，测区数量不应少于8个；②对预制混凝土梁端、预制混凝土柱端，测区数量不应少于2个；③对预制混凝土墙端，测区数量不应少于4个；④当透明多孔基准板位于测区中心时，测区边缘到透明边缘相应边的距离不应小于1倍透明多孔基准板孔距		
4	构件材料强度	工程建设标准：《装配整体式混凝土结构检测技术规程》DB32/T 3754—2020	《混凝土结构现场检测技术标准》GB/T 50784—2013	混凝土抗压强度	（DB32/T 3754—2020 表3.1.6-1）同一类型构件不超过1000件为一批	（DB32/T 3754—2020 表3.1.6-1）每批抽取不少于5个构件		现场检测

续表

序号	检测对象	取样依据的产品标准或者工程建设标准	检测依据的产品/方法标准或者工程建设标准	主要检测参数	产品标准或工程建设标准组批原则或取样频率	取样方法及数量	不合格复检或处理办法	备注
5	构件钢筋配置	工程建设标准：《装配整体式混凝土结构检测技术规程》DB32/T 3754—2020	《混凝土结构现场检测技术标准》GB/T 50784—2013	钢筋保护层 数量 间距 直径	（DB32/T 3754—2020 表3.1.6-1）：同一类型构件不超过1000件为一批	（DB32/T 3754—2020 表3.1.6-1）：每批抽取不少于5个构件		
		工程建设标准：《装配式住宅建筑检测技术标准》JGJ/T 485—2019	《混凝土结构现场检测技术标准》GB/T 50784—2013 《混凝土中钢筋检测技术规程》JGJ/T 152—2019	钢筋保护层 数量 间距 直径	（GB 50204—2015 附录E）①对非悬挑梁板类构件，应各抽取构件数量的2%且不少于5个构件；②对悬挑梁，应抽取5%且不少于10个构件，当悬挑梁少于10个时，应全数检验；③对悬挑板，应抽取10%且不少于20个构件，当悬挑板少于20个，应全数检验	（GB 50204—2015 附录E）同左		
6	预埋连接件锚固质量	工程建设标准：《装配整体式混凝土结构检测技术规程》附录B DB32/T 3754—2020	《装配整体式混凝土结构检测技术规程》附录B DB32/T 3754—2020	抗拔力	（DB32/T 3754—2020中第B.1.2条）同一类型构件不超过1000件为一批	（DB32/T 3754—2020中第B.1.2条）每批抽取不少于3个构件，每个构件应检测3个连接件，数量不足3个连接件时应全数检测	《GB 50300—2013 第5.0.6条》经返工或返修的检验批，应重新进行验收	

续表

序号	检测对象	取样依据的产品标准或者工程建设标准	检测依据的产品/方法标准或工程建设标准	主要检测参数	产品标准批组批原则或取样频率	取样方法及数量	不合格复检或处理办法	备注
		工程建设标准：《装配整体式混凝土结构检测技术规程》DB32/T 3754—2020	《混凝土结构工程施工质量验收规范》GB 50204—2015	承载力 挠度 裂缝宽度	（DB32/T 3754—2020 表 3.1.6-1)同一类型构件不超过 1000 件为一批	（DB32/T 3754—2020 表 3.1.6-1）每批抽取 1 个构件	（GB 50204—2015 第 B.1.6 条、第 3.0.6 条）当检验结果符合上述要求，但又不能符合第一个试验全部的检验结果符合要求时，可再抽取两个试件进行二次检验。不合格的材料、构配件及半成品不得使用	
		工程建设标准：《装配式混凝土建筑技术标准》GB/T 51231—2016	《混凝土结构工程施工质量验收规范》GB 50204—2015	承载力 挠度 裂缝宽度	（GB/T 51231—2016 第 11.2.2 条）同一类型预制构件不超过 1000 件为一批	（GB/T 51231—2016 第 11.2.2 条）每批抽取 1 个构件	同上	
7	结构性能	工程建设标准：《装配式住宅建筑检测技术标准》JGJ/T 485—2019	《混凝土结构现场检测技术标准》GB/T 50784—2013	承载力 挠度 裂缝宽度	（JGJ/T 485—2019 第 4.4.1 条）结构检测不合格或对质量有怀疑，可进行静载检测。（JGJ/T 485—2019 第 4.4.10~4.4.12 条）构件安装施工后在挠度范围内存在全挠度变形、裂缝、裂缝宽度、斜向变形的构件进行全数检测，当不具备条件时，可根据定抽样原则选择构件进行检测	（JGJ/T 485—2019 第 4.4.10~4.4.12 条）抽样原则：①存在挠度较大变形的构件，跨度变形较大的构件，外观质量差或损伤严重的构件；②存在裂缝较多的构件，裂缝宽度较大或裂缝宽度较大的构件，存在变形的构件；③存在倾斜重要的构件，轴压比较大的构件，偏心受压构件，倾斜较大的构件	同上	

续表

四　装配整体式混凝土结构连接节点实体检测

序号	检测对象	取样依据的产品标准或者工程建设标准	检测依据的产品/方法标准或工程建设标准	主要检测参数	产品标准或工程建设标准批的原则或取样频率	取样方法及数量	不合格复检或处理办法	备注
		工程建设标准：《装配整体式混凝土结构技术规程》DB32/T 3754—2020	《装配整体式混凝土结构检测技术规程》附录 C～E DB32/T 3754—2020	灌浆饱满度 钢筋锚固（插入）长度	（DB32/T 3754—2020 表 3.1.6-2）同一楼层、同一灌浆工艺、同一类预制构件	（DB32/T 3754—2020 表 3.1.6-2）不少于 3 个	（GB 50300—2013 第 5.0.6 条）经返工或重返修的检验批，应重新进行验收	
1	套筒灌浆连接质量	工程建设标准：《装配式住宅建筑技术标准》JGJ/T 485—2019	《装配式住宅建筑检测技术标准》附录 B JGJ/T 485—2019	灌浆饱满度	（JGJ/T 485—2019 中第 4.4.3）①对重要的构件或对施工工艺、施工质量有怀疑的构件，所有套筒均应进行灌浆饱满度检测；②首层装配式混凝土结构，每类采用钢筋套筒灌浆连接的构件，检测数量不应少于首层该类预制构件总数的 20%，且不应少于 2 个，其他层，每层每类构件不应少于该层该类预制构件总数的 10%，且不应少于 1 个；③对采用钢筋套筒连接的外墙板、梁、柱等构件，每个灌浆仓的套筒检测数量不应少于该灌浆仓套筒总数的 30%，且被检套筒应包含灌浆口	（JGJ/T 485—2019 中第 4.4.3）①对重要的构件或对施工工艺、施工质量有怀疑的构件，所有套筒均应进行灌浆饱满度检测；②首层装配式混凝土结构，每类采用钢筋套筒灌浆连接的构件，检测数量不应少于首层该类预制构件总数的 20%，且不应少于 2 个，其他层，每层每类构件不应少于该层该类预制构件总数的 10%，且不应少于 1 个；③对采用钢筋套筒连接的外墙板、梁、柱等构件，每个灌浆仓的套筒检测数量不应少于该灌浆仓套筒总数的 30%，且被检套筒应包含灌浆口	（JGJ/T 485—2019 第 4.4.3 条）当灌浆不合格时，应及时分析及存在的原因，改进施工工艺，解决后应重新检测，整改后合格方可进行下道工序施工	

续表

序号	检测对象	取样依据的产品标准或者工程建设标准	检测依据的产品/方法标准或工程建设标准	主要检测参数	产品标准或工程建设标准批组批原则或取样频率	取样方法及数量	不合格复检或处理办法	备注
1	套筒灌浆连接质量	工程建设标准：《装配式住宅建筑检测技术标准》JGJ/T 485—2019	《装配式住宅建筑检测技术标准》附录 B JGJ/T 485—2019	灌浆饱满度	处套筒，距离灌浆口套筒最近处的套筒；对受检构件中采用单独灌浆方式灌浆的套筒，套筒检测数量不应少于该构件单独灌浆套筒总数的 30%，且不宜少于 3 个；④对采用钢筋套筒灌浆连接的内墙板，每个灌浆仓应少于该仓套筒数量不应少于该仓套筒总数的 10%，且被检测套筒应包含灌浆口处套筒，距离灌浆口套筒最近处的套筒；对受检构件采用单独灌浆方式灌浆的套筒，套筒检测数量不应少于该构件单独灌浆套筒总数的 10%，且不宜少于 2 个	处套筒，距离灌浆口套筒最近处的套筒；对受检构件中采用单独灌浆方式灌浆的套筒，套筒检测数量不应少于该构件单独灌浆套筒总数的 30%，且不宜少于 3 个；④对采用钢筋套筒灌浆连接的内墙板，每个灌浆仓应少于该仓套筒数量不应少于该仓套筒总数的 10%，且被检测套筒应包含灌浆口处套筒，距离灌浆口套筒最近处的套筒；对受检构件采用单独灌浆方式灌浆的套筒，套筒检测数量不应少于该构件单独灌浆套筒总数的 10%，且不宜少于 2 个	

续表

序号	检测对象	取样依据的产品标准或者工程建设标准	检测依据的产品/方法标准或工程建设标准	主要检测参数	产品标准或工程建设标准批组批原则或取样频率	取样方法及数量	不合格复检或处理办法	备注
1		《装配式混凝土结构套筒灌浆质量检测技术规程》T/CECS 683—2020	《装配式混凝土结构套筒灌浆质量检测技术规程》T/CECS 683—2020	套筒灌浆饱满度	（T/CECS 683—2020 第3.3.1条）检测可根据具体情况采取全数检测或抽样检测。抽样检测时，应随机抽取具备条件的样本，当不具备随机抽样条件时，可按约定方法抽取样本。3.3.2条：检测方式的选择应符合下列规定：当受检数量较小、宜选择全数检测方式；当构件数量较多时，宜选择抽样检测方式。当选择抽样检测方式时，测试样本应选择对重要质量程度较高、对施工质量有疑问的有代表性的部位	（T/CECS 683—2020 第3.3.3条）当采用预埋传感器法或预埋钢丝拉拔法检测时：检测总数不宜少于该层灌浆套筒总数的10%，装配首层灌浆套筒不宜少于20%；装配层所有的检测点位置套筒应覆盖采用套筒灌浆连接的预制构件；其他装配楼层的检测位置应覆盖所有采用套筒灌浆连接的预制构件类型，且每种预制构件类型至少应覆盖3个构件。当某种预制构件类型的构件数量少于3个时，应采用钻孔内窥镜法或X射线数字成像法检测。当采用X射线数字成像法检测时，宜根据检测项目的特点，结合检测项目要求并现场和检测数量明确定位置	（GB 50300—2013 第5.0.6条）经返工或返修的检验批，应重新进行验收	

续表

序号	检测对象	取样依据的产品标准或者工程建设标准	检测依据的产品/方法标准或工程建设标准	主要检测参数	产品组批原则或取样频率	取样方法及数量	不合格复检或处理办法	备注
2	浆锚搭接连接质量	工程建设标准：《装配整体式混凝土结构检测技术规程》DB32/T 3754—2020	《装配整体式混凝土结构检测技术规程》附录 C～E DB32/T 3754—2020	灌浆饱满度 钢筋锚固长度	（DB32/T 3754—2020 表 3.1.6-2）同一楼层，同一灌浆工艺，同类预制构件	（DB32/T 3754—2020 表 3.1.6-2）不少于 3 个	（GB 50300—2013 第 5.0.6 条）经返工或返修的检验批，应重新进行验收	
		工程建设标准：《装配式住宅建筑技术标准》JGJ/T 485—2019	《装配式住宅建筑检测技术标准》附录 C JGJ/T 485—2019	灌浆饱满度	（DB32/T 3754—2020 表 3.1.6-2）同一楼层，同一灌浆工艺，同类预制构件	（DB32/T 3754—2020 中表 3.1.6-2）不少于 3 个	（GB 50300—2013 第 5.0.6 条）经返工或返修的检验批，应重新进行验收	
3	外墙板接缝	工程建设标准：《装配整体式混凝土结构检测技术规程》DB32/T 3754—2020	《装配整体式混凝土结构检测技术规程》附录 J DB32/T 3754—2020	防水性能	（DB32/T 3754—2020 第 6.5.2 条）当外围护面积（包含窗洞面积）小于等于 5000m² 时，应抽取 2 个测区；大于 5000m² 时，每增加 2500m² 应增加 1 个测区	（DB32/T 3754—2020 第 6.5.2 条）单个测区应包括 2 条水平接缝及 1 条竖向接缝，单条接缝长度为单块预制墙板边缘长度	（GB 50300—2013 第 5.0.6 条）经返工或返修的检验批，应重新进行验收	
		工程建设标准：《装配式混凝土建筑技术标准》GB/T 51231—2016	《装配式混凝土建筑技术标准》GB/T 51231—2016	防水性能	（GB/T 51231—2016 第 11.3.11）每 1000m² 面积（含窗）外墙（含窗）面积应划分为一个检验批，不足 1000m² 时也应划分为一个检验批	（GB/T 51231—2016 第 11.3.11 条）每批应至少抽查一处，应抽查相邻两层 4 块墙板形成的水平和竖向十字接缝区域，面积不得少于 10m²	（GB 50300—2013 第 5.0.6 条）经返工或返修的检验批，应重新进行验收	

续表

序号	检测对象	取样依据的产品标准或者工程建设标准	检测依据的产品/方法标准或工程建设标准	主要检测参数	产品标准或工程建设标准组批原则或取样频率	取样方法及数量	不合格复检或处理办法	备注
3	外墙板接缝	工程建设标准：《装配式混凝土结构技术规程》JGJ 1—2014	《装配式混凝土结构技术规程》JGJ 1—2014	防水性能	（JGJ 1—2014第13.3.2条）每1000m²应划分为一个检验批，不足1000m²时也应划分为一个检验批	（JGJ 1—2014第13.3.2条）每个检验批每100m²应至少抽查一处，每处不得少于10m²	（GB 50300—2013第5.0.6条）经返工或重返修的检验批，应重新进行验收	
		工程建设标准：《装配式建筑密封胶应用技术规程》T/CECS 655—2019	《建筑防水工程现场检测技术规范》JGJ/T 299—2013	防水性能	（T/CECS 655—2019第6.3.2条）外墙（含窗）面积每1000m²划分为一个检验批，不足1000m²时也可划分为一个检验批	（T/CECS 655—2019第6.3.2条）每个检验批至少抽查一处，应抽查相邻两层4块墙板形成的水平和竖向十字接缝区域，面积不得少于10m²	（GB 50300—2013第5.0.6条）经返工或重返修的检验批，应重新进行验收	
4	结构接缝	工程建设标准：《装配式住宅建筑检测技术标准》JGJ/T 485—2019	《装配式住宅建筑检测技术标准》JGJ/T 485—2019 《建筑防水工程现场检测技术规范》JGJ/T 299—2013	预制剪力墙底部接缝灌浆饱满度 双面叠合剪力墙空腔内现浇混凝土质量	（JGJ/T 485—2019第4.4.10条）①首层装配式混凝土结构，不应少于剪力墙构件总数的20%，且不应少于2个；②其他层不应少于剪力墙构件总数的10%，且不应少于1个	（JGJ/T 485—2019第4.4.7条）预制剪力墙接缝灌浆饱满度宜采用超声法检测	（GB 50300—2013第5.0.6条）经返工或重返修的检验批，应重新进行验收	

续表

序号	检测对象	取样依据的产品标准或者工程建设标准	检测依据的产品/方法标准或工程建设标准	主要检测参数	产品标准或工程建设标准批组批原则或取样频率	取样方法及数量	不合格复检或处理办法	备注
五	装配整体式混凝土结构实体检测							
1	竖向预制构件底部接缝	工程建设标准：《装配整体式混凝土结构检测技术规程》DB32/T 3754—2020	《装配整体式混凝土结构检测技术规程》DB32/T 3754—2020	内部缺陷	根据工程实际情况，多方商定抽取数量	（DB32/T 3754—2020 第 5.5.1 条）竖向预制构件底部接缝内部缺陷检测宜采用超声法	（GB 50300—2013 第 5.0.6 条）经返工或重返修的检验批，应重新进行验收	
2	套筒灌浆料实体强度	工程建设标准：《装配整体式混凝土结构检测技术规程》DB32/T 3754—2020	《装配整体式混凝土结构检测技术规程》DB32/T 3754—2020	抗压强度	（DB32/T 3754—2020 第 F.0.4 条）按单个预制构件或批量进行检测。对于采用同一批灌浆料、同一水灰比、同一灌浆工艺、同一养护龄期且连续灌浆施工或灌浆间隔相近的预制构件应用同批量检测	（DB32/T 3754—2020 第 F.0.4 条）按单个构件检测，应在单个构件上选不少于 4 个连续灌浆施工套筒。采用批量检测，应随机抽取，不宜少于同批量总数的 30%，且不宜少于 10 个，每个构件上应选择不少于 4 个套筒	（GB 50300—2013 第 5.0.6 条）经返工或重返修的检验批，应重新进行验收	灌浆料养护龄期不应低于 7d
3	混凝土叠合楼板结合面质量	工程建设标准：《装配整体式混凝土结构检测技术规程》DB32/T 3754—2020	《装配整体式混凝土结构检测技术规程》DB32/T 3754—2020	缺陷	（DB32/T 3754—2020 第 5.6.1 条）叠合楼板结合面的缺陷可采用冲击回波法或超声成像法进行检测	（DB32/T 3754—2020 第 5.6.2 条）单块叠合楼板检测点数不少于 6 个	（GB 50300—2013 第 5.0.6 条）经返工或重返修的检验批，应重新进行验收	必要时可采用取芯法进行验证

续表

序号	检测对象	取样依据的产品标准或者工程建设标准	检测依据的产品/方法标准或工程建设标准	主要检测参数	产品标准或工程建设标准组批原则或取样频率	取样方法及数量	不合格复检或处理办法	备注
4	结构实体尺寸偏差	工程建设标准：《装配整体式混凝土结构技术规程》DB32/T 3754—2020	《装配整体式混凝土结构检测技术规程》附录H DB32/T 3754—2020	轴线位置 标高 垂直度 倾斜度 相邻构件平整度 支垫中心位置 搁置长度 墙板接缝宽度等	（DB32/T 3754—2020 第6.2.3条）可采用三维激光扫描测量结合BIM技术进行检测	（DB32/T 3754—2020 第H.0.1条）现场抽取1%的梁、柱构件	（GB 50300—2013 第5.0.6条）经返工或返修的检验批，应重新进行验收	
		工程建设标准：《混凝土结构工程施工质量验收规范》GB 50204—2015	《混凝土结构工程施工质量验收规范》GB 50204—2015	轴线位置 标高 垂直度 倾斜度 相邻构件平整度 支垫中心位置 搁置长度 墙板接缝宽度等	（GB 50204—2015 第9.3.9条）施工检查：按楼层、结构缝或施工段划分检验批	（GB 50204—2015 第9.3.9条）对梁、柱，应抽查10%，且不少于3件；对墙和板，应按有代表性的自然间抽查10%，且不少于3间；墙板划分检查构件，对大空间结构，墙板可划分检查面，抽查3面。（GB 50204—2015附录F）梁、柱应抽取构件数量的1%，且不少于3个构件；墙、板应按有代表性的自然间抽取1%，且不少于3间；层高应按有代表性的自然间抽查1%，且不少于3间	（GB 50300—2013 第5.0.6条）经返工或返修的检验批，应重新进行验收	

续表

序号	检测对象	取样依据的产品标准或者工程建设标准	检测依据的产品/方法标准或工程建设标准	主要检测参数	产品标准或工程建设标准组批原则或取样频率	取样方法及数量	不合格复检或处理办法	备注
4	结构实体尺寸偏差	工程建设标准：《装配式混凝土建筑技术标准》GB/T 51231—2016	《装配式混凝土建筑技术标准》GB/T 51231—2016	轴线位置 标高 垂直度 倾斜度 相邻构件平整度 支垫中心位置 搁置长度 墙板接缝宽度等	（GB/T 51231—2016 第 11.3.12 条）按楼层、结构缝或施工段划分检验批	（GB/T 51231—2016 第 11.3.12 条）对梁、柱，应抽查构件数量的 10%，且不少于 3 件；对墙和板，应按有代表性的自然间抽查 10%。对大空间结构，墙可按相邻轴线间高度 5m 左右划分检查面，板可按纵、横轴线划分检查面，抽查 10%，且均不少于 3 面	（GB 50300—2013 第 5.0.6 条）经返工或重新修的检验批，应进行验收	
		工程建设标准：《装配式混凝土结构技术规程》JGJ 1—2014	《装配式混凝土结构技术规程》JGJ 1—2014	轴线位置 标高 垂直度 倾斜度 相邻构件平整度 支座支垫中心位置 搁置长度 墙板接缝宽度等	（JGJ 1—2014 第 13.3.1 条）按楼层、结构缝或施工段划分检验批	（JGJ 1—2014 第 13.3.1 条）对梁、柱，应抽查构件数量的 10%，且不少于 3 件；对墙和板，应按有代表性的自然间抽查 10%，且不少于 3 间。对大空间结构，墙可按相邻轴线间高度 5m 左右按轴线检查，板可按纵、横轴线划分检查面，抽查 10%，且均不少于 3 面	（GB 50300—2013 第 5.0.6 条）经返工或重新修的检验批，应进行验收	
5	梁、板类构件静载检验	工程建设标准：《装配整体式混凝土结构检测技术规程》DB32/T 3754—2020	《混凝土结构试验方法标准》GB/T 50152—2012	承载力 挠度 裂缝宽度	根据工程实际情况，多方商定抽取数量	（DB32/T 3754—2020 第 6.3.4 条）静载检验（包括结构构件的使用状态检验、承载力检验）	（GB 50300—2013 第 5.0.6 条）经返工或重新修的检验批，应进行验收	

续表

序号	检测对象	取样依据的产品标准或者工程建设标准	检测依据的产品/方法标准或工程建设标准	主要检测参数	产品标准或工程建设标准组批原则或取样频率	取样方法及数量	不合格复检或处理办法	备注
6	结构动力特性	工程建设标准：《装配整体式混凝土结构检测技术规程》DB32/T 3754—2020	《混凝土结构现场检测技术标准》GB/T 50784—2013	自振周期（频率）振型和阻尼等	根据工程实际情况，多方商定抽取数量	（DB32/T 3754—2020 第6.4条）抗震设防烈度为7度及以上地震区的高层建筑结构进行动力特性检测	（GB 50300—2013 第5.0.6条）经返工或重返修的检验批，应重新进行验收	
		工程建设标准：《装配整体式混凝土结构检测技术规程》DB32/T 3754—2020	《工程结构动力特性及动力响应检测技术规程》DGJ32/TJ 110—2010	自振周期（频率）振型和阻尼等	根据工程实际情况，多方商定抽取数量	（DB32/T 3754—2020 第6.4条）抗震设防烈度为7度及以上地震区的高层建筑结构进行动力特性检测	（GB 50300—2013 第5.0.6条）经返工或重返修的检验批，应重新进行验收	
六	预制桩							
1	管桩	《先张法预应力混凝土管桩》GB/T 13476—2009	《先张法预应力混凝土管桩》GB/T 13476—2009 《混凝土物理力学性能试验方法标准》GB/T 50081—2019	混凝土抗压强度 外观质量 尺寸允许偏差 保护层厚度 抗弯性能（含抗裂性能）	（GB/T 13476—2009 第7.3.4条）以同品种、同规格、同型号的管桩连续生产的300000m为一批，但在三个月内生产总数不足300000m时仍作为一批	（GB/T 13476—2009 第7.3.4条）在同品种、同规格、同型号的出厂检验合格产品中随机抽取10根进行外观质量和尺寸允许偏差检验，10根中随机抽取二根进行抗弯性能检验。抗弯试验完成后，在二根中抽取一根、干管桩二处中部同一断面的三处不同部位测量保护层厚度	（GB/T 13476—2009 第7.3.4条）外观质量、尺寸，若有二根及尺寸不符，应加倍从同批产品中抽取复验，复验结果仍有一根不合格，抗弯性能：若有一根不符合，应从同批产品中抽取一根复验；若二根合格，判判合格；若有二根不合格，则判不合格。保护层厚度：若有一个数不合格，应从同批产品中抽取有根复验，若不合格，判不合格，且不得复检	

续表

序号	检测对象	取样依据的产品标准或者工程建设标准	检测依据的产品/方法标准或工程建设标准	主要检测参数	产品标准或工程建设标准组批原则或取样频率	取样方法及数量	不合格复检或处理办法	备注
2	方桩	《预应力离心混凝土空心方桩》JC/T 2029—2010	《混凝土强度检验评定标准》GB/T 50107—2010 《预应力离心混凝土空心方桩》JC/T 2029—2010 《混凝土物理力学性能试验方法标准》GB/T 50081—2019	混凝土抗压强度 外观质量 尺寸偏差 保护层厚度 抗弯性能（抗裂弯矩、极限弯矩）	（JC/T 2029—2010 第7.2.2条）尺寸偏差、同规格、同型号的空心方桩连续生产300000m 为一批，但在三个月内生产总数不足300000m 时仍作为一批	（JC/T 2029—2010 第7.2.2条）在同类别、同规格、同型号的产品的出厂检验合格的产品中随机抽取10 根进行外观质量和尺寸偏差检验。在外观质量和尺寸偏差检验合格的产品中再抽取2 根进行抗弯性能检验。抗弯试验完成后，在2 根中抽取1 根，在空心方桩中部同一截面的两处测量保护层厚度	（JC/T 2029—2010 第7.2.3条）外观质量、尺寸偏差：若有2 根及以下偏差量，应从同批中再抽取加倍数量复验，若仍有1 根不符合，判不合格。抗裂弯矩、极限弯矩不符合，应从10 根余下方桩中抽取加倍数量复验，若仍有1 根不符合，判不合格。若所抽2 根全部不符合，不得复检。保护层厚度：若有一个数值不符合，应从10 根余下方桩中抽取加倍数量复验，若有一根不符合，判为不合格；若1 根中有2 个数值不符合，不得复检	

第 4 部分：建筑节能材料

序号	检测对象	取样依据的产品标准或者工程建设标准	检测依据的产品/方法标准或工程建设标准	主要检测参数	产品标准或工程建设标准组批原则或取样频率	取样方法及数量	不合格复检或处理办法	备注
1	绝热用模塑聚苯乙烯泡沫塑料（EPS 板）	《绝热用模塑聚苯乙烯泡沫塑料》GB/T 10801.1—2002	《泡沫塑料与橡胶 线性尺寸的测定》GB/T 6342—1996 《泡沫塑料及橡胶 表观密度的测定》GB/T 6343—2009 《硬质泡沫塑料压缩性能的测定》GB/T 8813—2020	尺寸 外观 密度 压缩强度	（GB/T 10801.1—2002 第 6.1 条）同一规格的产品数量不超过 2000m³ 为一批	（GB/T 10801.1—2002 第 6.3.1 条）任取 20 块	（GB/T 10801.1—2002 第 6.3.1 条）尺寸及外观两块以上偏差不合格时，该批为不合格品。物理性能从该批产品中随机取样，任何一项不合格时应重新从原批中双倍取样，对不合格项目进行复验，复验结果仍不合格时判为不合格品	
		《模塑聚苯板薄抹灰外墙外保温系统材料》GB/T 29906—2013	《模塑聚苯板薄抹灰外墙外保温系统材料》GB/T 29906—2013	尺寸允许偏差 表观密度 垂直于板面方向的抗拉强度	（GB/T 29906—2013 第 7.4.1 条）同一材料、同一工艺、同一规格 每 500m³ 为一批，不足 500m³ 时也为一批	（GB/T 29906—2013 第 7.4.2 条）在检验批中随机抽取，抽样数量应满足检验项目所需样品数量	（GB/T 29906—2013 第 7.2.2 条）全部检验项目符合本标准要求，则判定该产品合格。若有检验项目不符合要求时，则判定该批检验项目不合格	

续表

序号	检测对象	取样依据的产品标准或者工程建设标准	检测依据的产品/方法标准或工程建设标准	主要检测参数	产品标准或工程建设标准组批原则或取样频率	取样方法及数量	不合格复检或处理办法	备注
		《胶粉聚苯颗粒外墙外保温系统材料》JG/T 158—2013	《泡沫塑料及橡胶 表观密度的测定》GB/T 6343—2009；《胶粉聚苯颗粒外墙外保温系统材料》JG/T 158—2013	表观密度；垂直于板面方向的抗拉强度	（JG/T 158—2013 第8.3条）同一规格的产品 500m³ 为一批，不足一批以一批计	（JG/T 158—2013 第8.3条）每批随机抽取5块作为检验试样	（JG/T 158—2013 第8.4.3条）有一项指标不符合要求时，应对同一批材料产品进行加倍抽样复检，若该项指标仍不符合要求，则判定该批产品不合格；若该项指标符合要求，则判定该批产品合格；当有两项或两项以上指标不符合要求时，则判定该批产品不合格	
1	绝热用模塑聚苯乙烯泡沫塑料（EPS板）	《外墙外保温工程技术标准》JGJ 144—2019	《绝热材料稳态热阻及有关特性的测定 防护热板法》GB/T 10294—2008；《绝热材料稳态热阻及有关特性的测定 热流计法》GB/T 10295—2008；《泡沫塑料及橡胶 表观密度的测定》GB/T 6343—2009；《外墙外保温工程技术标准》JGJ 144—2019 附录 A.6 条；《建筑材料及制品燃烧性能分级》GB 8624—2012	导热系数；表观密度；垂直于板面方向的抗拉强度；燃烧性能	（JGJ 144—2019 第7.2.1条）外保温系统主要组成材料应按表7.2.1的规定取样复验，现场见证取样检验方法和检验数量应符合现行国家标准《建筑节能工程施工质量验收标准》GB 50411 的规定	（JGJ 144—2019 第7.2.1条）检验方法和检查数量应符合现行国家标准《建筑节能工程施工质量验收标准》GB 50411 规定	（GB 50411—2019 第3.2.3条）在施工现场随机抽样复验，复验应以见证取样检验。当复验结果合格时，该材料、构件和设备可使用；当复验结果不合格时，该材料、构件和设备不得使用	

续表

序号	检测对象	取样依据的产品标准或者工程建设标准	检测依据的产品/方法标准或工程建设标准	主要检测参数	产品标准或工程建设标准组批原则或取样频率	取样方法及数量	不合格复检或不合格情况处理办法	备注
1	绝热用模塑聚苯乙烯泡沫塑料（EPS板）	《建筑节能工程施工质量验收标准》GB 50411—2019	《建筑节能工程施工质量验收标准》GB 50411—2019 第4.2.2条	导热系数 密度 压缩强度 垂直于板面方向的抗拉强度 吸水率 燃烧性能（不燃材料除外）	（GB 50411—2019 第4.1.5条）采用相同材料、工艺和施工做法的墙面，扣除门窗洞口的保温墙面面积每1000m²划分为一个检验批	（GB 50411—2019 第4.2.2条）同厂家、同品种产品按照扣除门窗洞口后使用的材料用量，在5000m²以内复检1次；面积每增加5000m²应增加一次。同工程项目、同施工单位且同期施工的多个单位工程，可合并计算抽检面积	（GB 50411—2019 第3.2.3条）在施工现场随机抽样复验，复验应为见证取样检验。当复验的结果不合格时，该材料、构件和设备不得使用	墙体
			《建筑节能工程施工质量验收标准》GB 50411—2019 第8.2.2条	导热系数 密度 压缩强度 吸水率 燃烧性能（不燃材料除外）	（GB 50411—2019 第8.1.4条）采用相同材料、工艺和施工做法的地面，每1000m²面积划分为一个检验批	（GB 50411—2019 第8.2.2条）同厂家、同品种产品，地面面积在1000m²以内时应复验1次；面积每增加1000m²应增加1次。同工程项目、同施工单位且同期施工的多个单位工程，可合并计算抽检面积	（GB 50411—2019 第3.2.3条）在施工现场随机抽样复验，复验应为见证取样检验。当复验的结果不合格时，该材料、构件和设备不得使用	地面

续表

序号	检测对象	取样依据的产品标准或者工程建设标准	检测依据的产品/方法标准或工程建设标准	主要检测参数	产品标准或工程建设标准组批原则或取样频率	取样方法及数量	不合格复检或处理办法	备注
1	绝热用模塑聚苯乙烯泡沫塑料（EPS板）	《建筑节能工程施工质量验收标准》GB 50411—2019	《建筑节能工程施工质量验收标准》GB 50411—2019 第7.2.2条	导热系数 密度 压缩强度 吸水率 燃烧性能（不燃材料除外）	（GB 50411—2019 第7.1.5条）采用相同材料、工艺和施工做法的屋面，扣除天窗、采光顶后的屋面面积，每1000m²面积划分为一个检验批	（GB 50411—2019 第7.2.2条）同厂家、同品种产品，扣除天窗、采光顶后的屋面面积在1000m²以内时应复验1次；面积每增加1000m²应增加复验1次；同工程项目、同施工单位且同期施工的多个单位工程，可合并计算抽检面积	（GB 50411—2019 第3.2.3条）在施工现场随机抽样复验，复验应为见证取样检验。当复验的结果不合格时，该材料、构件和设备不得使用	屋面
		《屋面工程质量验收规范》GB 50207—2012	《屋面工程质量验收规范》GB 50207—2012 附录B.0.1条	表观密度 压缩强度 导热系数 燃烧性能	（GB 50207—2012 附录B.0.1条）同规格按100m³为一批，不足100m³的按100m³的计	（GB 50207—2012 附录B.0.1表）随机抽取20块	（GB 50207—2012 第3.0.7条）进场检验的全部项目指标报告均应达到技术标准规定应为合格；不合格材料不得在工程中使用	
2	绝热用挤塑聚苯乙烯泡沫塑料（XPS板）	《绝热用挤塑聚苯乙烯泡沫塑料（XPS）》GB/T 10801.2—2018	《泡沫塑料与橡胶 线性尺寸的测定》GB/T 6342—1996 《绝热用挤塑聚苯乙烯泡沫塑料（XPS）》GB/T 10801.2—2018 《硬质泡沫塑料 压缩性能的测定》GB/T 8813—2020 《绝热材料稳态热阻及有关特性的测定 防护热板法》GB/T 10294—2008 《绝热材料稳态热阻及有关特性的测定 热流计法》GB/T 10295—2008	尺寸 外观 压缩强度 导热系数	（GB/T 10801.2—2018 第6.3条）出厂的产品以同一类别、同一规格的产品600m³为一批，不足600m³的按一批计	（GB/T 10801.2—2018 第6.1.4条）尺寸和外观随机抽取12块样品抽检，压缩强度取其中6块样品进行检验，绝热性能取其中2块样品进行检验	（GB/T 10801.2—2018 第6.1.5条）如果有一项指标不合格，应增加倍量抽样复验，复验不合格，则判定该批产品不合格	

序号	检测对象	取样依据的产品标准或者工程建设标准	检测依据的产品/方法标准或工程建设标准	主要检测参数	产品标准或工程建设标准组批原则或取样频率	取样方法及数量	不合格复检或处理办法	备注
2	绝热用挤塑聚苯乙烯泡沫塑料（XPS板）	《挤塑聚苯（XPS）薄抹灰外墙外保温系统材料》GB/T 30595—2014	《泡沫塑料及橡胶 表观密度的测定》GB/T 6343—2009 《胶粉聚苯颗粒外墙外保温系统材料》JG/T 158—2013 《硬质泡沫塑料 弯曲性能的测定 第1部分：基本弯曲试验》GB/T 8812.1—2007 《硬质泡沫塑料 尺寸稳定性试验方法》GB/T 8811—2008 《塑料 用氧指数法测定燃烧行为 第2部分：室温试验》GB/T 2406.2—2009 《泡沫塑料与橡胶 线性尺寸的测定》GB/T 6342—1996	表观密度 垂直于板面方向的抗拉强度 弯曲变形 尺寸稳定性 氧指数以及尺寸允许偏差	（GB/T 30595—2014 第7.4.1条）同一材料、同一工艺、同一规格的产品 每500m³ 为一批，不足 500m³ 时也为一批	（GB/T 30595—2014 第7.4.2条）在检验批中随机抽取，抽样数量应满足检验项目所需样品数量	（GB/T 30595—2014 第7.2.2条）经检验，全部标准检验项目符合本标准要求，则判定该产品合格；若有检验项目不符合要求时，则判定该检验项目不合格	
		《胶粉聚苯颗粒外墙外保温系统材料》JG/T 158—2013	《泡沫塑料及橡胶 表观密度的测定》GB/T 6343—2009 《胶粉聚苯颗粒外墙外保温系统材料》JG/T 158—2013	表观密度，垂直于板面方向的抗拉强度	（JG/T 158—2013 第8.3条）同一规格的产品 500m³ 为一批，不足 500m³ 为一批以计	（JG/T 158—2013 第8.3条）每批随机抽取5块作为检验试样	（JG/T 158—2013 第8.4.3条）有一项指标不符合要求时，应对同一批材料产品进行加倍抽样复检该项，若该项指标符合标准合格要求，则判定该批产品合格；若该项指标仍不符合要求，则判定该批产品不合格。当有两项或两项以上指标不符合要求时，则判定该批产品不合格	

续表

序号	检测对象	取样依据的产品标准或者工程建设标准	检测依据的产品/方法标准或工程建设标准	主要检测参数	产品标准或工程建设标准批组批原则或取样频率	取样方法及数量	不合格复检或处理办法	备注
2	绝热用挤塑聚苯乙烯泡沫塑料（XPS 板）	《外墙外保温工程技术标准》JGJ 144—2019	《绝热材料稳态热阻及有关特性的测定 防护热板法》GB/T 10294—2008 《绝热材料稳态热阻及有关特性的测定 热流计法》GB/T 10295—2008 《泡沫塑料及橡胶 表观密度的测定》GB/T 6343—2009 《外墙外保温工程技术标准》JGJ 144—2019 附录 A.6 条 《建筑材料及制品燃烧性能分级》GB 8624—2012	导热系数 表观密度 垂直于板面方向的抗拉强度 燃烧性能	（JGJ 144—2019 第 7.1.2 条）外保温工程检验批的划分、检验批的数量和隐蔽工程验收应符合现行国家标准、行业标准《建筑节能工程施工质量验收标准》GB 50411 的有关规定	（JGJ 144—2019 第 7.2.1 条）检验方法和检验数量应符合现行国家标准、行业标准《建筑节能工程施工质量验收标准》GB 50411 的规定	（GB 50411—2019 第 3.2.3 条）在施工现场随机抽样复验，复验应为见证取样检验。当复验的结果不合格时，该材料、构件和设备不得使用	
		《建筑节能工程施工质量验收标准》GB 50411—2019	《建筑节能工程施工质量验收标准》GB 50411—2019 第 4.2.2 条	导热系数 密度 压缩强度 垂直于板面方向的抗拉强度 吸水率 燃烧性能（不燃材料除外）	（GB 50411—2019 第 4.1.5 条）采用相同材料、工艺和施工做法的墙面，扣除门窗洞口的保温墙面面积每 1000m² 划分为一个检验批	（GB 50411—2019 第 4.2.2 条）同厂家、同品种产品按照扣除门窗洞口后的保温墙面所使用的材料用量，在 5000m² 以内时每检 1 次；面积每增加 5000m² 应增加一次。同工程项目、同施工单位且同期施工的多个单位工程，可合并计算抽检面积。同期施工的多个单位工程，可合并计算抽检面积	（GB 50411—2019 第 3.2.3 条）在施工现场随机抽样复验，复验应为见证取样检验。当复验的结果不合格时，该材料、构件和设备不得使用	墙体

续表

序号	检测对象	取样依据的产品标准或者工程建设标准	检测依据的产品/方法标准或工程建设标准	主要检测参数	产品标准或工程建设标准组取样原则或取样频率	取样方法及数量	不合格复检或处理办法	备注
2	绝热用挤塑聚苯乙烯泡沫塑料（XPS板）	《建筑节能工程施工质量验收标准》GB 50411—2019	《建筑节能工程施工质量验收标准》GB 50411—2019 第8.2.2条	导热系数 密度 压缩强度 吸水率 燃烧性能（不燃材料除外）	（GB 50411—2019 第8.1.4条）采用相同材料、工艺和施工做法的地面，每1000m²面积划分为一个检验批	（GB 50411—2019 第8.2.2条）同厂家、同品种产品，地面面积在1000m²以内时；面积每增加1000m²应增加1次。同工程项目、同施工单位且同期施工的多个单位工程，可合并计算检验面积	（GB 50411—2019 第3.2.3条）在施工现场随机抽样复验，复验应为见证取样检验。当复验的结果不合格时，该材料、构件和设备不得使用	地面
		《建筑节能工程施工质量验收标准》GB 50411—2019	《建筑节能工程施工质量验收标准》GB 50411—2019 第7.2.2条	导热系数 密度 压缩强度 吸水率 燃烧性能（不燃材料除外）	（GB 50411—2019 第7.1.5条）采用相同材料、工艺和施工做法的屋面，扣除天窗、采光顶后的屋面面积，每1000m²面积划分为一个检验批	（GB 50411—2019 第7.2.2条）同厂家、同品种产品，扣除天窗、采光顶的屋面面积在1000m²以内时；面积每增加1000m²应增加1次。同工程项目、同施工单位且同期施工的多个单位工程，可合并计算检验面积	（GB 50411—2019 第3.2.3条）在施工现场随机抽样复验，复验应为见证取样检验。当复验的结果不合格时，该材料、构件和设备不得使用	屋面
		《屋面工程质量验收规范》GB 50207—2012 附录B.0.1条	《屋面工程质量验收规范》GB 50207—2012 附录B.0.1条	表观密度 压缩强度 导热系数 燃烧性能	（GB 50207—2012 附录B.0.1条）同规格为一批，按100m³为一批，不足100m³的按一批计	（GB 50207—2012 附录B.0.1表）随机抽取20块	（GB 50207—2012 第3.0.7条）进场检验报告的全部项目指标均达到技术标准规定应为合格，不合格材料不得在工程中使用	

续表

序号	检测对象	取样依据的产品标准或者工程建设标准	检测依据的产品/方法标准或工程建设标准	主要检测参数	产品标准或工程建设标准组批原则或取样频率	取样方法及数量	不合格复检或不合格处理办法	备注
		《硬泡聚氨酯板薄抹灰外墙外保温系统材料》JG/T 420—2013	《泡沫塑料与橡胶 线性尺寸的测定》GB/T 6342—1996；《泡沫塑料及橡胶 表观密度的测定》GB/T 6343—2009；《硬泡聚氨酯保温防水工程技术规范》GB 50404—2017；《硬质泡沫塑料压缩性能的测定》GB/T 8813—2020	尺寸允许偏差；芯材密度；垂直于板面方向的抗拉强度；压缩强度	（JG/T 420—2013 第7.2.1条）同一材料、同一工艺、同一规格每500m³为一批，不足500m³时也为一批。	（JG/T 420—2013 第7.2.2条）检验批中随机抽取，抽样数量应满足检验项目所需样品数量	（JG/T 420—2013 第7.3.2条）经检验，全部检验项目符合本标准要求，则判定该产品的检验项目不合格；若有检验项目不符合要求时，则判定该检验项目不合格	
3	硬泡聚氨酯板（PUR板/PIR板）	《建筑绝热用硬质聚氨酯泡沫塑料》GB/T 21558—2008	《泡沫塑料与橡胶 线性尺寸的测定》GB/T 6342—1996；《泡沫塑料及橡胶 表观密度的测定》GB/T 6343—2009；《硬质泡沫塑料压缩性能的测定》GB/T 8813—2020；《硬质泡沫塑料尺寸稳定性试验方法》GB/T 8811—2008；《硬质泡沫塑料吸水率的测定》GB/T 8810—2005	尺寸极限偏差；外观；芯材密度；压缩强度；尺寸稳定性和吸水率	（GB/T 21558—2008 第6.2.1条）同一原料、同一配方、同一工艺条件，数量不超过1000m³为一批	（GB/T 21558—2008 第6.2.2条）尺寸极限偏差及外观随机抽取10块样品作为检验产品，物理力学性能从10块样品中抽取其中1块进行检验，当试样品中数量不足以满足检验要求时，从随机样品中随机抽取	（GB/T 21558—2008 第6.3条）6.3.1：10块样品尺寸极限偏差及外观全部合格时，该批为合格。其中1块任意一项不合格时，整批重新抽除不合格品后合格，仍不合格则该批为不合格。6.3.2：物理力学性能中有一项不合格时，应重新从原批中双倍取样，对不合格项目进行复验；若复验结果全部合格，则该批合格，否则该批为不合格	（GB/T 21558—2008

续表

序号	检测对象	取样依据的产品标准或者工程建设标准	检测依据的产品/方法标准或工程建设标准	主要检测参量	产品标准或工程建设标准组批原则或取样频率	取样方法及数量	不合格复检或处理办法	备注
		《外墙外保温工程技术标准》JGJ 144—2019	《绝热材料稳态热阻及有关特性的测定 防护热板法》GB/T 10294—2008 《绝热材料稳态热阻及有关特性的测定 热流计法》GB/T 10295—2008 《泡沫塑料及橡胶表观密度的测定》GB/T 6343—2009 《外墙外保温工程技术标准》JGJ 144—2019 《建筑材料及制品燃烧性能分级》GB 8624—2012	导热系数 表观密度 垂直于板面方向的抗拉强度 燃烧性能	（JGJ 144—2019 第7.1.2条）外保温工程验收批的划分、检验批检查数量和隐蔽工程验收应符合现行国家标准《建筑工程施工质量验收标准》GB 50411 的有关规定	（JGJ 144—2019 第7.2.1条）检验方法和检查数量应符合现行国家标准《建筑节能工程施工质量验收标准》GB 50411 的规定	（GB 50411—2019 第3.2.3条）在施工现场随机抽样复验，复验应为见证取样检验。当复验的结果不合格时，该材料、构件和设备不得使用	
3	硬泡聚氨酯板（PUR板/PIR板）	《硬泡聚氨酯保温防水工程技术规范》GB 50404—2017	《泡沫塑料及橡胶表观密度的测定》GB/T 6343—2009 《硬泡聚氨酯保温防水工程技术规范》GB 50404—2017 《绝热材料稳态热阻及有关特性的测定 防护热板法》GB/T 10294—2008 《绝热材料稳态热阻及有关特性的测定 热流计法》GB/T 10295—2008 《硬质泡沫塑料吸水率的测定》GB/T 8810—2005 《建筑材料及制品燃烧性能分级》GB 8624—2012	密度 垂直于板面方向的抗拉强度 导热系数 吸水率 燃烧性能	（GB 50404—2017 第5.6.2条）硬泡聚氨酯外保温各分项工程应以每1000m²划分为一个检验批，不足1000m²也应划分为一个检验批	（GB 50404—2017 第5.6.1条）进场复验应符合 GB 50411 的规定	（GB 50411—2019 第3.2.3条）在施工现场随机抽样复验，复验应为见证取样检验。当复验的结果不合格时，该材料、构件和设备不得使用	外墙

续表

序号	检测对象	取样依据的产品标准或者工程建设标准	检测依据的产品/方法标准或工程建设标准	主要检测参数	产品标准或工程建设标准组批原则或取样频率	取样方法及数量	不合格复检或处理办法	备注
3	硬泡聚氨酯板（PUR板/PIR板）	《建筑节能工程施工质量验收规范》GB 50411—2019	《建筑节能工程施工质量验收规范》GB 50411—2019 第4.2.2条	导热系数 密度 压缩强度 垂直于板面方向的抗拉强度 吸水率 燃烧性能	（GB 50411—2019 第4.1.5条）采用相同材料、工艺和施工做法的墙面，扣除门窗洞口的保温墙面面积每1000m²划分为一个检验批	（GB 50411—2019 第4.2.2条）同厂家、同品种产品按照扣除门窗洞口后的保温墙面所使用的材料用量，在5000m²以内复检1次；面积每增加5000m²应增加一次。同施工单位同期施工的多个单位工程，可合并计算抽检面积	（GB 50411—2019 第3.2.3条）在施工现场随机抽样复验，复验应为见证取样检验。当复验的结果不合格时，该材料、构件和设备不得使用	墙体
			《建筑节能工程施工质量验收规范》GB 50411—2019 第7.2.2条	导热系数 密度 压缩强度 垂直于板面方向的抗拉强度 吸水率 燃烧性能	（GB 50411—2019 第7.1.5条）采用相同材料、工艺和施工做法的屋面，扣除采光顶后的屋面面积划分为一个检验批	（GB 50411—2019 第7.2.2条）同厂家、同品种产品，采光顶后的屋面面积在1000m²以内时应复检1次；面积每增加1000m²应增加1次。同施工单位同期施工的多个单位工程，抽检面积同上	（GB 50411—2019 第3.2.3条）在施工现场复验，复验应为见证取样检验。当复验的结果不合格时，该材料、构件和设备不得使用	屋面

续表

序号	检测对象	取样依据的产品标准或者工程建设标准	检测依据的产品/方法标准或者工程建设标准	主要检测参数	产品标准或工程建设标准组批原则或取样频率	取样方法及数量	不合格复检或处理办法	备注
3	硬泡聚氨酯板（PUR板/PIR板）	《屋面工程质量验收规范》GB 50207—2012	《屋面工程质量验收规范》GB 50207—2012 附录 B.0.1条	表观密度 压缩强度 导热系数 燃烧性能	（GB 50207—2012 附录 B.0.1条）同规格按100m³为一批，不足100m³的按一批计	（GB 50207—2012 附录 B.0.1条）随机抽取 20块	（GB 50207—2012 第3.0.7条）进场检验报告中的全部项目指标均达到技术标准规定应为合格	
4	喷涂硬泡聚氨酯	《喷涂聚氨酯硬泡体保温材料》JC/T 998—2006	《泡沫塑料与橡胶 线性尺寸的测定》GB/T 6342—1996 《绝热材料稳态热阻及有关特性的测定 防护热板法》GB/T 10294—2008 《硬质泡沫塑料压缩性能的测定》GB/T 8813—2020 《硬质泡沫塑料拉伸性能试验方法》GB/T 9641—1988 《硬质泡沫塑料吸水率的测定》GB/T 8810—2008 《建筑防水涂料试验方法》GB/T 16777—2008	密度 导热系数 抗压强度（I型）拉伸强度（I型）断裂伸长率 吸水率 粘结强度（I型）	（JC/T 998—2006 第7.2条）对同一原料、同一配方、同一工艺条件下的同一型号产品为一批，每批数量为300m³，不足300m³也可作为一批计算	（JC/T 998—2006 第7.3条）在现场随机抽取批的产品中随机抽取，按6.3制备试件，同时制备备用件	（JC/T 998—2006 第7.4条）有两项或两项以上试验结果不符合要求时，产品不合格；有一项试验结果不符合要求，允许用备用件对所有项目进行复检。若所有试验结果符合标准时，判该批产品为合格品，否则判定该批产品为不合格	

续表

序号	检测对象	取样依据的产品标准或者工程建设标准	检测依据的产品/方法标准或者工程建设标准	主要检测参数	产品标准或工程建设标准批组批原则或取样频率	取样方法及数量	不合格复验或处理办法	备注
4	喷涂硬泡聚氨酯	《硬泡聚氨酯保温防水工程技术规范》GB 50404—2017	《泡沫塑料及橡胶 表观密度的测定》GB/T 6343—2009《绝热材料稳态热阻及有关特性的测定 防护热板法》GB/T 10294—2008《绝热材料稳态热阻及有关特性的测定 热流计法》GB/T 10295—2008《硬泡聚氨酯保温防水工程技术规范》GB 50404—2017《硬质泡沫塑料吸水率的测定》GB/T 8810—2005《建筑材料及制品燃烧性能分级》GB 8624—2012	密度导热系数拉伸粘结强度吸水率燃烧性能	（GB 50404—2017 第5.6.2条）硬泡聚氨酯外墙外保温各分项工程应以每1000m²划分为一个检验批，不足1000m²也应划分为一个检验批	—	（GB 50411—2019 第3.2.3条）在施工现场随机抽样复验，复验应为见证取样检验。当复验的结果不合格时，该材料、构件和设备不得使用	外墙
			《泡沫塑料及橡胶 表观密度的测定》GB/T 6343—2009《绝热材料稳态热阻及有关特性的测定 防护热板法》GB/T 10294—2008《绝热材料稳态热阻及有关特性的测定 热流计法》	（GB 50404—2017 第4.6.4条）密度导热系数压缩性能不透水性燃烧性能	（GB 50404—2017 第4.6.1条）喷涂硬泡聚氨酯复合保温防水层分项硬泡聚氨酯保温防水层工程应按屋面面积以每1000m²划分为一个检验批，不足1000m²也应划分为一个检验批	（GB 50404—2017 第4.1.2条）进场复验应符合 GB 50411 和 GB 50207 的有关规定	（GB 50411—2019 第3.2.3条）在施工现场随机抽样复验，复验应为见证取样检验。当复验的结果不合格时，该材料、构件和设备不得使用	屋面

续表

序号	检测对象	取样依据的产品标准或者工程建设标准	检测依据的产品/方法标准或工程建设标准	主要检测参数	产品标准或工程建设标准组批原则或取样频率	取样方法及数量	不合格复检或处理办法	备注
		《硬泡聚氨酯保温防水工程技术规范》GB 50404—2017	GB/T 10295—2008《硬质泡沫塑料压缩性能的测定》GB/T 8813—2020《硬泡聚氨酯保温防水工程技术规范》GB 50404—2017《建筑材料及制品燃烧性能分级》GB 8624—2012	（GB 50404—2017 第4.6.4条）密度 导热系数 压缩性能 不透水性 燃烧性能	（GB 50404—2017 第4.6.1条）喷涂硬泡聚氨酯复合保温防水层和保温防水层分项工程应按屋面面积以每1000m² 划分为一个检验批，不足1000m² 也应划分为一个检验批	（GB 50404—2017 第4.1.2条）进场复验应符合 GB 50411 和 GB 50207 的有关规定	（GB 50411—2019 第3.2.3条）在施工现场随机抽样复验，复验应为见证取样检验。当复验的结果不合格时，该材料、构件和设备不得使用	屋面
4	喷涂硬泡聚氨酯	《外墙外保温工程技术标准》JGJ 144—2019	《绝热材料稳态热阻及有关特性的测定 防护热板法》GB/T 10294—2008《绝热材料稳态热阻及有关特性的测定 热流计法》GB/T 10295—2008《泡沫塑料及橡胶 表观密度的测定》GB/T 6343—2009《外墙外保温工程技术标准》JGJ 144—2019《建筑材料及制品燃烧性能分级》GB 8624—2012	导热系数 表观密度 抗拉强度 燃烧性能	（JGJ 144—2019 第7.1.2条）外保温工程检验批的划分、检查数量和隐蔽工程验收应符合现行国家标准《建筑节能工程施工质量验收标准》GB 50411 的有关规定	（JGJ 144—2019 第7.2.1条）检验方法和检查数量应符合现行国家标准《建筑节能工程施工质量验收标准》GB 50411 的规定	（GB 50411—2019 第3.2.3条）在施工现场随机抽样复验，复验应为见证取样检验。当复验的结果不合格时，该材料、构件和设备不得使用	

续表

序号	检测对象	取样依据的产品标准或者工程建设标准	检测依据的产品/方法标准或工程建设标准	主要检测参数	产品标准或工程建设标准组批原则或取样频率	取样方法及数量	不合格复检或处理办法	备注
			《建筑节能工程施工质量验收标准》GB 50411—2019 第 4.2.2 条	导热系数 密度 压缩强度 垂直于板面方向的抗拉强度 吸水率 燃烧性能	（GB 50411—2019 第 4.1.5 条）采用相同施工材料、工艺和施工做法的墙面，扣除门窗洞面墙面积，扣除门窗洞口的保温墙面积后每 1000m² 划分为一个检验批	（GB 50411—2019 第 4.2.2 条）同厂家、同品种产品按照扣除门窗洞口后使用的保温材料所在墙面积，在 5000m² 以内复检 1 次；面积每增加一次。同一工程项目、同施工期同类工程的多个单位工程，可合并计算墙面积。同期施工抽检的多个单位工程，可合并计算抽检面积	（GB 50411—2019 第 3.2.3 条）在施工现场随机抽样复验，复验应为见证取样检验。当复验的结果不合格时，该材料、构件和设备不得使用	墙体
4	喷涂硬泡聚氨酯	《建筑节能工程施工质量验收标准》GB 50411—2019	《建筑节能工程施工质量验收标准》GB 50411—2019 第 7.2.2 条	导热系数 密度 压缩强度 垂直于板面方向的抗拉强度 吸水率 燃烧性能	（GB 50411—2019 第 7.1.5 条）采用相同施工材料、工艺和施工做法的屋面，扣除天窗、采光顶面的屋面，扣除天窗、采光顶面积，每 1000m² 面积划分为一个检验批	（GB 50411—2019 第 7.2.2 条）同厂家、同品种产品，扣除天窗、采光顶后的屋面面积在 1000m² 以内时每增加 1000m² 应复检 1 次；面积每增加 1000m² 应增加复验 1 次。同一工程项目、同施工期同类工程的多个单位工程，抽检面积同上	（GB 50411—2019 第 3.2.3 条）在施工现场随机抽样复验，复验应为见证取样检验。当复验的结果不合格时，该材料、构件和设备不得使用	屋面

续表

序号	检测对象	取样依据的产品标准或者工程建设标准	检测依据的产品/方法标准或工程建设标准	主要检测参数	产品标准或工程建设标准组批原则或取样频率	取样方法及数量	不合格复检或处理办法	备注
5	无机硬质绝热制品：膨胀珍珠岩绝热制品（憎水型）	《膨胀珍珠岩绝热制品》GB/T 10303—2015	《无机硬质绝热制品试验方法》GB/T 5486—2008	外观质量尺寸允许偏差密度质量含水率抗压强度	（GB/T 10303—2015第7.2条）以相同原材料、相同工艺制成的膨胀珍珠岩绝热制品按形状、品种、尺寸偏差分批验收，每10000块为一检查批，不足10000块也视为一批。	（GB/T 10303—2015第7.3条）从每批取80块制品中随机抽取为检验样本，进行外观质量与尺寸允许偏差检验。外观质量与尺寸允许偏差检验合格的样品用于其他项目的检验。	（GB/T 10303—2015第7.4条）7.4.2样本的外观质量、尺寸允许偏差不超过14块，则判该批合格品数不允许尺寸为不合格品，则判该批外观质量、尺寸偏差合格；反之为不合格。7.4.3当所有检验项目的检验结果均符合要求时，则判该批产品合格；否则判该批产品不合格	
		《屋面工程质量验收规范》GB 50207—2012附录 B.0.1 条	《屋面工程质量验收规范》GB 50207—2012附录 B.0.1 条	表观密度抗压强度导热系数燃烧性能	（GB 50207—2012附录 B.0.1 条）同品种、同规格按 2000块为一批，不足 2000块的按一批计	（GB 50207—2012附录 B.0.1 条）随机抽取 10 块进行规格尺寸和外观质量检验。从规格尺寸和外观质量检验合格的产品中，随机取样进行物理性能检验	（GB 50207—2012 第3.0.7条）进场检验报告的全部项目指标均达到技术标准规定应为合格；不合格材料不得在工程中使用	

续表

序号	检测对象	取样依据的产品标准或者工程建设标准	检测依据的产品/方法标准或工程建设标准	主要检测参数	产品标准或工程建设标准批组批原则或取样频率	取样方法及数量	不合格复检或处理办法	备注
6	无机硬质绝热制品：泡沫玻璃绝热制品	《泡沫玻璃绝热制品》JC/T 647—2014	《无机硬质绝热制品试验方法》GB/T 5486—2008《泡沫玻璃绝热制品》JC/T 647—2014《绝热材料稳态热阻及有关特性的测定 防护热板法》GB/T 10294—2008《绝热材料稳态热阻及有关特性的测定 热流计法》GB/T 10295—2008	尺寸及其允许偏差、外观质量 密度允许偏差 导热系数（平均温度25°C） 抗压强度	（JC/T 647—2014 第7.2.1条）以同一原料、配方、同一工艺稳定连续生产的同一品种产品为一批。每批数量以200m³为限，同一批被检产品的生产时限不应超过7d	（JC/T 647—2014 第7.2.2.1条）随机抽取，试验的数量应满足物理性能试验的规定	（JC/T 647—2014 第7.3.3条）若有两项及以上性能不符合相关要求，则判为不合格。若有一项不符合相关要求，则对该不合格项目进行加倍复检。若性能加倍复检后判为合格，则判为合格；若该项性能加倍复检后仍不符合相关要求，则判为不合格	
		《屋面工程质量验收规范》GB 50207—2012	《屋面工程质量验收规范》GB 50207—2012 附录 B.0.1 条	表观密度 抗压强度 导热系数 燃烧性能	（GB 50207—2012 附录 B.0.1 条）同品种、同规格按 250 件为一批，不足 250 件的按一批计	（GB 50207—2012 附录 B.0.1）在每批产品中随机抽取 6 个包装箱，每箱各抽 1 块进行规格尺寸和外观质量检验。从检验合格的产品中，随机取样进行物理性能检验	（GB 50207—2012 第3.0.7条）进场检验报告的全部技术性能指标均达到技术标准规定应为合格；不合格材料不得在工程中使用	

续表

序号	检测对象	取样依据的产品标准或者工程建设标准	检测依据的产品/方法标准或工程建设标准	主要检测参数	产品标准或工程建设标准组批原则或取样频率	取样方法及数量	不合格复检或处理办法	备注
7	无机硬质绝热制品：蒸压加气混凝土砌块	《蒸压加气混凝土砌块》GB/T 11968—2020	《蒸压加气混凝土砌块》GB/T 11968—2020《蒸压加气混凝土性能试验方法》GB/T 11969—2020《绝热材料稳态热阻及有关特性的测定 防护热板法》GB/T 10294—2008	尺寸允许偏差外观质量干密度抗压强度导热系数	（GB/T 11968—2020 第8.2.2条）同品种、同规格、同级别的砌块，以30000块为一批，不足30000块也为一批	（GB/T 11968—2020 第8.2条、8.3.3条）进行尺寸允许偏差、外观质量检验。从外观质量检验合格的砌块中，随机抽取7块砌块	（GB/T 11968—2020 第8.2.3.4条）出厂检验中受检验产品的尺寸允许偏差、外观质量、干密度、抗压强度各项检验全部符合相应的技术要求时判定为合格；否则判定为不合格。3.3.4.5导热系数符合规定、判定该批砌块导热系数合格；否则判定不合格	
		《建筑节能工程施工质量验收标准》GB 50411—2019 第4.2.2条	《建筑节能工程施工质量验收标准》GB 50411—2019 第4.2.2条	传热系数或主组抗压强度吸水率	（GB 50411—2019 第4.1.5条）采用相同材料、工艺和施工做法的墙面、扣除门窗洞口后的保温墙面面积每1000m²划分为一个检验批	（GB 50411—2019 第4.2.2条）同厂家、同品种产品按照保温墙面所使用的材料用量，在5000m²以内复检1次；面积每增加5000m²应增加一次。同工程项目、同施工单位且同期施工的多个单位工程，可合并计算抽检面积。同期施工的多个单位工程，可合并计算检查面积	（GB 50411—2019 第3.2.3条）在施工现场随机抽样复验。复验应为见证取样检验。当复检结果不合格时，该材料、构件和设备不得使用	

序号	检测对象	取样依据的产品标准或者工程建设标准	检测依据的产品/方法标准或工程建设标准	主要检测参数	产品标准或工程建设标准组批原则或取样频率	取样方法及数量	不合格复检或处理办法	备注
7	无机硬质绝热制品：蒸压加气混凝土砌块	《屋面工程质量验收规范》GB 50207—2012	《屋面工程质量验收规范》GB 50207—2012 附录 B.0.1 条	干密度 抗压强度 导热系数 燃烧性能	（GB 50207—2012 附录 B.0.1 条）同品种、同规格、同等级，不 200m³ 为一批，不足 200m³ 的按 200m³ 的计	（GB 50207—2012 附录 B.0.1 条）从规格尺寸和外观质量检验合格的产品中，随机取样进行物理性能检验	（GB 50207—2012 第 3.0.7 条）进场检验报告的全部项目指标均达到技术标准规定应为合格，不合格材料不得在工程中使用	
8	无机硬质绝热制品：泡沫混凝土砌块	《泡沫混凝土砌块》JC/T 1062—2007	《泡沫混凝土砌块》JC/T 1062—2007 《蒸压加气混凝土性能试验方法》GB/T 11969—2020 《绝热材料稳态热阻及有关特性的测定 防护热板法》GB/T 10294—2008	尺寸偏差 外观质量 立方体抗压强度 干表观密度 导热系数	（JC/T 1062—2007 第 8.2.2 条）同品种、同规格、同等级的砌块，以 500m³ 为一批，不足 500m³ 也为一批	（JC/T 1062—2007 第 8.2.2 条）随机抽取 50 块砌块，进行尺寸与外观检验。从检验合格的砌块中，随机抽取 6 块砌块，制作立方体抗压强度试件进行立方体抗压强度检验，制作 3 组试件进行干密度、表观密度检验	（JC/T 1062—2007 第 8.2.3、8.3.4 条）①若受检的 50 块砌块中，尺寸与外观质量不符合规定的砌块数量不超过 5 块时，判定该批砌块符合相应等级；否则判定该批砌块不符合相应等级。②以 3 组试件立方体抗压强度平均值为其中 1 组试件立方体抗压强度最小平均值，按表 4 规定判定强度等级。③以 3 组试件干密度、表观密度平均值按表 5 判定其密度等级。④导热系数符合规定，判定此项指标合格，否则判定该批砌块不合格	

建设工程检测取样方法及不合格情况处理措施

续表

序号	检测对象	取样依据的产品标准或者工程建设标准	检测依据的产品/方法标准或工程建设标准	主要检测参数	产品标准或工程建设标准组批原则或取样频率	取样方法及数量	不合格复检或处理办法	备注
8	无机硬质绝热制品：泡沫混凝土砌块	《建筑节能工程施工质量验收标准》GB 50411—2019	《建筑节能工程施工质量验收标准》GB 50411—2019 第4.2.2条	传热系数或热阻、抗压强度、吸水率	（GB 50411—2019 第4.1.5条）采用相同材料、工艺和施工做法的墙面、扣除门窗洞口后墙面的保温墙面积每1000m²划分为一个检验批	（GB 50411—2019 第4.2.2条）同厂家、同品种产品按照扣除门窗洞口后所使用的保温墙面材料用量，在5000m²以内复检1次；面积每增加5000m²应增加一次。同工程项目，同施工单位的多个单位工程，可合并计算抽检面积。同期施工的多个单位工程，可合并计算抽检面积	（GB 50411—2019 第3.2.3条）在施工现场抽样复验，复验应为见证取样检验。当复验的结果不合格时，该材料、构件和设备不得使用	
		《屋面工程质量验收规范》GB 50207—2012	《屋面工程质量验收规范》GB 50207—2012 附录B.0.1条	干密度、抗压强度、导热系数、燃烧性能	（GB 50207—2012 附录B.0.1条）同品种、同规格、同等级，按200m³为一批。不足200m³的也按一批计	（GB 50207—2012 附录B.0.1条）从每批产品质量检验合格和外观质量检验尺寸和外观质量合格的产品中，随机取样进行物理性能检验	（GB 50207—2012 第3.0.7条）进场检验报告的全部项目指标均达到技术标准规定应为合格；不合格材料不得在工程中使用	

184

续表

序号	检测对象	取样依据的产品标准或者工程建设标准	检测依据的产品/方法标准或工程建设标准	主要检测参数	产品标准或工程建设标准组批原则或取样频率	取样方法及数量	不合格复检或处理办法	备注
9	玻璃棉、岩棉、矿渣棉制品	《建筑绝热用玻璃棉制品》GB/T 17795—2019	《建筑绝热用玻璃棉制品》GB/T 17795—2019《矿物棉及其制品试验方法》GB/T 5480—2017《绝热材料及制品的含湿性能 含湿率的测定 烘干法》GB/T 20313—2006	外观 尺寸 密度 含水率 纤维平均直径	（GB/T 17795—2019 第 7.2 条）以同一原料、同一生产工艺、同一品种、同一规格、稳定连续生产的产品为一个检查批。同一被检测产品的生产时限应不超过一个星期	（GB/T 17795—2019 第 7.3.1 条）样本应从检查批中随机抽取。对于同一个单件产品中的每个单件产品都被认为是质量相同的。对于检验所需要的试样可从单位产品中随机抽取	（GB/T 17795—2019 第 7.4 条）7.4.1 采用计数检查的项目，应采用计数抽样检查方案，判定一次抽样方案，判定规则按表 7 的规定。7.4.2 对于其他经计量方法进行计量检验，检测结果符合相关要求范围内该产品合格，如有任一项不符合要求，则判定批产品不合格。7.4.3 若同时符合 7.4.1 及 7.4.2 的规定，则判定该批产品合格，否则判定该批产品不合格	
		《建筑用岩棉绝热制品》GB/T 19686—2015	《建筑用岩棉绝热制品》GB/T 19686—2015《矿物棉及其制品试验方法》GB/T 5480—2017《绝热材料憎水性试验方法》GB/T 10299—2011《建筑用绝热制品 压缩性能的测定》GB/T 13480—2014《建筑用绝热制品 部分浸入法测定短期吸水量》GB/T 30805—2014	外观 尺寸 密度 纤维平均直径 渣球含量 憎水性 压缩强度 短期吸水量	（GB/T 19686—2015 第 7.2 条）以同一原料、同一生产工艺、同一品种、稳定连续生产的产品为一个检查批。同一被检产品的生产时限不得超过 15d	（GB/T 19686—2015 第 7.3.1 条）单位检查批中随机抽取。样本可以由一个或几个单位的产品构成。所有单位的产品被认为是质量相同的。所需要的试样可随机地从单位产品中切取	（GB/T 19686—2015 第 7.3.3 条）在检查批中随机抽取满足试验方法要求的样本量进行检验，检测结果符合第 6 章的要求；如有一能单项符合上述性能单项不符合，则判定该批产品合格；如有单项不符合，则判定该批产品上述性能单项不合格	屋面和地板用

续表

序号	检测对象	取样依据的产品标准或者工程建设标准	检测依据的产品/方法标准或工程建设标准	主要检测参数	产品标准或工程建设标准组批原则或取样频率	取样方法及数量	不合格复检或处理办法	备注
9	玻璃棉、岩棉、矿渣棉制品	《绝热用岩棉、矿渣棉及其制品》GB/T 11835—2016	《绝热用岩棉、矿渣棉及其制品》GB/T 11835—2016 《矿物棉及其制品试验方法》GB/T 5480—2017 《绝热材料憎水性试验方法》GB/T 10299—2011	纤维平均直径 渣球含量	（GB/T 11835—2016 第7.2条）以同一原料、同一生产工艺、同一品种、稳定连续生产的产品为一个检查批。同一批被检产品的生产时限不得超过15d	（GB/T 11835—2016 第7.3.2条）抽样方案见表案：抽样方案见表10，对于出厂检验，批量大小可根据生产量或生产时限确定，取较大的	（GB/T 11835—2016 第7.3.4条）其他性能按测定的平均值判定。若第一样本的测定值合格，则判定该批产品上述性能单项合格。若不合格，应再测定第二样本，并以两个样本测定结果的平均值判定	棉
				外观尺寸 密度 纤维平均直径 渣球含量 有机物含量				板
				外观 尺寸 缝合质量（缝毡） 密度 纤维平均直径 渣球含量 憎水率 有机物含量				毡
				外观 尺寸 管壳偏心度 密度 纤维平均直径 渣球含量 有机物含量				管

续表

序号	检测对象	取样依据的产品标准或者工程建设标准	检测依据的产品标准/方法标准或工程建设标准	主要检测参数	产品标准或工程建设标准组批原则或取样频率	取样方法及数量	不合格复检或处理办法	备注
9	玻璃棉、岩棉、矿渣棉制品	《绝热用玻璃棉及其制品》GB/T 13350—2017	《矿物棉及其制品试验方法》GB/T 5480—2017 《建筑材料的含湿率 含湿率测定 烘干法》GB/T 20313—2006	纤维平均直径 有机物含量 含湿率				玻璃棉散棉
			《绝热用玻璃棉及其制品》GB/T 13350—2017 《矿物棉及其制品试验方法》GB/T 5480—2017 《建筑材料的含湿率 含湿率测定 烘干法》GB/T 20313—2006	外观 尺寸 密度 纤维平均直径 含水率 管壳偏心度（仅限于管壳）	（GB/T 13350—2017 第7.2.1条）以同一原料、同一生产工艺，同一品种产品为一个检查批	（GB/T 13350—2017 第7.2.2.1条）单位产品应从检查批中随机抽取，抽样数量应能满足测试需求	（GB/T 13350—2017 第7.3条）详见7.3条判定规则	玻璃棉制品
		《建筑外墙外保温用岩棉制品》GB/T 25975—2018	《建筑外墙外保温用岩棉制品》GB/T 25975—2018 《矿物棉及其制品试验方法》GB/T 5480—2017 《绝热材料憎水性试验方法》GB/T 10299—2011 《建筑用绝热制品 垂直于表面抗拉强度的测定》GB/T 30804—2014	外观 尺寸 密度 憎水率 体积吸水率（全浸） 垂直于表面的抗拉强度	（GB/T 25975—2018 第7.2.1条）单位产品应从检查批中随机抽取。样本可以由一个或多个单位产品构成。所有的单位产品被认为是质量相同的，所需的试样可以从单位产品上切取	（GB/T 25975—2018 第7.2.2条）型式检验和出厂检验的批量大小和样本大小见表7；二次抽样方案见表7	（GB/T 25975—2018 第7.2.3条）详见7.2.3条判定规则	

续表

序号	检测对象	取样依据的产品标准或者工程建设标准	检测依据的产品/方法标准或工程建设标准	主要检测参数	产品标准或工程建设标准组批原则或取样频率	取样方法及数量	不合格复检或处理办法	备注
		《岩棉薄抹灰外墙外保温系统材料》JG/T 483—2015	《建筑外墙外保温用岩棉制品》GB/T 25975—2018 《矿物棉及其制品试验方法》GB/T 5480—2017 《绝热材料憎水性试验方法》GB/T 10299—2011 《建筑用绝热制品 垂直于表面拉伸强度的测定》GB/T 30804—2014	外观 尺寸 垂直于板面方向的抗拉强度	(JG/T 483—2015 第7.1.3.1条) 同一材料、同一工艺、同一规格 每 500m³ 为一批，不足 500m³ 时也为一批	(JG/T 483—2015 第7.1.3.2条) 按照材料所采用的产品标准的规定进行抽样	(JG/T 483—2015 第7.1.2条) 经检验合本，全部检验项目符合本标准要求，则判定合格。产品的检验项目不合格。若有检验项目不符合要求时，则判定该检验项目不合格	岩棉板和岩棉条
9	玻璃棉、岩棉、矿渣棉制品	《屋面工程质量验收规范》GB 50207—2012	《屋面工程质量验收规范》GB 50207—2012 附录 B.0.1条	表观密度 导热系数 燃烧性能	(GB 50207—2012 附录 B.0.1条) 同原料，同品种，同工艺，同规格按 1000m² 为一批，不足 1000m² 的按一批计	(GB 50207—2012 附录 B.0.1条) 在每批产品中随机抽取 6 个装箱或卷包，进行规格尺寸和外观质量检验。从规格尺寸和外观质量检验合格的产品中，抽取 1 个装箱或卷包进行物理性能检验	(GB 50207—2012 第3.0.7条) 进场检验报告中的全部项目指标均应达到技术标准规定应为合格；不合格材料不得在工程中使用	

序号	检测对象	取样依据的产品标准或者工程建设标准	检测依据的产品/方法标准或者工程建设标准	主要检测参数	产品标准或工程建设标准批原则或取样频率	取样方法及数量	不合格复检或处理办法	备注
10	泡沫混凝土、泡沫混凝土制品	《泡沫混凝土》JG/T 266—2011	《泡沫混凝土》JG/T 266—2011 第8.2条	干密度	（JG/T 266—2011 第8.3.2.1.1和8.3.3.2.1条）每100m³现浇泡沫混凝土应为一检验批，少于100m³也应作为一检验批，在一检验批中抽样	（JG/T 266—2011 第8.3.2.1.1和8.3.3.2.2.1条）在每个项目随机抽取1组试件	（JG/T 266—2011 第8.3.2.1.2和8.3.3.2.2.2条）全部达到要求判为合格，否则应判为不合格	
		《泡沫混凝土应用技术规程》JGJ/T 341—2014	《泡沫混凝土应用技术规程》JGJ/T 341—2014 第7.4.7条；《无机硬质绝热制品试验方法》GB/T 5486—2008；《绝热材料稳态热阻及有关特性的测定 防护热板法》GB/T 10294—2008；《绝热材料稳态热阻及有关特性的测定 热流计法》GB/T 10295—2008	导热系数、密度、抗压强度	（JGJ/T 341—2014 第7.4.4条）采用相同材料、工艺和施工做法的泡沫混凝土保温工程，每500～1000m²面积划分为一个检验批，不足500m²也应作为一个检验批	（JGJ/T 341—2014 第7.4.7条）当单位工程建筑面积在20000m²以下时，同一厂家、同一品种的产品各抽查不应少于6次	（GB 50411—2019 第3.2.3条）在施工现场随机抽样复验，复验应为见证取样检验，该材料进场复验的结果不合格时，该材料、构件和设备不得使用	泡沫混凝土保温板
		《泡沫混凝土应用技术规程》JGJ/T 341—2014	《泡沫混凝土应用技术规程》JGJ/T 341—2014 第7.4.6条；《泡沫混凝土》JG/T 266—2011；《建筑材料及制品燃烧性能分级》GB 8624—2012	导热系数、密度、抗压强度、燃烧性能	（JGJ/T 341—2014 第7.4.4条）采用相同材料、工艺和施工做法的泡沫混凝土保温工程，每500～1000m²面积划分为一个检验批，不足500m²也应作为一个检验批	（JGJ/T 341—2014 第7.4.6条）全数检查	（GB 50411—2019 第3.2.3条）在施工现场随机抽样复验，复验应为见证取样检验，该材料进场复验的结果不合格时，该材料、构件和设备不得使用	泡沫混凝土

续表

序号	检测对象	取样依据的产品标准或者工程建设标准	检测依据的产品/方法标准或工程建设标准	主要检测参数	产品标准或工程建设标准检验批组批原则或取样频率	取样方法及数量	不合格复验或处理办法	备注
10	泡沫混凝土、泡沫混凝土制品	《建筑节能工程施工质量验收标准》JG 50411—2019	《建筑节能工程施工质量验收标准》GB 50411—2019 第4.2.2条	导热系数 密度 抗压强度 燃烧性能	(GB 50411—2019 第4.1.5条) 采用相同材料、工艺和施工做法的墙、扣除门窗洞面面积的保温墙面面积每1000m²划分为一个检验批	(GB 50411—2019 第4.2.2条) 同厂家、同品种产品按照扣除门窗洞口后所使用的保温材料用量，在5000m²以内复检1次；面积每增加5000m²应增加一次。同工程项目、同工程同期施工的多个单位工程，可合并计算抽检的多个单位工程，可合并计算抽检面积	(GB 50411—2019 第3.2.3条) 在施工现场随机抽取样品复验、复验应为见证取样检验。当复验的结果合格时，该材料、构件和设备不得使用	
11	复合保温板	《聚氨酯硬泡复合保温板》JG/T 314—2012	《聚氨酯硬泡复合保温板》JG/T 314—2012 《建筑隔墙用轻质条板通用技术要求》JG/T 169—2016 《绝热材料稳态热阻及有关特性的测定 防护热板法》GB/T 10294—2008 《绝热材料稳态热阻及有关特性的测定 热流计法》GB/T 10295—2008 《外墙外保温工程技术标准》JGJ 144—2019	外观质量 尺寸允许偏差 导热系数 面层与保温材料拉伸粘结强度 燃烧性能	(JG/T 314—2012 第8.4.1条) 以同一材料、同一生产工艺、同一厚度、稳定连续生产的产品为一个检验批	(JG/T 314—2012 第8.4.2条) 外观质量按表7抽样。技术性能按外观与尺寸偏差检验合格的试件中分别抽取	(GB 50411—2019 第3.2.3条) 在施工现场随机抽取样品复验、复验应为见证取样检验。当复验的结果合格时，该材料、构件和设备不得使用	

续表

序号	检测对象	取样依据的产品标准或者工程建设标准	检测依据的产品/方法标准或工程建设标准	主要检测参数	产品标准或工程建设标准组批原则或取样频率	取样方法及数量	不合格复检或处理办法	备注
11	复合保温板	《聚氨酯硬泡复合保温板》JG/T 314—2012	《建筑材料及制品燃烧性能分级》GB 8624—2012 《建筑材料可燃性试验方法》GB/T 8626—2007	外观质量 尺寸允许偏差 导热系数 面层与保温材料拉伸粘结强度 燃烧性能	（JG/T 314—2012 第8.4.1条）以同一材料、同一生产工艺、同一厚度、稳定连续生产的产品为一个检验批	（JG/T 314—2012 第8.4.2条）外观质量按表7抽样。技术性能从外观与尺寸偏差检验合格的试件中分别抽取	（GB 50411—2019 第3.2.3条）在施工现场随机抽样复验应见证取样复验。当复验的结果不合格时，该材料、构件和设备不得使用	
		《建筑节能工程施工质量验收标准》GB 50411—2019	《建筑节能工程施工质量验收标准》GB 50411—2019 第4.2.2条	传热系数热阻 单位面积质量 拉伸粘结强度 燃烧性能	（GB 50411—2019 第4.1.5条）采用相同材料、工艺和施工做法的墙面，扣除门窗洞口后的保温墙面面积每1000m²划分为一个检验批	（GB 50411—2019 第4.2.2条）同厂家、同品种产品按照扣除门窗洞口后所使用的保温材料用量，在5000m²以内复检1次；面积每增加5000m²应增加一次。同工程项目、同施工单位且同期施工的多个单位工程，可合并计算保温面积	（GB 50411—2019 第3.2.3条）在施工现场随机抽样复验应见证取样复验。当复验的结果不合格时，该材料、构件和设备不得使用	
12	界面砂浆	《胶粉聚苯颗粒外墙外保温系统材料》JG/T 158—2013	《胶粉聚苯颗粒外墙外保温系统材料》JG/T 158—2013 第7.6.1条	拉伸粘结强度（与水泥砂浆）拉伸粘结强度（与聚苯板）	（JG/T 158—2013 第8.3条）以同一种产品、同一级别、同一规格产品30t为一批，不足一批以一批计	（JG/T 158—2013 第8.3条）从每批任取10袋，从每袋中分别取试样应不少于500g	（JG/T 158—2013 第8.4条）详见8.4条判定规则	

续表

序号	检测对象	取样依据的产品标准或者工程建设标准	检测依据的产品/方法标准或工程建设标准	主要检测参数	产品标准或工程建设标准组批原则或取样频率	取样方法及数量	不合格复检或处理办法	备注
12		《无机轻集料砂浆保温系统技术标准》JGJ/T 253—2019	《无机轻集料砂浆保温系统技术标准》JGJ/T 253—2019 第7.2.3条	拉伸粘结原强度 拉伸粘结耐水强度	（JGJ/T 253—2019 第7.1.6条）墙体保温工程验收的检验批划分时，采用相同材料、工艺和施工做法的墙面，每 500～1000m² 墙体保温施工面积应划分为一个检验批，不足 500m² 应为一个检验批	（JGJ/T 253—2019 第7.2.3条）墙体节能工程中，同一厂家、同一品种的产品，当单位工程墙体保温面积在 5000m² 以下时，各抽查不少于 1 次；单位工程墙体保温面积不小于 5000m² 且小于 10000m² 时，各抽查不少于 2 次；当单位工程保温墙面积不小于 10000m² 且小于 20000m² 时，各抽查不少于 3 次；当单位工程墙体保温面积在 20000m² 以上时，各抽查不少于 6 次	（GB 50411—2019 第3.2.3条）在施工现场随机抽样复检、复验应为见证取样复验。当复验的结果不合格时，该材料、构件和设备不得使用	
	界面砂浆	《外墙外保温工程技术标准》JGJ 144—2019	《外墙外保温工程技术标准》JGJ 144—2019 表7.2.1	养护 14d 和浸水 48h 拉伸粘结强度	（JGJ 144—2019 第7.2.1条）外保温系统主要组成材料应按表 7.2.1 的规定进行现场见证取样复验，检验方法和检查数量应符合现行国家标准《建筑节能工程施工质量验收标准》GB 50411—2019 的规定	（JGJ 144—2019 第7.2.1条）检验方法和检查数量应符合现行国家标准《建筑节能工程施工质量验收标准》GB 50411—2019 的规定	（GB 50411—2019 第3.2.3条）在施工现场随机抽样复检、复验应为见证取样复验。当复验的结果不合格时，该材料、构件和设备不得使用	

续表

序号	检测对象	取样依据的产品标准或者工程建设标准	检测依据的产品/方法标准或工程质量验收标准	主要检测参数	产品标准或工程建设标准组批原则或取样频率	取样方法及数量	不合格复检或处理办法	备注
12	界面砂浆	《建筑节能工程施工质量验收标准》GB 50411—2019	《建筑节能工程施工质量验收标准》GB 50411—2019 第 4.2.2 条	拉伸粘结强度	（GB 50411—2019 第 4.1.5 条）采用相同材料、工艺和施工做法的墙面，扣除门窗洞口后的保温墙面面积每 1000m² 划分为一个检验批	（GB 50411—2019 第 4.2.2 条）同品种产品按照扣除门窗洞口后所使用的保温材料用量，在 5000m² 以内复检 1 次；面积每增加 5000m² 应增加一次。同一工程项目、同期施工的多个单位工程可合并计算抽检面积。同期施工的多个单位工程，可合并计算抽检面积	（GB 50411—2019 第 3.2.3 条）在施工现场随机抽样复检，复验应为见证取样检验。当复验的结果不合格时，该材料、构件和设备不得使用	
13	抗裂砂浆	《胶粉聚苯颗粒外墙外保温系统材料》JG/T 158—2013	《胶粉聚苯颗粒外墙外保温系统材料》JG/T 158—2013 第 7.7.1 条	拉伸粘结强度（与水泥砂浆）	（JG/T 158—2013 第 8.3 条）以同种产品，同一级别、同一规格产品 30t 为一批，不足一批以计	（JG/T 158—2013 第 8.3 条）从每批任抽 10 袋，从每袋中分别取试样不应少于 500g	（JG/T 158—2013 第 8.4 条）详见 8.4 判定规则	
		《无机轻集料砂浆保温系统技术标准》JGJ/T 253—2019	《无机轻集料砂浆保温系统技术标准》JGJ/T 253—2019 第 7.2.3 条	拉伸粘结原强度、拉伸粘结耐水强度、透水性、压折比	（JGJ/T 253—2019 第 7.1.6 条）墙体保温工程验收的检验批划分时，采用相同材料、工艺和施工做法的墙面，每 500～1000m² 墙面施工应划分为一个检验批，不足 500m² 的也应划分为一个检验批	（JGJ/T 253—2019 第 7.2.3 条）墙体节能工程中，同一厂家、同一品种的产品，当单位工程保温墙体面积在 5000m² 以下时，各抽查不少于 1 次；单位工程保温墙体面积不小于 5000m² 且单位工程保温墙体面积不小于 10000m² 时，各抽查不少于 2 次；当单位工程保温墙体面积小于工程保温墙体面积小	（GB 50411—2019 第 3.2.3 条）在施工现场随机抽样复检，复验应为见证取样检验。当复验的结果不合格时，该材料、构件和设备不得使用	

续表

序号	检测对象	取样依据的产品标准或者工程建设标准	检测依据的产品/方法标准或工程建设标准	主要检测参数	产品标准或工程建设标准批组批原则或取样频率	取样方法及数量	不合格复检或处理办法	备注
		《无机轻集料砂浆保温系统技术标准》JGJ/T 253—2019	《无机轻集料砂浆保温系统技术标准》JGJ/T 253—2019 第7.2.3条	拉伸粘结原强度 拉伸粘结耐水至度 透水性 压折比	（JGJ/T 253—2019 第7.1.6条）墙体保温工程验收批划分时，采用相同材料、工艺和施工做法的墙面，每500～1000m²墙体保温工程也应划分为一个检验批，面积划分不足500m²的也应划分为一个检验批	于10000m²且小于20000m²时，各抽查不少于3次；当工程保温墙体面积在20000m²以上时，各抽查不少于6次	（GB 50411—2019 第3.2.3条）在施工现场随机抽样复验，复验应为见证取样检验。当复验的结果不合格时，该材料和设备不得使用	
		《硬泡聚氨酯保温防水工程技术规范》GB 50404—2017	《硬泡聚氨酯保温防水工程技术规范》GB 50404—2017 第4.6.4条	压折比 吸水率 粘结强度	（GB 50404—2017 第5.6.2条）硬泡聚氨酯外墙外保温各分项工程应以每1000m²划分为一个检验批，不足1000m²也应划分为一个检验批	—	（GB 50411—2019 第3.2.3条）在施工现场随机抽样复验，复验应为见证取样检验。当复验的结果不合格时，该材料和设备不得使用	
13	抗裂砂浆	《建筑节能工程施工质量验收标准》GB 50411—2019	《建筑节能工程施工质量验收标准》GB 50411—2019 第4.2.2条	拉伸粘结强度	（GB 50411—2019 第4.1.5条）采用相同材料、工艺和施工做法的墙面，扣除门窗洞口后的保温墙面面积每1000m²划分为一个检验批	（GB 50411—2019 第4.2.2条）同厂家、同品种产品按照扣除门窗洞口后的保温墙面面积所使用的材料用量，在5000m²以内时复检1次；面积每增加5000m²应增加一次。同工程项目、同施工单位且同期施工的多个单位工程，可合并计算抽检面积。同期施工的多个单位工程，可合并计算抽检面积	（GB 50411—2019 第3.2.3条）在施工现场随机抽样复验，复验应为见证取样检验。当复验的结果不合格时，该材料和设备不得使用	

续表

序号	检测对象	取样依据的产品标准或者工程建设标准	检测依据的产品/方法标准或工程建设标准	主要检测参数	产品标准或工程建设标准批组批原则或取样频率	取样方法及数量	不合格复检或处理办法	备注
14	胶粘剂（胶黏剂）	《挤塑聚苯板（XPS）薄抹灰外墙外保温系统材料》GB/T 30595—2014	《挤塑聚苯板（XPS）薄抹灰外墙外保温系统材料》GB/T 30595—2014 第6.6.1、6.6.2条	拉伸粘结强度原强度 可操作时间	（GB/T 30595—2014第7.4.1条）同一材料、同一工艺、同一规格每100t为一批，不足100t时也为一批	（GB/T 30595—2014第7.4.2条）在检验批中随机抽取，抽样数量应满足检验项目所需样品数量	（GB/T 30595—2014第7.2.2条）全部标准项目符合本标准要求，则判定该产品合格；若有检验项目不符合要求时，则判定该检验项目不合格	
		《岩棉薄抹灰外墙外保温材料》JG/T 483—2015	《模塑聚苯板薄抹灰外墙外保温系统材料》GB/T 29906—2013《岩棉薄抹灰外墙外保温系统材料》JG/T 483—2015 第6.3条	拉伸粘结强度原强度 可操作时间	（JG/T 483—2015第7.1.3.1条）同一材料、同一工艺、同一规格每100t为一批，不足100t时也为一批	（JG/T 483—2015第7.1.3.2条）按照检材料所采用的产品标准的规定进行抽样	（JG/T 483—2015第7.1.2条）全部检验项目符合本标准要求，则判定该产品合格；若有检验项目不符合要求时，则判定该检验项目不合格	
		《模塑聚苯板薄抹灰外墙外保温材料》GB/T 29906—2013	《模塑聚苯板薄抹灰外墙外保温材料》GB/T 29906—2013 第6.4.1、6.4.2条	拉伸粘结强度原强度 可操作时间	（GB/T 29906—2013第7.4.1条）同一材料、同一工艺、同一规格每100t为一批，不足100t时也为一批	（GB/T 29906—2013第7.4.2条）在检验批中随机抽取，抽样数量应满足检验项目所需样品数量	（GB/T 29906—2013第7.2.2条）全部检验项目符合本标准要求，则判定该产品合格；若有检验项目不符合要求时，则判定该检验项目不合格	
		《外墙外保温工程技术标准》JGJ 144—2019	《外墙外保温工程技术标准》JGJ 144—2019 附录A.7条	养护14d 和浸水48h 拉伸粘结强度	（JGJ 144—2019第7.2.1条）外保温系统主要组成材料应按表7.2.1的规定进行现场见证取样复验，复验的检查数量应符合现行国家标准《建筑节能工程施工质量验收标准》GB 50411—2019的规定	（JGJ 144—2019第7.2.1条）检验方法和检查数量应按现行国家标准《建筑节能工程施工质量验收标准》GB 50411—2019的规定	（GB 50411—2019第3.2.3条）在施工现场随机抽样应为见证取样检验，复验应为见证取样检验。当复验的结果不合格时，该材料、构件和设备不得使用	

续表

序号	检测对象	取样依据的产品标准或者工程建设标准	检测依据的产品/方法标准或工程建设标准	主要检测参数	产品标准或工程建设标准组批原则或取样频率	取样方法及数量	不合格复检或处理办法	备注
		《硬泡聚氨酯保温防水工程技术规范》GB 50404—2017	《硬泡聚氨酯保温防水工程技术规范》GB 50404—2017 第5.2.5条	可操作时间 拉伸粘结强度（与水泥砂浆）拉伸粘结强度（与硬泡聚氨酯）	（GB 50404—2017 第5.6.2条）硬泡聚氨酯外墙外保温各分项工程应以每1000m²工程划分为一个检验批。不足1000m²也应划分为一个检验批	—	（GB 50411—2019 第3.2.3条）在施工现场随机抽样复验。复验应为见证取样检验。当复验的结果不合格时，该材料、构件和设备不得使用	
14	胶粘剂（胶黏剂）	《建筑节能工程施工质量验收标准》GB 50411—2019	《建筑节能工程施工质量验收标准》GB 50411—2019 第4.2.2条	拉伸粘结强度	（GB 50411—2019 第4.1.5条）采用相同材料、工艺和施工做法的墙面、扣除门窗洞口的保温墙面面积每1000m²划分为一个检验批	（GB 50411—2019 第4.2.2条）同厂家、同品种产品按照保温墙面门窗洞口后使用的材料用量，在5000m²以内时复检1次；面积每增加5000m²应增加一次。同工程项目、同施工单位且同期施工的多个单位工程，可合并计算抽检面积。同期施工工程的多个单位工程，可合并计算检查面积	（GB 50411—2019 第3.2.3条）在施工现场复验。复验应为见证取样检验。当复验的结果不合格时，该材料、构件和设备不得使用	

第 4 部分：建筑节能材料

续表

序号	检测对象	取样依据的产品标准或者工程建设标准	检测依据的产品/方法标准或工程建设标准	主要检测参数	产品标准或工程建设标准组批原则或取样频率	取样方法及数量	不合格复检或处理办法	备注
15	抹面胶浆	《挤塑聚苯板（XPS）薄抹灰外墙外保温系统材料》GB/T 30595—2014	《挤塑聚苯板（XPS）薄抹灰外墙外保温系统材料》GB/T 30595—2014 第6.7.1、6.7.5条	拉伸粘结强度（原强度）可操作时间	（GB/T 30595—2014 第7.4.1条）同一材料、同一工艺、同一规格每100t为一批，不足100t时也为一批	（GB/T 30595—2014 中7.4.2条）在检验批中随机抽取，数量应满足检验项目所需样品数量	（GB/T 30595—2014 第7.2.2条）全部标准检验项目符合本标准定该产品的检验项目合格；若有检验项目不符合要求时，则判定该检验项目不合格	
		《模塑聚苯板薄抹灰外墙外保温系统材料》GB/T 29906—2013	《模塑聚苯板薄抹灰外墙外保温系统材料》GB/T 29906—2013 第6.6.1、6.6.7条	拉伸粘结强度（原强度）可操作时间	（GB/T 29906—2013 第7.4.1条）同一材料、同一工艺、同一规格每100t为一批，不足100t时也为一批	（GB/T 29906—2013 第7.4.2条）在检验批中随机抽取，数量应满足检验项目所需样品数量	（GB/T 29906—2013 第7.2.2条）全部检验项目符合本标准要求，则判定该产品的检验项目合格。若有检验项目不符合要求时，则判定该检验项目不合格	
		《岩棉薄抹灰外墙外保温系统材料》JG/T 483—2015	《模塑聚苯板薄抹灰外墙外保温系统材料》GB/T 29906—2013《岩棉薄抹灰外墙外保温系统材料》JG/T 483—2015 第6.5条	拉伸粘结强度（原强度）可操作时间	（JG/T 483—2015 第7.1.3.1条）同一材料、同一工艺、同一规格每100t为一批，不足100t时也为一批	（JG/T 483—2015 第7.1.3.2条）抽样按系统和系统组成材料两种情况进行，并应符合下列要求：①系统：在检验批中随机抽取，抽样数量应满足检验项目所需样品数量；②系统组成材料：按照构成成品所采用的产品标准规定进行抽样	（JG/T 483—2015 第7.1.2条）经检验，全部检验项目符合本标准定产品的检验项目合格。若有检验项目不符合要求时，则判定该检验项目不合格	

197

续表

序号	检测对象	取样依据的产品标准或者工程建设标准	检测依据的产品/方法标准或工程建设标准	主要检测参数	产品标准或工程建设标准组批原则或取样频率	取样方法及数量	不合格复验或检查处理办法	备注
		《外墙外保温工程技术标准》JGJ 144—2019	《外墙外保温工程技术标准》JGJ 144—2019 附录 A.7 条	养护 14d 和浸水 48h 拉伸粘结强度	（JGJ 144—2019 第7.2.1 条）外保温系统主要组成材料应按表7.2.1的规定进行现场见证取样和检验，检验方法和检查数量应符合现行国家标准《建筑节能工程施工质量验收标准》GB 50411—2019 的规定	（JGJ 144—2019 第7.2.1 条）检验方法和检查数量应符合现行国家标准《建筑节能工程施工质量验收标准》GB 50411—2019 的规定	（GB 50411—2019 第3.2.3 条）在施工现场随机抽样复验。复验应为见证取样检验。当复验结果不合格时，该材料、构件和设备不得使用	
		《硬泡聚氨酯保温防水工程技术规范》GB 50404—2017	《硬泡聚氨酯保温防水工程技术规范》GB 50404—2017 第5.2.6 条	拉伸粘结强度（与硬泡聚氨酯）可操作时间	（GB 50404—2017 第5.6.2 条）硬泡聚氨酯外墙外保温各分项工程应以每1000m² 划分为一个检验批，不足1000m² 也应划分为一个检验批	—	（GB 50411—2019 第3.2.3 条）在施工现场随机抽样复验。复验应为见证取样检验。当复验结果不合格时，该材料、构件和设备不得使用	
15	抹面胶浆	《建筑节能工程施工质量验收标准》GB 50411—2019	《建筑节能工程施工质量验收标准》GB 50411—2019 第4.2.2 条	拉伸粘结强度 压折比	（GB 50411—2019 第4.1.5 条）采用相同材料、工艺和施工做法的墙面，扣除门窗洞口后的保温墙面面积每1000m² 划分为一个检验批	（GB 50411—2019 第4.2.2 条）同厂家、同品种的产品按照扣除门窗洞口后的保温墙面面所使用的材料用量，在 5000m² 以内复检每1次；面积每增加5000m² 应增加一次。同工程项目、同施工单位且同期施工的多个单位工程，可合并计算抽检。同期施工的多个单位工程，可合并计算检查面积	（GB 50411—2019 第3.2.3 条）在施工现场随机抽样复验。复验应为见证取样检验。当复验结果不合格时，该材料、构件和设备不得使用	

续表

序号	检测对象	取样依据的产品标准或者工程建设标准	检测依据的产品/方法标准或工程建设标准	主要检测参数	产品标准或工程建设标准的取样原则或取样频率	取样方法及数量	不合格复检或处理办法	备注
16	保温砂浆（保温浆料）	《建筑保温砂浆》GB/T 20473—2006	《建筑保温砂浆》GB/T 20473—2006 《建筑砂浆基本性能试验方法标准》JGJ/T 70—2009	外观质量 堆积密度 分层度	（GB/T 20473—2006 第7.2.1条）以相同原料、相同类型、同一工艺、稳定生产的产品连续生产的产品300m³为一个检验批。稳定连续生产3d产品也为一个检验批	（GB/T 20473—2006 第7.2.2条）抽样应有代表性，可连续取样，也可从20个以上不同堆放部位的包装袋中取等量样品并混匀，总量不少于40L	（GB/T 20473—2006 第7.2.3条）出厂检验或型式检验的所有项目若全部检验产品合格则判定该批产品合格；若有一项不合格，则判定该批产品不合格	
		《胶粉聚苯颗粒外保温系统材料》JG/T 158—2013	《胶粉聚苯颗粒外保温系统材料》JG/T 158—2013 第7.4.1、7.4.2条	干密度 表观密度 抗压强度	（JG/T 158—2013 第8.3条）以同种产品、同一级别、同一规格产品30t为一批，不足一批以一批计	（JG/T 158—2013 第8.3条）从每批任取10袋，从每袋中分别取样不应少于500g	（JG/T 158—2013 第8.4条）详见8.4条判定规则	
		《无机轻集料砂浆保温系统技术标准》JGJ/T 253—2019	《无机轻集料砂浆保温系统技术标准》JGJ/T 253—2019 第7.2.3条	干密度 抗压强度 导热系数 拉伸粘结强度	（JGJ/T 253—2019 第7.1.6条）墙体工程验收时，采用相同材料、工艺和施工做法的墙面，每500～1000m²墙面施工面积应划分为一个检验批，不足500m²也应为一个检验批	（JGJ/T 253—2019 第7.2.3条）墙体节能工程中，同一厂家、同一品种的产品，当单位工程保温墙体面积在5000m²以下时，各单位工程保温墙体面积小于10000m²目小于5000m²时，各抽查不少于2次；当单位工程保温墙体面积小于10000m²目小于20000m²时，各抽查不少于3次；当单位工程保温墙体面积在20000m²以上时，各抽查不少于6次	（GB 50411—2019 第3.2.3条）在施工现场随机抽样检验，复验应为见证取样检验。当复验的结果合格时，该材料、构件和设备不得使用	

续表

序号	检测对象	取样依据的产品标准 或者工程建设标准	检测依据的产品/方法 标准或工程建设标准	主要检测参数	产品标准或工程建设标 准组批原则或取样频率	取样方法及数量	不合格复检或 处理办法	备注
		《外墙外保温工程技术标准》JGJ 144—2019	《绝热材料稳态热阻及有关特性的测定 防护热板法》GB/T 10294—2008 《绝热材料稳态热阻及有关特性的测定 热流计法》GB/T 10295—2008 《无机硬质绝热制品试验方法》GB/T 5486—2008 《胶粉聚苯颗粒外墙外保温系统材料》JG/T 158—2013 《建筑材料及制品燃烧性能分级》GB 8624—2012	导热系数 干密度 表观密度 抗压强度 燃烧性能	(JGJ 144—2019 第7.2.1条）外保温系统主要组成材料应按表7.2.1 的规定进行现场见证取样复验，检验方法和检查数量应符合现行国家标准《建筑节能工程施工质量验收标准》GB 50411—2019 的规定	（JGJ 144—2019 第7.2.1条）检验方法和检查数量应符合现行国家标准《建筑节能工程施工质量验收标准》GB 50411—2019 的规定	（GB 50411—2019 第3.2.3条）在施工现场随机抽样复验，复验应为见证取样检验。当复验的结果不合格时，该材料、构件和设备不得使用	
16	保温砂浆 （保温浆料）	《建筑节能工程施工质量验收标准》GB 50411—2019	《建筑节能工程施工质量验收标准》GB 50411—2019 第4.2.2条	导热系数 密度 抗压强度 燃烧性能	（GB 50411—2019 第4.1.5条）采用相同材料、工艺和施工做法的墙面，扣除门窗洞口后的保温墙面面积每1000m² 划分为一个检验批	（GB 50411—2019 第4.2.2条）同厂家、同品种产品按照扣除门窗洞口后的保温墙面面积所使用的材料用量，在 5000m² 以内复验1次；面积每增加 5000m² 应增加一次。同工程项目、同施工单位且同期施工的多个单位工程，可合并计算抽检面积	（GB 50411—2019 第3.2.3条）在施工现场随机抽样复验，复验应为见证取样检验。当复验的结果不合格时，该材料、构件和设备不得使用	

续表

序号	检测对象	取样依据的产品标准或者工程建设标准	检测依据的产品/方法标准或者工程建设标准	主要检测参数	产品标准或工程建设标准组批原则或取样频率	取样方法及数量	不合格复检或处理办法	备注
17	玻纤网（布）、耐碱玻纤网（布）	《耐碱玻璃纤维网布》JC/T 841—2007	《增强材料 机织物试验方法 第2部分：经、纬密度的测定》GB/T 7689.2—2013；《增强制品试验方法 第3部分：单位面积质量的测定》GB 9914.3—2013；《增强材料 机织物试验方法 第5部分：玻璃纤维拉伸断裂强力和断裂伸长的测定》GB 7689.5—2013；《增强制品试验方法 第2部分：玻璃纤维可燃物含量的测定》GB 9914.2—2013；《耐碱玻璃纤维网布》JC/T 841—2007	经纬密度 单位面积质量 拉伸断裂强力 断裂伸长率 可燃物含量 外观	（JC/T 841—2007 第6.2.1条）同一品种、同一规格、同一生产工艺、稳定连续生产的一定数量的单位产品为一个检查批	（JC/T 841—2007 第6.2.2条）采取计数检验抽样方案，按规定从检查批中随机抽取检验用样本	（JC/T 841—2007 第6.3条）详见6.3条规定判定规则	
		《胶粉聚苯颗粒外保温系统材料》JG/T 158—2013	《增强制品试验方法 第3部分：单位面积质量的测定》GB 9914.3—2013；《胶粉聚苯颗粒外保温系统材料》JG/T 158—2013 第7.8.2条；《增强材料 机织物试验方法 第5部分：玻璃纤维拉伸断裂强力和断裂伸长的测定》GB 7689.5—2013	单位面积质量（经、纬向） 耐碱断裂强力（经、纬向） 断裂伸长率（经、纬向）	（JG/T 158—2013 第8.3条）按JC/T 841的规定进行	（JG/T 158—2013 第8.3条）按JC/T 841的规定进行	（JG/T 158—2013 第8.4条）详见8.4条规定判定规则	

续表

序号	检测对象	取样依据的产品标准或者工程建设标准	检测依据的产品/方法标准或工程建设标准	主要检测参数	产品标准或工程建设标准组批原则或取样频率	取样方法及数量	不合格复检或处理办法	备注
17	玻纤网(布)、耐碱玻纤网(布)	《模塑聚苯板薄抹灰外墙外保温系统材料》GB/T 29906—2013	《模塑聚苯板薄抹灰外墙外保温系统材料》GB/T 29906—2013 第6.7.1、6.7.2条	单位面积质量 耐碱断裂强力	(GB/T 29906—2013 第7.4.1条)同一材料、同一工艺、同一规格每20000m²为一批,不足20000m²时也为一批	(GB/T 29906—2013 第7.4.2条)在检验批中随机抽取,抽取数量应满足检验项目所需样品数量	(GB/T 29906—2013 第7.2.2条)全部检验项目符合本标准要求,则判定该产品为合格。若有检验项目不符合要求时,则判定该检验项目不合格	
		《挤塑聚苯板(XPS)薄抹灰外墙外保温系统材料》GB/T 30595—2014	《增强制品试验方法 第3部分:单位面积质量的测定》GB/T 9914.3—2013 《玻璃纤维网布耐碱性试验方法 氢氧化钠溶液浸渍法》GB/T 20102—2006 《挤塑聚苯板(XPS)薄抹灰外墙外保温系统材料》GB/T 30595—2014	单位面积质量 耐碱断裂强力	(GB/T 30595—2014 第7.1.3.1条)同一材料、同一工艺、同一规格每20000m²为一批,不足20000m²时也为一批	(GB/T 30595—2014 第7.1.3.2条)在检验批中随机抽取,抽取数量应满足检验项目所需样品数量	(GB/T 30595—2014 第7.2.2条)经检验,全部检验项目符合本标准要求,则判定该产品为合格;若有检验项目不符合要求时,则判定该检验项目不合格	
		《岩棉薄抹灰外墙外保温系统材料》JG/T 483—2015	《增强制品试验方法 第3部分:单位面积质量的测定》GB/T 9914.3—2013 《玻璃纤维网布耐碱性试验方法 氢氧化钠溶液浸渍法》GB/T 20102—2006	单位面积质量 耐碱断裂强力	(JG/T 483—2015 第7.1.3.1条)同一材料、同一工艺、同一规格每20000 m²为一批,不足20000m²时也为一批	(JG/T 483—2015 第7.1.3.2条)按照产品标准所采用的产品标准的规定进行抽样	(JG/T 483—2015 第7.1.2条)经检验,全部检验项目符合本标准要求,则判定该产品为合格。若有检验项目不符合要求时,则判定该检验项目不合格	

续表

序号	检测对象	取样依据的产品标准或者工程建设标准	检测依据的产品/方法标准或工程建设标准	主要检测参数	产品标准或工程建设标准批组批原则或取样频率	取样方法及数量	不合格复检或处理办法	备注
17	玻纤网（布）、耐碱玻纤网（布）	《无机轻集料砂浆保温系统技术标准》JGJ/T 253—2019	《无机轻集料砂浆保温系统技术标准》JGJ/T 253—2019 第7.2.3条	网孔中心距 耐碱拉伸断裂强力保留率 断裂伸长率	（JGJ/T 253—2019 第7.1.6条）墙体保温工程验收批的检验批划分时，采用相同材料、工艺和施工做法的墙面，每500～1000m²墙体保温施工面积划分为一个检验批，不足500m²应为一个检验批	（JGJ/T 253—2019 第7.2.3条）墙体节能工程中，同一厂家、同一品种的产品，当单位工程保温墙体面积在5000m²以下时，各抽查不少于1次；单位工程保温墙体面积小于10000m²时，各抽查不少于2次；单位工程保温墙体面积小于20000m²时，各抽查不少于3次；单位工程保温墙体面积在20000m²以上时，各抽查不少于6次	（GB 50411—2019 第3.2.3条）在施工现场随机抽样复验。当复验应为见证取样检验，该复验的结果不合格时，该材料、构件和设备不得使用	
		《外墙外保温工程技术标准》JGJ 144—2019	《增强制品试验方法 第3部分：单位面积质量的测定》GB/T 9914.3—2013 《玻璃纤维网布耐碱性试验方法 氢氧化钠溶液浸泡法》GB/T 20102—2006	单位面积质量 耐碱拉伸断裂强力保留率 断裂伸长率	（JGJ 144—2019 第7.2.1条）外保温系统主要组成材料应按表7.2.1的规定进行现场见证取样复验。复验项目和检查数量应符合现行国家标准《建筑节能工程施工质量验收标准》GB 50411—2019的规定	（JGJ 144—2019 第7.2.1条）检验方法应符合现行国家标准和行业标准《建筑节能工程施工质量验收标准》GB 50411—2019的规定	（GB 50411—2019 第3.2.3条）在施工现场随机抽样复验。当复验应为见证取样检验，该复验的结果不合格时，该材料、构件和设备不得使用	

续表

序号	检测对象	取样依据的产品标准或者工程建设标准	检测依据的产品/方法标准或工程建设标准	主要检测参数	产品标准批组批原则或取样频率	取样方法及数量	不合格复检或处理办法	备注
		《硬泡聚氨酯保温防水工程技术规范》GB 50404—2017	《硬泡聚氨酯保温防水工程技术规范》GB 50404—2017 第5.2.9条	单位面积质量 耐碱断裂强力 耐碱强力保留率 断裂伸长率	(GB 50404—2017 第5.6.2条）硬泡聚氨酯外墙外保温各分项工程应以每1000m²划分为一个检验批，不足1000m²也应划分为一个检验批	—	(GB 50411—2019 第3.2.3条）在施工现场随机抽样复验。复验应为见证取样检验。当复验的结果不合格时，该材料、构件和设备不得使用	
17	玻纤网（布）、耐碱玻纤网（布）	《建筑节能工程施工质量验收标准》GB 50411—2019	《建筑节能工程施工质量验收标准》GB 50411—2019 第4.2.2条	力学性能 抗腐蚀性能	(GB 50411—2019 第4.1.5条）采用相同材料、工艺和施工做法的墙面，扣除门窗洞口后的保温墙面面积每1000m²划分为一个检验批	(GB 50411—2019 第4.2.2条）同厂家、同品种产品按照扣除门窗洞口后的保温墙面面积，在5000m²以内复检1次，面积每增加5000m²应增加一次，同工程项目、同施工单位且同期施工的多个单位工程，可合并计算抽检面积。同期施工工程，可合并计算检查面积	(GB 50411—2019 第3.2.3条）在施工现场随机抽样复验。复验应为见证取样检验。当复验的结果不合格时，该材料、构件和设备不得使用	
18	镀锌电焊网	《镀锌电焊网》GB/T 33281—2016	《镀锌电焊网》GB/T 33281—2016	电焊网尺寸 网孔偏差 电焊网焊点抗拉力				
		《胶粉聚苯颗粒外墙外保温系统材料》JG/T 158—2013	《胶粉聚苯颗粒外墙外保温系统材料》JG/T 158—2013 第7.9条	丝径 网孔尺寸	《JG/T 158—2013 第8.3条》按 QB/T 3897 的规定进行	《JG/T 158—2013 第8.3条》按 QB/T 3897 的规定进行	《JG/T 158—2013 第8.4条》详见8.4条判定规则	

续表

序号	检测对象	取样依据的产品标准或者工程建设标准	检测依据的产品/方法标准或工程建设标准	主要检测参数	产品标准批或工程建设标准批原则或取样频率	取样方法及数量	不合格复检或处理办法	备注
18	镀锌电焊网	《外墙外保温工程技术标准》JGJ 144—2019	《外墙外保温工程技术标准》JGJ 144—2019 第7.2.1条	镀锌层质量 焊点质量	（JGJ 144—2019 第7.2.1条）检验方法和检查数量应符合现行国家标准《建筑节能工程施工质量验收标准》GB 50411—2019 的规定	（JGJ 144—2019 第7.2.1条）检验方法和检查数量应符合现行国家标准《建筑节能工程施工质量验收标准》GB 50411—2019 的规定	（GB 50411—2019 第3.2.3条）在施工现场随机抽样复验、复验应为见证取样检验。当复验的结果不合格时，该材料、构件和设备不得使用	
		《建筑节能工程施工质量验收标准》GB 50411—2019 第4.2.2条		力学性能 抗腐蚀性能	（GB 50411—2019 第4.1.5条）采用相同材料、工艺和施工做法的墙面，扣除门窗洞面的保温墙面面积为 1000m² 划为一个检验批	（GB 50411—2019 第4.2.2条）同厂家、同品种产品按照保温墙面所使用的材料用量，在 5000m² 以内复验每次 1次，面积每增加 5000m² 应增加一次。同工程项目、同施工单位且同期施工的多个单位工程，可合并计算抽检面积。同期施工的多个单位工程，可合并计算抽检面积	（GB 50411—2019 第3.2.3条）在施工现场随机抽样复验、复验应为见证取样检验。当复验的结果不合格时，该材料、构件和设备不得使用	
19	界面剂	《挤塑聚苯板（XPS）薄抹灰外墙外保温系统材料》GB/T 30595—2014	《建筑涂料用乳液》GB/T 20623—2006	容器中状态 不挥发物含量	（GB/T 30595—2014 第7.4.1条）同一材料、同一工艺、同一规格每 30t 为一批，不足 30t 时也为一批	（GB/T 30595—2014 第7.4.2条）在检验批中随机抽取，抽样数量应满足检验所需样品数量	（GB/T 30595—2014 第7.2.2条）经检验、全部检验项目符合本标准要求，则判定该产品的检验项目合格；若有检验项目不符合要求时，则判定检验项目不合格	

续表

序号	检测对象	取样依据的产品标准或者工程建设标准	检测依据的产品/方法标准或工程建设标准	主要检测参数	产品标准或工程建设标准组批原则或取样频率	取样方法及数量	不合格复检或处理办法	备注
19	界面剂	《硬泡聚氨酯保温防水工程技术规范》GB 50404—2017	《硬泡聚氨酯保温防水工程技术规范》GB 50404—2017 第5.2.7条	拉伸粘结强度（与硬泡聚氨酯）	（GB 50404—2017 第5.6.2条）硬泡聚氨酯外墙外保温工程各分项工程应以每1000m²划分为一个检验批，不足1000m²也应划分为一个检验批	—	（GB 50411—2019 第3.2.3条）在施工现场随机抽样复验。复验应为见证取样检验。当复验的结果不合格时，该材料、构件和设备不得使用	
20	锚栓	《外墙保温用锚栓》JG/T 366—2012	《外墙保温用锚栓》JG/T 366—2012	尺寸和公差 锚栓抗拉承载力标准值	（JG/T 366—2012 第8.2.1条）检验组批由相同材料、工艺、设备等条件下，生产的同型号锚栓产品组成，在正常生产时，尺寸及公差检验应以5000只为一个检验批，不足5000只仍按一个检验批计算；普通混凝土基层墙体抗拉承载力标准值检验应以2.5万只为一检验批，不足2.5万只仍按一个检验批计算	（JG/T 366—2012 第8.2.1条）应随机抽取，取样数量每批次10只	（JG/T 366—2012 第8.3.1条）8.3.1.1 锚栓的尺寸及公差如果其中有一项指标不满足要求，应加倍取样复检，复检项目不满足要求，则该批产品不合格。有两项或两项以上未满足要求，则该批产品不合格。8.3.1.2 普通混凝土基层墙体中锚栓的抗拉承载力标准值不满足要求时，应加倍取样复检；复检指标仍不满足要求，则该批产品不合格	
		《岩棉薄抹灰外墙外保温系统材料》JG/T 483—2015	《外墙保温用锚栓》JG/T 366—2012	抗拉承载力标准值 圆盘强度标准值	（JG/T 483—2015 第7.1.3.1条）同一材料、同一工艺、同一规格每50000件为一批，不足50000件时也为一批	（JG/T 483—2015 第7.1.3.2条）按照产品材料所采用的产品标准的规定采样进行抽样	（JG/T 483—2015 第7.1.2条）经检验，全部检验项目符合本标准要求，则判定该产品合格；若有检验项目不符合要求时，则判定该检验项目不合格	

续表

序号	检测对象	取样依据的产品标准或者工程建设标准	检测依据的产品/方法标准或工程建设标准	主要检测参数	产品标准或工程建设标准批原则或取样频率	取样方法及数量	不合格复检或处理办法	备注
20	锚栓	《硬泡聚氨酯保温防水工程技术规范》GB 50404—2017	《硬泡聚氨酯保温防水工程技术规范》GB 50404—2017 第5.2.10条	尺寸和公差 锚栓抗拉承载力标准值	（GB 50404—2017 第5.6.2条）硬泡聚氨酯外墙保温工程各分项工程应以每1000m²划分为一个检验批，不足1000m²也应划分为一个检验批	—	（GB 50411—2019 第3.2.3条）在施工现场随机抽样复检，复验应为见证取样检验。当复验的结果不合格时，该材料、构件和设备不得使用	
		《建筑节能工程施工质量验收标准》GB 50411—2019	《建筑节能工程施工质量验收标准》GB 50411—2019 第4.2.7条 《外墙保温用锚栓》JG/T 366—2012	锚栓拉拔力	（GB 50411—2019 第4.1.5条）采用相同材料、工艺和施工做法的墙面，扣除墙面的门窗洞口后的保温墙面面积每1000m²划分为一个检验批	（GB 50411—2019 第4.2.2条）锚栓拉拔力检验应按现行行业标准《外墙保温用锚栓》JG/T 366—2012的试验方法进行。每个检验批应抽取3处	（GB 50411—2019 第3.2.3条）在施工现场随机抽样复检，复验应为见证取样检验。当复验的结果不合格时，该材料、构件和设备不得使用	
21	门窗	《建筑节能工程施工质量验收标准》GB 50411—2019	《建筑节能工程施工质量验收标准》GB 50411—2019 第6.2.2条	传热系数 气密性能	（GB 50411—2019 第6.1.4条）同一厂家同材质、类型和型号的门窗每200樘划分为一个检验批；同一厂家的同材质、类型和型号的特种门窗每50樘划分为一个检验批；异形或有特殊要求的门窗检验批的划分也可根据其特点和数量，由施工单位与监理单位协商确定	（GB 50411—2019 第6.2.1条）按进场批次，每批随机抽取3个试样进行检查	（GB 50411—2019 第6.2.3条）在施工现场复验，复验应为见证取样检验。当复验的结果不合格时，该材料、构件和设备不得使用	严寒、寒冷地区
			《建筑节能工程施工质量验收标准》GB 50411—2019 第6.2.2条	传热系数 气密性能 玻璃的遮阳系数 可见光透射比				夏热冬冷地区
			《建筑节能工程施工质量验收标准》GB 50411—2019 第6.2.2条	门窗的气密性能 玻璃的遮阳系数 可见光透射比				夏热冬暖地区
			《建筑节能工程施工质量验收标准》GB 50411—2019 第6.2.2条	太阳光透射比 太阳光反射比 中空玻璃的密封性能				透光、部分透光遮阳材料

第 5 部分：预应力结构用材料

序号	检测对象	取样依据的产品标准或者工程建设标准	检测依据的产品标准/方法标准或工程建设标准	主要检测参数	产品标准或工程建设标准批原则或取样频率	取样方法及数量	不合格复验或检验处理办法	备注
1	预应力混凝土用钢绞线	《预应力混凝土用钢绞线》GB/T 5224—2014	《预应力混凝土用钢材试验方法》GB/T 21839—2019 《预应力混凝土用钢绞线》GB/T 5224—2014	表面 外形尺寸 钢绞线伸直性 整根钢绞线最大力 0.2%屈服力 最大力总伸长率 最大力松池弹性模量 应力松池性能	（GB/T 5224—2014 第 9.1.2 条）钢绞线应成批检查和验收，每批钢绞线由同一牌号、同一规格、同一生产工艺捻制的钢绞线组成，每批质量不大于 60t	（GB/T 5224—2014 第 9.1.1 条）表面、外形尺寸逐盘检查。拉伸试验、弹性模量 3 根/每批。应力松池性能不少于 1 根/每合同批	（GB/T 5224—2014 第 9.1.4 条）当某一项检验结果不符合本标准相应规定时，则该盘卷不得交货，并从同一批未经试验的钢绞线盘卷中取双倍数量的试样进行该不合格项目的复验。复验结果即使有一个试验结果不合格，则整批钢绞线也不得交货，或进行逐盘检验合格后的交货	
2	无粘结预应力钢绞线	《无粘结预应力钢绞线》JG/T 161—2016	《无粘结预应力钢材试验方法》GB/T 21839—2019 《无粘结预应力钢绞线》JG/T 161—2016	外观 表面质量 公称直径 伸直性 整根钢绞线最大力 0.2%屈服力 最大力总伸长率 防腐润滑脂含量 护套厚度 护套拉伸屈服应力 护套拉伸标称应变	（JG/T 161—2016 第 8.3.1 条）出厂检验应按批验收，每批产品由同一公称抗拉强度、同一公称直径、同一生产工艺生产的无粘结预应力钢绞线组成，每批产品质量不应大于 60t	（JG/T 161—2016 第 8.3.2.1 条）应从同一批产品任意盘卷的任意一端端部 1m 后剪取所需长度的试样，抽样数量应符合下列规定：外观：逐盘检查；公称直径、力学性能和伸直性：3 件/批；防腐润滑脂含量和护套厚度：3 件/批；护套拉伸性能：	（JG/T 161—2016 第 9.1.4 条）当某一项检验结果不符合本标准相应规定时，则该盘卷不得交货，并从同一批未经试验的钢绞线盘卷中取双倍数量的试样进行该不合格项目的复验。复验结果即使有一个试验结果不合格，则整批钢绞线也不得交货，或进行逐盘检验合格的交货	

续表

序号	检测对象	取样依据的产品标准或者工程建设标准	检测依据的产品标准或工程建设标准/方法	主要检测参数	产品标准或者工程建设标准组批原则或取样频率	取样方法及数量	不合格复检或处理办法	备注
2	无粘结预应力钢绞线	《无粘结预应力钢绞线》 JG/T 161—2016	《预应力混凝土用钢材试验方法》 GB/T 21839—2019 《无粘结预应力钢绞线》 JG/T 161—2016	外观 表面质量 公称直径 伸直性 整根钢绞线最大力 0.2%屈服力 最大力总伸长率 防腐润滑脂含量 护套厚度 护套拉伸屈服应变 护套拉伸断裂应变	（JG/T 161—2016 第8.3.1条）出厂检验应按批验收，每批产品由同一公称抗拉强度、同一公称直径、同一生产工艺生产的无粘结预应力钢绞线组成，每批产品质量不应大于60t	5件/批，可从其他检验项目所用试样上截取。每件护套作伸性能试样应取自不同的钢绞线试样		
3	预应力混凝土用螺纹钢筋	《预应力混凝土用螺纹钢筋》 GB/T 20065—2016	《钢筋混凝土用钢材试验方法》 GB/T 28900—2012 《预应力混凝土用钢材试验方法》 GB/T 21839—2019	屈服强度 抗拉强度 断后伸长率 松弛 质量偏差	（GB/T 20065—2016 第9.2条）钢筋应按批进行检查和验收，每批应有同一牌号、同一规格、同一交货状态的钢筋组成。每批（GB/T 20065—2016 8.2）对于每批质量大于60t的钢筋，超过60t的部分，每增加40t，增加一个拉伸试样	（GB/T 20065—2016 第8.1条）拉伸每批2个，松弛每1000t 1个，质量偏差每批5个	（GB/T 20065—2016 第9.4条）钢筋应符合 GB/T 17505—2016 的规定	
4	预应力混凝土用钢丝	《预应力混凝土用钢丝》 GB/T 5223—2014	《预应力混凝土用钢材试验方法》 GB/T 21839—2019 《金属材料 拉伸试验 第1部分：室温试验方法》 GB/T 228.1—2010	表面 外形尺寸 消除应力钢丝伸直性 质量偏差 最大力 0.2%屈服力 最大力总伸长率 断面收缩率 反复弯曲 扭转 镦头强度 弹性模量 应力松弛性能	（GB/T 5223—2014 第9.1.2条）钢丝应成批检查和验收，每批钢丝应由同一牌号、同一规格、同一加工状态的钢丝组成，每批钢丝质量不应大于60t	（GB/T 5223—2014 第9.1.2条）表面和外形尺寸逐盘检查；消除应力钢丝伸直性、质量偏差、最大力、拉伸性能、反复弯曲、弯曲、扭转、镦头强度、弹性模量、应力松弛性能不少于1根/批/每合同批	（GB/T 5223—2014 第9.1.4条）钢丝的复验与判定规则按 GB/T2103—2008 的规定执行	

续表

序号	检测对象	取样依据的产品标准或者工程建设标准	检测依据的产品/方法标准或工程建设标准	主要检测参数	产品标准或工程建设标准批组批原则或取样频率	取样方法及数量	不合格复检或处理办法	备注
5	预应力混凝土用钢棒	《预应力混凝土用钢棒》GB/T 5223.3—2017	《预应力混凝土用钢材试验方法》GB/T 21839—2019 《预应力混凝土用钢棒》GB/T 5223.3—2017 《金属材料 夏比摆锤冲击试验方法》GB/T 229—2020	表面 外形尺寸 每米质量 伸直性 抗拉强度 规定塑性延伸强度 断后伸长率 最大力总伸长率 弯曲性能 应力松弛性能 冲击性能	（GB/T 5223.3—2017 第9.2条）应成批检查和验收，每批钢棒由同一牌号、同一规格、同一加工状态的钢棒组成，每批质量不大于60t	（GB/T 5223.3—2017 第9.1条）表面和外形尺寸逐盘检验；每盘抽米质量检验1根/盘；抗拉强度和断后伸长率1根/盘；规定塑性延伸强度，最大力总伸长率，弯曲性能3根/批；应力松弛性能每月每条生产线不少于1根；冲击性能每条每月1根；冲击性能1根/批	（GB/T 5223.3—2017 第9.4条）钢棒的复验与判定规则按GB/T 2101—2008或GB/T 2103—2008的规定执行	
6	预应力钢材	工程建设标准：《混凝土结构工程施工质量验收规范》GB 50204—2015 《无粘结预应力混凝土结构技术规程》JGJ 92—2016	《混凝土结构工程施工质量验收规范》GB 50204—2015 6.2条 《无粘结预应力混凝土结构技术规程》JGJ 92—2016 第3.2.5条	抗拉强度 伸长率 无粘结预应力筋防腐润滑脂用量和护套厚度 防水性能	按进场的批次和产品的抽样检验方案确定。（GB 50204—2015 第6.1.2条）当满足下列条件之一时，其检验批容量可扩大一倍：①获得认证的产品；②同一厂家、同一品种、同一规格的产品，连续三批均一次性检验合格。（GB 50204—2015 第6.2.4条）防水性能：同一品种、同一规格的锚具系统为一批	拉伸试验，弹性模量3根/每批；防腐润滑脂用量和护套厚度：3件/批；防水性能每批抽取3套	（GB 50204—2015 第3.0.6条）不合格检验批的未按合格处理应符合下列规定：①材料、构配件，器具及半成品检验批不合格时不得使用；②混凝土浇筑前施工质量不合格的检验批，应返工、返修，并重新验收；③混凝土浇筑后施工质量不合格的检验批，应按本规范的规定处理	经观察认为涂包质量有保证时，无粘结预应力筋可不做润滑脂和护套厚度检验

序号	检测对象	取样依据的产品标准或者工程建设标准	检测依据的产品/方法标准或工程建设标准	主要检测参数	产品标准或工程建设标准组批原则或取样频率	取样方法及数量	不合格复检或处理办法	备注
7	锚具、夹具和连接器	《预应力筋用锚具、夹具和连接器》GB/T 14370—2015 《公路桥梁预应力钢绞线用锚具、夹具和连接器》JT/T 329—2010	《预应力筋用锚具、夹具和连接器》GB/T 14370—2015 《公路桥梁预应力钢绞线用锚具、夹具和连接器》JT/T 329—2010 《金属材料 洛氏硬度试验 第 1 部分：试验方法》GB/T 230.1—2018 《金属材料 布氏硬度试验 第 1 部分：试验方法》GB/T 231.1—2018	外观 尺寸 硬度 静载锚固性能	（GB/T 14370—2015 第 8.3.1 条）出厂检验时，每批产品的数量是指同一种规格产品，用同一批原材料、用同一种工艺一次投料生产的数量。每个抽检组批不应超过 2000 件（套）	（GB/T 14370—2015 第 8.3.1 条）①外观、尺寸：抽样数量应不应少于 5% 且不应少于 10 件（套）；②硬度（有硬度要求的零件）：抽样数量每炉装应不少于 3% 且不应少于 6 件（套）；③静载锚固性能：应在外观及硬度检验合格后，夹具或连接器的成套产品中按连接产品抽样，每批抽样件数量为 3 个装件的用量	（GB/T 14370—2015 第 8.4 条）外观：受检样品均应符合要求，有一个不符合要求，对本批全部产品逐件检验，符合要求的，判定外观合格。尺寸、硬度：受检样品均应符合规定，如有一个不符合，应另取双倍数量重新检验，仍有 1 个不符合检验，应逐件检验，符合要求要求判定合格。静载锚固性能：3 个装件中如有 2 个不符合要求，判定该批不合格；3 个装件中如有 1 个不符合要求，另取双倍样品重做试验，仍有不符合要求的，应判定该批检验不合格。产品出厂检验批不合格	

续表

序号	检测对象	取样依据的产品标准或者工程建设标准	检测依据的产品/方法标准或工程建设标准	主要检测参数	产品标准或工程建设标准组批原则或取样频率	取样方法及数量	不合格复检或处理办法	备注
7	锚具、夹具和连接器	工程建设标准:《预应力筋用锚具、夹具和连接器应用技术规程》JGJ 85—2010 《混凝土结构工程施工质量验收规范》GB 50204—2015	《预应力筋用锚具、夹具和连接器应用技术规程》JGJ 85—2010	外观 硬度 静载锚固性能 低温静载锚固性能试验	（JGJ 85—2010 第5.0.14 条）进场检验的锚具、夹具和连接器，每个检验批不宜超过2000套。每个检验批不宜超过500套。每个检验批不宜超过500套。获得第三方独立认证的产品，其检验批的量可扩大1倍	（JGJ 85—2010 第5.0.3 条）外观检查：应从每批产品中抽取2%且不应少于10套样品；对有硬度要求的锚具零件，应从每批产品中抽取3%且不应少于5套样品（多孔夹片式锚具每套应抽取6片）；静载锚固性能试验：应从外观检查和硬度检验均合格的锚具中抽取与相应规格的预应力筋组成3个组装件。低温静载锚固性能：同静载锚固性能	（JGJ 85—2010 第5.0.3 条）外观检查之一时，应对本批产品的外观逐套检查，合格的方可进入后续检验：①当有1个零件不符合，另取双倍数量重做检查；仍有1件不符合，则该批零件为不合格：②当有1个零件表面有裂纹或锈蚀，另取双倍数量重做检验。硬度检验：当有1个零件不符合，另取双倍数量重做检验，仍有1个零件不符合，则该批为不合格。在重做检验中如有1个零件不符合，应对该批产品逐个检验。（GB 50204—2015 第5.0.6 条）详见规范	（JGJ 85—2010 第5.0.4 条）对于用量较少的一般工程，提供有效静载锚固性能合格证明文件，可仅进行外观检查和硬度检验。夹具、锚具同锚固性能

续表

序号	检测对象	取样依据的产品标准或者工程建设标准	检测依据的产品标准/方法标准或工程建设标准	主要检测参数	产品标准或工程建设标准批组批原则或取样频率	取样方法及数量	不合格复检或处理办法	备注
8	预应力混凝土用波纹管	《预应力混凝土用金属波纹管》JG/T 225—2020	《预应力混凝土用金属波纹管》JG/T 225—2020	外观 尺寸 抗局部横向荷载性能 弯曲后抗渗漏性能	（JG/T 225—2020 第6.3.1条）出厂检验应按批进行。每批应由同一钢带生产中生产的同一批钢带制造的同一批的产品组成。每半年生产的产或累计 50000m 生产量为一批	（JG/T 225—2020 第6.3.1条）外观应全数检验。其他项目抽样数量均为3件	（JG/T 225—2020 第6.4条）当不合格项目时，应有不合格项目中未经抽样检验的产品中重新加倍抽样对不合格项目进行复检。复检结果全部合格，应判定该批产品合格，否则判定该批产品不合格	
		《预应力混凝土桥梁用塑料波纹管》JT/T 529—2016	《预应力混凝土桥梁用塑料波纹管》JT/T 529—2016 《塑料管道系统 塑料部件尺寸的测定》GB/T 8806—2008 《热塑性塑料管材 环刚度的测定》GB/T 9647—2015 《热塑性塑料管材耐外冲击性能 试验方法 时针旋转法》GB/T 14152—2001 《热塑性塑料管材 第3部分：聚烯烃管材》GB/T 8804.3—2003 《聚乙烯压力管材与管件连接的耐拉拔试验》GB/T 15820—1995	外观 规格 环刚度 局部横向荷载 纵向荷载 柔韧性 抗冲击性能 拉伸性能 抗拔力 密封性	（JT/T 529—2016 第7.3.1条）产品以批为单位进行验收。同一配方、同一生产工艺，同一设备稳定连续生产的产品的一定数量的产品为一批。每批数量不超过 10000m	（JT/T 529—2016 第7.3.1条）外观检测每次抽取5根管节中抽取5根管节；环刚度从5根管节上取样（300±10）mm 试样一段、两端与管节轴线垂直；局部横向荷载、纵向荷载、柔韧性试样长 100mm 各1根；抗冲击试样 10 根长度（200±10）mm	（JT/T 529—2016 第7.4条）在外观检测中抽取5根塑料波纹管，当有3根不符合5.1要求时，则该5根所代表的产品不合格；若有两根不符合要求进行外观检测。若仍有两根不符合规定，则该批塑料波纹管为不合格。在外观指标均合格后，判该批产品为合格时则其他指标中有一项不合格时，可再抽样复检，则该复检应在该批取双倍样品制作试样，对指标中不合格样品进行复检，判定该批为合格批。若有一项检测结果仍不合格，则判定该批产品为不合格批。复检结果作为最终判定的依据	

建设工程检测取样方法及不合格情况处理措施

续表

序号	检测对象	取样依据的产品标准或者工程建设标准	检测依据的产品/方法标准或工程建设标准	主要检测参数	产品标准或工程建设标准批组批原则或取样频率	取样方法及数量	不合格复检或处理办法	备注
8	预应力混凝土用波纹管	《混凝土结构工程施工质量验收规范》GB 50204—2015	《预应力混凝土用金属波纹管》JG/T 225—2020 《预应力混凝土桥梁用塑料波纹管》JT/T 529—2016	外观 抗局部横向荷载性能 弯曲后抗渗漏性能 局部横向荷载	（GB 50204—2015 第6.2.8条）外观和抗渗漏性能的检查按进场的批次和产品的抽样检验方案确定。（GB 50204—2015 第6.1.2条）当满足下列条件之一时，其检验批容量可扩大一倍：①获得认证的产品；②同一厂家、同一品种、同一规格的产品，连续三批均一次性检验合格	（GB 50204—2015 第6.2.8条）外观全数检查；金属波纹管径向刚度抗渗漏性能取向刚度塑料波纹管径向刚度取1根	（GB 50204—2015 第3.0.6条）不合格检验批的处理应符合下列规定：①材料、构配件、器具及半成品检验批不合格时不得使用；②混凝土浇筑前施工质量不合格的检验批，应返工、返修，并应重新验收；③混凝土浇筑后施工质量不合格的检验批，应按本规范的有关规定进行处理	

214

第 6 部分：结构加固用材料

序号	检测对象	取样依据的产品标准或者工程建设标准	检测依据的产品/方法标准或工程建设标准	主要检测参数	产品标准或工程建设标准组批原则或取样频率	取样方法及数量	不合格复检或处理办法	备注
1	结构胶粘剂	《粘钢加固用建筑结构胶》JG/T 271—2019	《多组分胶粘剂可操作时间的测定》GB/T 7123.1—2015 《环氧树脂凝胶时间测定方法》GB 12007.7—1989 《胶粘剂黏度的测定 单圆筒旋转黏度计法》GB/T 2794—2013 《树脂浇铸体性能试验方法》GB/T 2567—2008 《胶粘剂 拉伸剪切强度的测定（刚性材料对刚性材料）》GB/T 7124—2008 《胶粘剂对接接头拉伸强度的测定》GB/T 6329—1996	外观检验、可操作时间、凝胶时间、混合后黏度、初黏度、压缩强度、拉伸剪切强度（钢-钢）、对接接头拉伸强度（钢-钢）	（JG/T 271—2019 第7.2.1条）以相同材料、相同工艺、稳定连续生产的同批次产品 5t 为一批。不足5t，按一批计	（JG/T 271—2019 第7.2.2条）出厂检验应按照 GB/T 2828.1—2012 的规定采用正常检验一次抽样方案	（JG/T 271—2019 第7.2.3条）①外观质量不合格时，判定该批不合格；②对于出厂检验，需全部检验项目达到指标要求时，判定该批次合格，否则为不合格	

续表

序号	检测对象	取样依据的产品标准或者工程建设标准	检测依据的产品/方法标准或工程建设标准	主要检测参数	产品标准或工程建设标准批组批原则或取样频率	取样方法及数量	不合格复检或处理办法	备注
1	结构胶粘剂	《混凝土结构工程用锚固胶》JG/T 340—2011	《建筑密封材料试验方法 第6部分：流动性的测定》GB/T 13477.6—2002《多组分胶粘剂可操作时间的测定》GB/T 7123.1—2015《建筑结构加固工程施工质量验收规范》GB 50550—2010《混凝土结构加固设计规范》GB 50367—2013《水泥标准稠度用水量、凝结时间、安定性检验方法》GB/T 1346—2011《水质氯化物的测定硝酸银滴定法》GB 11896—1989《水泥胶砂强度检验方法（ISO法）》GB/T 17671—1999	外观质量、垂流度、适用期、干燥发物含量、粘结性能、凝结时间、氯离子含量、抗压强度	（JG/T 340—2011 第7.4.1条）以同一品种、同一批次的同一批产品为一批。不足3t也按一批计	（JG/T 340—2011 第7.4.1条）同一检验批子3个不同点抽样，每个不同点取样总量不少于所需检验量的2/3。将样品按相同组两份进行混合，分成两等份进行包装，其中一份用作检验，另一份密封保存3个月，以备有疑问时提交复检或仲裁	（JG/T 340—2011 第7.5条）所检项目的检验结果均达到本标准要求时，判定该批为合格，否则为不合格	

续表

序号	检测对象	取样依据的产品标准或者工程建设标准	检测依据的产品/方法标准或工程建设标准	主要检测参数	产品标准或工程建设标准批组批原则或抽取抽样频率	取样方法及数量	不合格复检或处理办法	备注
1	结构胶粘剂	《建筑结构加固工程施工质量验收规范》GB 50550—2010	《胶粘剂 拉伸剪切强度的测定（刚性材料对刚性材料）》GB/T 7124—2008 《建筑结构加固工程施工质量验收规范》GB 50550—2010 附录 E、附录 F、附录 H、附录 G	钢-钢拉伸抗剪强度、钢-混凝土正拉粘结强度、耐湿热老化性能、不挥发物含量、抗冲击剥离能力	（GB 50550—2010 附录 D）当一次进场到位的材料或产品数量出厂检验的批量大于该材料或产品出厂检验划分的批量时，应将进场的材料或产品数量按出厂检验批组批划分为若干检验批，然后按本规范验收抽样方案或本规范有关的抽样规定执行；对分次进场的材料或产品，除应逐次抽样复验外，尚宜知情方式进行复查或复验，且至少应进行一次；其抽样数量及数量应由监理部位及总工程师决定	（GB 50550—2010 第4.4.1条）每批号见证取样 3 件。每件每组分称 500g，并按相同组分分子以混匀后送检；每批次的样品制作一组试件。检验时，每组分子以混匀后送检；每批次的样品制作一组试件	（GB 50550—2010 第3.0.3 条）加固用材料、产品应进行进场验收，凡涉及安全、卫生、环境保护的材料和产品应按本规范规定的抽样数量进行见证抽样复检；其送样应经监理工程师复签封，复检经监理工程师确认合格的材料和产品不合格产品不得使用	抗冲击剥离试件破坏试件的残件，应经设计人员确认其剥离长度，方允许销毁

续表

序号	检测对象	取样依据的产品标准或者工程建设标准	检测依据的产品/方法标准或工程建设标准	主要检测参数	产品标准或工程建设标准组批原则或取样频率	取样方法及数量	不合格复检或处理办法	备注
2	纤维材料	《结构加固修复用碳纤维片材》JG/T 167—2016 《结构加固修复用玻璃纤维布》JG/T 284—2019 《结构加固用玄武岩纤维片材》JG/T 365—2012	《结构加固修复用碳纤维片材》JG/T 167—2016 《结构加固修复用玻璃纤维布》JG/T 284—2019 《结构加固用玄武岩纤维片材》JG/T 365—2012	外观、尺寸（尺寸偏差）、（碳纤维布、玻璃纤维布、玄武岩纤维布）单位面积质量	（JG/T 167—2016 第7.3.1条）以相同规格、相同材料、相同生产工艺，稳定连续生产的碳纤维布每5000m为一批，碳纤维板每5000m²为一批。不足此数量，也按一批计。（JG/T 284—2019 第7.2.1条）以相同规格、相同材料、相同生产工艺，稳定连续生产的玻璃纤维布每5000m²为一批。不足5000m²时，也按一批计。（JG/T 365—2012 第7.3.1条）玄武岩纤维布以5000m²为一批，玄武岩纤维板以5000m²为一批。不足一批，也按一批计	（JG/T 167—2016 第7.3.2条、JG/T 284—2019 第7.2.2条、JG/T 365—2012 第7.3.2条）①尺寸偏差、外观检验面积抽样法。每批随机抽取6个试样。②力学性能检测应采用随机抽样法，每批随机抽取6个试样进行检验	（JG/T 167—2016 第7.3.3条、JG/T 284—2019 第7.2.3条、JG/T 365—2012 第7.3.3条）对于一次抽样，所抽试样全部符合要求或仅有一个不符合要求时则判定该批合格；否则判定为不合格。对于采用二次抽样，第一次所抽取的试样中全部符合要求为合格。每一次抽批该批合格，判判定该批合格如有2个或2个以上不符合要求则进行第二次抽样。当有1个试样不符合要求时则进行第二次抽样。如两次抽样检验不合格总数为1时，则判定该批合格，否则判定该批不合格	产品标准采用建筑工业行业标准时

续表

序号	检测对象	取样依据的产品标准或者工程建设标准	检测依据的产品/方法标准或工程建设标准	主要检测参数	产品标准或工程建设标准组批原则或取样频率	取样方法及数量	不合格复检或处理办法	备注
2	纤维材料	《结构加固修复用碳纤维片材》GB/T 21490—2008 《结构加固修复用芳纶布》GB/T 21491—2008 《结构加固修复用玄武岩纤维复合材料》GB/T 26745—2011	《结构加固修复用碳纤维片材》GB/T 21490—2008 《结构加固修复用芳纶布》GB/T 21491—2008 《结构加固修复用玄武岩纤维复合材料》GB/T 26745—2011 《定向纤维增强聚合物基复合材料拉伸性能试验方法》GB/T 3354—2014 《增强制品试验方法 第3部分：单位面积质量的测定》GB/T 9914.3—2013 《纤维增强塑料密度和相对密度试验方法》GB/T 1463—2005	外观、尺寸偏差（碳纤维片材、芳纶布、玄武岩纤维单向布、玄武岩纤维复合材料板）、单位面积质量（碳纤维布、芳纶布、玄武岩纤维单向布）、尺寸偏差（玄武岩纤维复合材料板）、公称直径（玄武岩纤维筋）、密度（玄武岩纤维增强复合材料筋）、拉伸强度	（GB/T 21490—2008 第6.2.1条）碳纤维布以3000m²为一批，碳纤维板以3000m为一批此数量。不足此数量，也按一批计。（GB/T 21491—2008 第6.2.1条）芳纶布以3000m²为一批。不足此数量，也按一批计。（GB/T 26745—2011 第7.2.1条）①玄武岩纤维单向布以50卷为一批。不足此数量，也按一批计。②玄武岩纤维增强复合材料板以2000m为一批。不足此数量，也按一批计。③玄武岩纤维增强复合材料筋以同一规格、同一种材料及发生工艺，稳定连续生产的500根为一批。不足此数量，也按一批计。	（GB/T 21490—2008 第6.2.2条，GB/T 21491—2008 第6.2.2条）①外观检验及尺寸偏差及单位面积质量采用一次抽样法。每组批随机抽取6个样本；②力学性能的测定采用二次抽样法。随机抽取6个样本。（GB/T 26745—2011 第7.2.2条）①外观、尺寸偏差、玄武岩纤维单向布的单位面积质量和玄武岩复合材料板的纤维体积含量和密度复合强度采用一次抽样，样本数量5个；②力学性能的测定采用二次抽样法。样本数量各为5个	（GB/T 21490—2008 第6.2.3条，GB/T 21491—2008 第6.2.3条，GB/T 26745—2011 第7.2.3条）一次抽样，所抽试样全部符合要求或合格，则判定该批合格。仅有一个不符合要求时则一次抽样判定该批不合格。二次抽样，第一次抽取的试样中全部符合要求判定该批为合格。如有2个或2个以上不符合要求则该批不合格。有1个试样不符合要求则进行第二次抽样检验，如两次抽样检验不符合要求的试样总数为1时，则判定该批合格，否则判定该批不合格	产品标准采用国家标准时

219

续表

序号	检测对象	取样依据的产品标准或者工程建设标准	检测依据的产品/方法标准或者工程建设标准	主要检测参数	产品标准或工程建设标准批组批原则或取样频率	取样方法及数量	不合格复验或处理办法	备注
2	纤维材料	《结构加固修复用玻璃纤维片材》GB/T 26744—2011	《结构加固修复用玻璃纤维片材》GB/T 26744—2011 《增强制品试验方法 第3部分：单位面积质量的测定》GB/T 9914.3—2013 《定向纤维增强聚合物基复合材料拉伸性能试验方法》GB/T 3354—2014	外观、尺寸偏差、单位面积质量、拉伸强度	（GB/T 26744—2011 第7.2.1条）以同一种材料及生产工艺、稳定连续生产的100卷（1卷长度以1m）为一批，不足100卷，按一批计	（GB/T 26744—2011 第7.2.2条）外观检验、尺寸偏差采用一次抽样法。每批随机抽取1卷；单位面积质量采用一次随机抽样法；力学性能采用二次抽样法的测定二次抽样，每批随机抽取6卷	（GB/T 26744—2011 第7.2.3条）外观检验、尺寸偏差采取一次抽样。所抽样本符合面积质量（或单位面积质量仅有时）则判该批合格；否则判不合格。力学性能第一次所抽样本全部符合要求时则判该批合格；如有2个及以上不符合要求则判不合格。当有一个不符合要求时则进行第二次抽样检验，当两次抽样检验符合要求的样本总数为1时则判该批合格，否则判定该批不合格	产品标准采用国家标准时
2	纤维材料	《建筑结构加固工程施工质量验收规范》GB 50550—2010	《定向纤维增强聚合物复合材料拉伸性能试验方法》GB/T 3354—2014 《增强制品试验方法 第3部分：单位面积质量的测定》GB/T 9914.3—2013 《碳纤维增强塑料孔隙含量和纤维体积含量试验方法》GB/T 3365—2008	纤维复合材料的抗拉强度标准值、弹性模量、极限伸长率、纤维织物单位面积质量或预成型板纤维体积含量的K数、碳纤维织物与配套胶粘剂的适配性试验（产品检验未检）	（GB 50550—2010 附录D）当一次进场到位的材料或产品数量大于该批材料或产品出厂检验划分的批量时，检验进场的材料或产品将按出厂检验批的数量进行验收；数量划分为若干检验批，然后按出厂检验批方案或本规范有关的抽样规定执行	（GB 50550—2010 第4.5.1条）每批号至少证取样3件。从每一检测项目中，按每一检测项目各裁取一组试件数量，每组试件数量不得少于15个。（GB 50550—2010 第4.5.4条）纤维织物单位面积质量或预成型板的纤维体积含量每批抽取6个试样	（GB 50550—2010 第3.0.3条）加固材料、产品应进行进场验收，凡涉及安全、卫生、环境保护的材料和产品应按本规范规定的抽样数量进行见证取样复验。其送样复验应经监理工程师签封；复验不合格的材料和产品不得使用	

续表

序号	检测对象	取样依据的产品标准或者工程建设标准	检测依据的产品/方法标准或工程建设标准	主要检测参数	产品标准或工程建设标准批组批原则或取样频率	取样方法及数量	不合格复检或处理办法	备注
			《建筑结构加固工程施工质量验收规范》GB 50550—2010 附录 M、附录 E、附录 N		当一次进场到位的材料或该材料或产品数量不大于该产品出厂时，应将进场材料或产品规划分的批量组批为一个检验批，然后按出厂检验抽样方案或本规范有关的抽样规定执行			
		《混凝土结构加固用聚合物砂浆》JG/T 289—2010	《混凝土结构加固用聚合物砂浆》JG/T 289—2010 《建筑砂浆基本性能试验方法标准》JGJ/T 70—2009 《水泥胶砂强度检验方法（ISO法）》GB/T 17671—1999	外观、凝结时间、抗压强度、抗折强度、粘结强度	（JG/T 289—2010 第 7.3.1 条）每 50t 聚合物砂浆应为一个检验批；每批不足 50t 也应为一个检验批	（JG/T 289—2010 第 7.3.2 条）从每检验批产品中不同部分随机抽取同等量试样。试样总量至少 100kg，充分混合均匀后分成两等份，一份进行检测，另一份密封保存 3 个月	（JG/T 289—2010 第 7.4 条）若有一项达不到规定要求，允许在该检验批样品中加倍进行单项复检。若复检全部达到产品复验判该检验批产品合格。若仍有一项达不到规定要求，则应判该检验批产品不合格	
3	聚合物砂浆	《建筑结构加固工程施工质量验收规范》GB 50550—2010	《建筑结构加固工程施工质量验收规范》GB 50550—2010 附录 P、附录 Q、附录 R	劈裂抗拉强度、抗折强度、聚合物砂浆拉伸抗剪强度	（GB 50550—2010 第 4.7.1 条）原材料进场时、施工单位应会同监理单位对其品种、型号、包装、中文标志、出厂日期、出厂检验合格报告等进行检查。同时尚应对聚合物砂浆体的劈裂抗拉强度、抗折强度及聚合物砂浆与钢粘结的拉伸抗剪强度进行见证取样复检	（GB 50550—2010 第 4.7.1 条）按进场见证抽样号，每批每组抽样 3 件，并按同组分子以混合送独立检测机构复检。检验时，每一项目每批次的样品制作一组试件	（GB 50550—2010 第 3.0.3 条）加固材料、产品应进行进场验收。凡涉及安全、卫生、环境保护的材料和产品应按本规范规定的抽样数量进行见证抽样复验；其复验应经监理工程师签封；复检不合格的材料和产品不得使用	

续表

序号	检测对象	取样依据的产品标准或者工程建设标准	检测依据的产品/方法标准或者工程建设标准	主要检测参数	产品标准或工程建设标准组批原则或取样频率	取样方法及数量	不合格复检或处理办法	备注
4	裂缝修补用注浆料	《桥梁混凝土裂缝压注胶和裂缝注浆料》JT/T 990—2015	《树脂浇铸体性能试验方法》GB/T 2567—2008 《胶粘剂 拉伸剪切强度的测定（刚性材料对刚性材料）》GB/T 7124—2008 《胶粘剂对接头拉伸强度的测定》GB 6329—1996 《工程结构加固材料安全性鉴定技术规范》GB 50728—2011 附录F、附录 G、附录 J、附录E、附录 Q 《多组分胶粘剂可操作时间的测定》GB/T 7123.1—2015 《水泥胶砂强度检验方法（ISO法）》GB/T 17671—1999	外观、裂缝压注胶抗拉强度、裂缝压注胶和改性环氧基灌注浆料抗压强度、钢对钢拉伸抗剪强度、钢对钢对接粘结抗拉强度、钢对钢T冲击剥离长度、钢对 C45 混凝土正拉粘结强度、耐湿热老化能力、劈裂抗拉强度、初始黏度、可操作时间、改性水泥基裂缝灌浆料的抗压强度、流动度（自流）	(JT/T 990—2015）第 7.2.1 条）连续生产时每 5t 为一批。不足 5t 也为一批	(JT/T 990—2015）第 7.2.2 条）出厂检验按照 GB/T 2828.1—2012 采用正常检验一次抽样方案	(JT/T 990—2015）第 7.3 条）①外观不符合要求时，该批产品不合格。②对于出厂检验，当样本的检验项目全部达到标准要求时，判断该批为合格	
			《水泥基灌浆材料应用技术规范》GB 50448—2015 《混凝土外加剂应用技术规范》GB 50119—2013 附录 C 《普通混凝土拌合物性能试验方法标准》GB/T 50080—2016	竖向膨胀率、泌水率	(JT/T 990—2015）第 7.2.1 条）连续生产时每 5t 为一批。不足 5t 也为一批	(JT/T 990—2015）第 7.2.2 条）出厂检验按照 GB/T 2828.1—2012 采用正常检验一次抽样方案	(JT/T 990—2015）第 7.3 条）①外观不符合要求时，该批产品不合格。②对于出厂检验，当样本的检验项目全部达到标准要求时，判断该批为合格	

续表

序号	检测对象	取样依据的产品标准或者工程建设标准	检测依据的产品/方法标准或工程建设标准	主要检测参数	产品标准或工程建设标准批质原则或取样频率	取样方法及数量	不合格复检或处理办法	备注
4	裂缝修补用注浆料	《建筑结构加固工程施工质量验收规范》GB 50550—2010	《液态胶粘剂密度的测定方法 重量杯法》GB/T 13354—1992 《建筑结构加固工程施工质量验收规范》GB 50550—2010 附录K 《水泥基灌浆材料应用技术规范》GB/T 50448—2015 《混凝土外加剂应用技术规范》GB 50119—2013 附录C 《环氧浇铸树脂线性收缩率的测定》HG/T 2625—1994 《普通混凝土拌和物性能试验方法标准》GB/T 50080—2016 《多组分胶粘剂可操作时间的测定》GB/T 7123.1—2015	密度、初始黏度、流动度（自流）、竖向膨胀率、23℃下7d无约束线性收缩率、泌水率、25℃测定的可操作性时间	(GB 50550—2010 附录D) 当一次进场到位的材料或产品出厂检的批量大于该材料或产品出厂检验进场分的批量时，应将进场的材料或产品数量按出厂检验批量划分为若干检验批，然后按出厂检验抽样方案或本规范有关的抽样规定执行；当一次进场数量不大于该材料或产品出厂检验进场分的批量时，应将进场材料或产品视为一个检验批，然后按出厂检验抽样方案或本规范有关的抽样规定执行	按相应产品标准	(GB 50550—2010 第3.0.3条）加固材料、产品应进行进场验收、凡涉及安全、卫生、环境保护的材料和产品应按本规范规定的抽样数量进行见证抽样复检；其质复检应经监理工程师签封；复检不合格的材料和产品不得使用	

223

续表

序号	检测对象	取样依据的产品标准或者工程建设标准	检测依据的产品/方法标准或者工程建设标准	主要检测参数	产品标准或工程建设标准批组批原则或取样批频率	取样方法及数量	不合格复检或处理办法	备注
		《混凝土界面处理剂》JC/T 907—2018	《混凝土界面处理剂》JC/T 907—2018	外观质量、拉伸粘结强度	(JC/T 907—2018 第8.2.1条) 连续生产、同一配料工艺条件制得的产品为一批。P类产品300t为一批，D类产品30t为一批。不足上述数量时也作为一批计	(JC/T 907—2018 第8.2.2条) 每批产品中随机抽取，样品总质量不少于10kg，抽取的样品分成两份：一份试验，一份备用	(JC/T 907—2018 第8.3条) 若产品全部试验结果符合规定，则判该批产品合格；若该批产品不符合标准要求，则判该批产品不合格；若结果中仅有一项不符合标准要求，重新用备用样对该项目复检。若复检产品合格，则判该批产品合格；若仍不符合标准要求，则判该批产品不合格	
5	混凝土用结构界面胶（剂）	《建筑结构加固工程施工质量验收规范》GB 50550—2010	《建筑结构加固工程施工质量验收规范》GB 50550—2010 附录E、附录S、附录J	与混凝土的正拉粘结强度及其破坏形式，剪切粘结强度及其破坏形式，耐湿热老化性能现场快速复验安全	(GB 50550—2010 附录D) 当一次进场到位的材料或产品出厂检验批量时，应将进场的材料或产品按该批进场产品数量划分为若干检验批，然后按本方案或本规范抽样有关的抽样规定执行。当一次进场到位的材料或产品数量不大于该批进场产品出厂检验批量时，应将进场材料或产品视为一个检验批，然后按出厂检验批或本方案或本规范抽样有关的抽样规定执行	(GB 50550—2010 第4.9.2条) 每批见证抽取3件。从每件中取出一定数量界面胶（剂）经混合均匀后，为每一复验项目制作5个试件进行复检	(GB 50550—2010 第3.0.3条) 加固材料，产品应进行进场验收，凡涉及安全、卫生、环境保护的材料和产品应按本规范规定的抽样数量进行见证抽样检查；复检应经总监理工程师见证取样送样封签；复检不合格的材料和产品不得使用	

续表

序号	检测对象	取样依据的产品标准或者工程建设标准	检测依据的产品/方法标准或工程建设标准	主要检测参数	产品标准或工程建设标准组批原则或取样频率	取样方法及数量	不合格复检或处理办法	备注
6	结构加固用水泥基灌浆料	《水泥基灌浆材料》JC/T 986—2018	《水泥基灌浆材料》JC/T 986—2018 《普通混凝土拌和物性能试验方法标准》GB/T 50080—2016 《铁路后张法预应力混凝土梁管道压浆技术条件》TB/T 3192—2008 附录A 《水泥胶砂强度检验方法（ISO法）》GB/T 17671—1999 《混凝土物理力学性能试验方法标准》GB/T 50081—2019 《混凝土外加剂应用技术规范》GB 50119—2013 附录C	细度，截锥流动度，泌水率，流锥流动度，抗压强度，竖向膨胀率	（JC/T 986—2018 第8.2条）同类产品每200t计为一批。不足200t也计为一批	（JC/T 986—2018 第8.2条）Ⅰ类、Ⅱ类、Ⅲ类取样不少于40kg，Ⅳ类取样不少于80kg	（JC/T 986—2018 第8.3条）出厂检验结果均符合本标准规定的要求时判定为合格品。若有一项指标不符合要求则判为不合格品	
		《建筑结构加固工程施工质量验收规范》GB 50550—2010	《水泥基灌浆材料应用技术规范》GB/T 50448—2015 《建筑砂浆基本性能试验方法标准》JGJ/T 70—2009 《建筑结构加固工程施工质量验收规范》GB 50550—2010 附录E	浆体流动度，抗压强度，与混凝土正拉粘结强度	（GB 50550—2010 附录D）当一次进场产品数量大于该检验项目划分的批量时，应将进场的材料或产品数量按出厂检验批量划分为若干检验批，然后按出厂检验方案或本规范有关的抽样规定执行；当一次进场产品数量不大于该检验项目出厂检验批量时，应将进场材料或产品视为一个检验批，然后按出厂检验方案或本规范有关的抽样规定执行	按相应产品标准	（GB 50550—2010 第3.0.3条）加固材料或产品应进行进场验收，凡涉及安全、卫生、环境保护的材料和产品应按本规范规定的抽样数量进行见证抽样复检；其复验应经监理工程师签封，复验不合格的材料和产品不得使用	

续表

序号	检测对象	取样依据的产品标准或者工程建设标准	检测依据的产品/方法标准或工程建设标准	主要检测参数	产品标准或工程建设标准批组原则或取样频率	取样方法及数量	不合格复检或处理办法	备注
7	锚栓	《混凝土用机械锚栓》JG/T 160—2017	《混凝土用机械锚栓》JG/T 160—2017	非开裂混凝土上拉伸基准试验、0.3mm 开裂混凝土上拉伸性能试验、0.8mm 开裂混凝土上拉伸性能试验	(JG/T 160—2017 第8.2条）出厂检验组批：由材料、工艺、型号、规格、类别、等级相同的产品组成，正常生产时 8h 生产量为一个检验批，随机抽取样品进行检验	(JG/T 160—2017 第7.1.2.1条）锚固试验能试验项目和试验标准条件试验项目符合本标准表 3 件所示要求。且所有项目的试验样品数量应不少于 5 只	(JG/T 160—2017 第8.2条）对于出厂检验，可加倍取样对不合格指标复检（可将两次试验数据合并，一起计算变异系数和标准值）。复检仍不满足要求，则该批产品不合格	
		《建筑结构加固工程施工质量验收规范》GB 50550—2010	《金属材料拉伸试验 第 1 部分：室温试验方法》 GB/T 228.1—2010	锚栓钢材受拉性能	(GB 50550—2010 第4.11.1条）同一规格包装箱整批为一检验批	(GB 50550—2010 第4.11.1条）随机抽取 3 箱（不足 3 箱全取）的锚栓，经混合均匀后，从中见证抽取 5%，且不少于 5 个进行复检	(GB 50550—2010 第4.11.1条）若复检结果仅有一个不合格，允许加倍取样复检；若仍有不合格的，则该批产品应判为不合格产品	

第 7 部分：水电材料

序号	检测对象	取样依据的产品标准或者工程建设标准	检测依据的产品/方法标准或工程建设标准	主要检测参数	产品标准或工程建设标准组批原则或取样频率	取样方法及数量	不合格复检或处理办法	备注
1	冷热水用聚丙烯管材	《冷热水用聚丙烯管道系统 第 2 部分：管材》GB/T 18742.2—2017	GB/T 6111—2018 GB/T 18251—2019 GB/T 6671—2001 GB/T 18743—2002 GB/T 3682.1—2018	静液压强度 颜料分散 纵向回缩率 简支梁冲击 熔体质量流动速率	（GB/T 18742.2—2017 第 9.2.1 条）同一原料、同一设备和工艺且连续生产的同一规格管材作为一批，每批数量不超过 100t。如果生产 10d 仍不足 100t，则以 10d 产量为一批	（GB/T 18742.2—2017 第 9.4.3 条）在按产品标准第 9.4.2 计数抽样检验合格的产品中，随机抽取足够的样品，进行检测	（GB/T 18742.2—2017 第 9.7 条）卫生要求有一项不合格批为不合格批（或产品）。其他要求有一项不达到规定时，则随机抽取双倍样品进行复检，如仍不合格，则判为不合格批（或产品）	
2	冷热水用聚丙烯管件	《冷热水用聚丙烯管道系统 第 3 部分：管件》GB/T 18742.3—2017	GB/T 6111—2018 GB/T 18251—2019 GB/T 3682.1—2018	静液压试验（20℃，1h） 颜料分散 熔体质量流动速率	(GB/T 18742.3—2017 第 8.2.1 条）同一原料、同一设备和工艺且连续生产的同一规格管件作为一批。$dn \leq 25mm$ 每批不超过 5000 个；$32mm \leq dn \leq 63mm$ 每批不超过 20000 个；$dn > 63mm$ 每批不超过 5000 个。如果生产 7d 仍不足上述数量，则以 7d 为一批	（GB/T 18742.3—2017 第 8.4.3 条）在按产品标准第 8.4.2 计数抽样检验合格的产品中，随机抽取足够的样品进行检测	（GB/T 18742.3—2017 第 8.7 条）卫生要求有一项不合格批为不合格批（或产品）。其他要求有一项不达到规定时，则随机抽取双倍样品进行复检，如仍不合格，则判为不合格批（或产品）	

续表

序号	检测对象	取样依据的产品标准或者工程建设标准	检测依据的产品/方法标准或工程建设标准	主要检测参数	产品标准或工程建设标准批组批原则或取样频率	取样方法及数量	不合格复检或处理办法	备注
3	给水用聚乙烯（PE）管材	《给水用聚乙烯（PE）管道系统 第2部分：管材》GB/T 13663.2—2018	GB/T 6111—2018 GB/T 8804.3—2003 GB/T 3682.1—2018 GB/T 19466.6—2009	静液压强度 断裂伸长率 熔体质量流动速率 氧化诱导时间	（GB/T 13663.2—2018 第8.2.1条）同一原料、同一设备生产的同一工艺且同一规格生产的同一规格管材作为一批。每批数量不超过200t。如果生产10d仍不足200t，则以10d产量为一批	（GB/T 13663.2—2018 第8.3.3条）在外观、颜色和尺寸检验合格的产品中抽取试样，进行检测。其中静液压强度试样数量为1个。氧化诱导时间的试样从内表面取样，试样数量为1个	（GB/T 13663.2—2018 第8.6条）有一项不符合要求时，则从原批次中随机抽取双倍样品对该项进行复检。如复检仍不合格，则判定该产品不合格。如有卫生要求时，卫生指标有一项不合格判为不合格批	
4	给水用聚乙烯（PE）管件	《给水用聚乙烯（PE）管道系统 第3部分：管件》GB/T 13663.3—2018	《流体输送用热塑性塑料管道系统 压性能的测定》GB/T 6111—2018 《塑料 热塑性塑料格料格体质量流动速率（MFR）和熔体体积流动速率（MVR）的测定》GB/T 3682.1—2018 《塑料 差示扫描量热法（DSC）第6部分：氧化诱导时间（等温OIT）和氧化诱导温度（动态OIT）的测定》GB/T 19466.6—2009 《给水用聚乙烯（PE）管道系统 第5部分：系统适用性》GB/T 13663.5—2018	静液压试验 80℃，165h 熔体质量流动速率 氧化诱导时间 耐内压密封性试验	（GB/T 13663.3—2018 第8.2.1条）同一原料、同一设备生产的同一工艺连续生产的同一规格管件作为一批。$dn<75mm$ 规格管件每批数量20000件；$75mm≤dn<250mm$ 规格的管件每批不大于5000件；$250mm≤dn<710mm$ 规格的管件每批不大于3000件；$dn≥710mm$ 规格的管件每批不大于1000件。如果生产7d仍不足上述数量，则以7d产量为一批。一个部件存在不同端部尺寸情况下，如变径、三通等产品，以较大口径规格进行组批和试验	（GB/T 13663.3—2018 第8.3.4条）在外观、颜色验合格的产品中抽取试样，进行检测。其中电阻检验试样及静液压强度、氧化诱导时间的试样从内表面取样，试样数量为1个	（GB/T 13663.3—2018 第8.5条）有一项不符合要求时，则从原批次中随机抽取双倍样品对该项进行复检。如复检仍不合格，则判定该产品不合格。如有卫生要求时，卫生指标有一项不合格判为不合格批	

续表

序号	检测对象	取样依据的产品标准或者工程建设标准	检测依据的产品/方法标准或工程建设标准	主要检测参数	产品标准或工程建设标准组批原则或取样频率	取样方法及数量	不合格复检或处理办法	备注
5	给水用硬聚氯乙烯(PVC-U)管材	《给水用硬聚氯乙烯(PVC-U)管材》GB/T 10002.1—2006	《热塑性塑料管材 纵向回缩率的测定》GB/T 6671—2001；《热塑性塑料管材耐外冲击性能 试验方法 时针旋转法》GB/T 14152—2001；《流体输送用热塑性塑料管道系统 耐内压性能的测定》GB/T 6111—2018	纵向回缩率 落锤冲击试验 液压试验	（GB/T 10002.1—2006 第8.2条）用相同原料、配方和工艺生产的同一规格的管材作为一批。当 $dn \leqslant$ 63mm时，每批数量不超过50t；当 $dn >$ 63mm时，每批数量不超过100t。如果生产7d仍不足批量，以7d产量为一批	（GB/T 10002.1—2006 第8.5.3条）在计数抽样检验合格的产品中，随机抽取足够的样品，进行检测	（GB/T 10002.1—2006 第8.7条）物理力学性能中有一项不达不到要求，则在该批中随机抽取双倍样品进行复检。如复检仍不合格，则判复批产品为不合格。卫生指标有一项不合格为不合格批	
6	冷热水用耐热聚乙烯(PE-RT)管材	《冷热水用耐热聚乙烯(PE-RT)管道系统 第2部分：管材》GB/T 28799.2—2012	GB/T 6671—2001；GB/T 3682.1—2018；GB/T 6111—2018	纵向回缩率 熔体质量流量流速率(MFR) 静液压试验	（GB/T 28799.2—2012 第7.2.1条）同一原料、同一设备和工艺且连续生产的同一规格管材作为一批。每批数量不超过30t。如果生产7d仍不足30t，则以7d产量为一批	（GB/T 28799.2—2012 第7.4.3条）在计数抽样检验合格的产品中，随机抽取足够的样品，进行检测	（GB/T 28799.2—2012 第7.6条）有一项达不到规定时，则随机抽样双倍样品进行复检。如复检仍不合格，则判该批为不合格批	
7	冷热水用耐热聚乙烯(PE-RT)管件	《冷热水用耐热聚乙烯(PE-RT)管道系统 第3部分：管件》GB/T 28799.3—2012	《塑料 热塑性塑料熔体质量流动速率(MFR)和熔体体积流动速率(MVR)的测定 第1部分：标准方法》GB/T 3682.1—2018；《流体输送用热塑性塑料管道系统 耐内压性能的测定》GB/T 6111—2018	熔体质量流量流速率(MFR) 静液压试验（20℃, 1h）	（GB/T 28799.3—2012 第7.2.1条）用同一原料和工艺连续生产的同一规格的管件作为一批。当 $dn \leqslant$ 32mm规格的管件每批不超过20000件；$dn >$ 32mm规格的管件每批不超过5000件。如果生产7d仍不足上述数量，则以7d为一批	（GB/T 28799.3—2012 第7.4.3条）在计数抽样检验合格的产品中，随机抽取足够的样品，进行检测	（GB/T 28799.3—2012 第7.6条）有一项达不到规定时，则随机抽样双倍样品进行复检。如复检仍不合格，则判该批为不合格批	

续表

序号	检测对象	取样依据的产品标准或者工程建设标准	检测依据的产品/方法标准或工程建设标准	主要检测参数	产品标准或工程建设标准组批原则或取样频率	取样方法及数量	不合格复检或处理办法	备注
8	冷热水用聚丁烯(PB)管材	《冷热水用聚丁烯(PB)管道系统》第2部分：管材：GB/T 19473.2—2020	GB/T 6671—2001 GB/T 6111—2018 GB/T 3682.1—2018	纵向回缩率 静液压强度 熔体质量流动速率变化率	（GB/T 19473.2—2020 第10.2.1条）同一原料和工艺日连续生产的同一品种规格管材作为一批。每批数量不超过50t，如果生产7d仍不足50t，则以7d产量为一批	（GB/T 19473.3—2020 第10.4.3条）标准第10.4.2计数抽样检验合格的产品中，随机抽取足够的样品进行检测	（GB/T 19473.2—2020 第10.6条）卫生要求不合格则判定为不合格批。其他不合格要求有一项不合格时，则随机抽取两组样品进行不合格项的复检，如仍有不合格项，则判定为不合格批	
9	冷热水用聚丁烯(PB)管件	《冷热水用聚丁烯(PB)管道系统》第3部分：管件：GB/T 19473.3—2020	《流体输送用热塑性塑料管道系统 耐内压性能的测定》GB/T 6111—2018《塑料 热塑性塑料熔体质量流动速率(MFR)和熔体体积流动速率(MVR)的测定方法》标准第1部分：GB/T 3682.1—2018	20℃静液压强度 熔体质量流动速率变化率	（GB/T 19473.3—2020 第9.2.1条）同一原料和工艺连续生产的同一品种规格的管件每批不超过20000个；$32mm < dn \leq 75mm$规格的管件每批不超过10000个；$dn > 75mm$规格的管件批不超过5000个。如果生产7d仍不足上述数量，则以7d产量为一批	（GB/T 19473.3—2020 第9.4.3条）在按产品标准检验第9.4.2计数抽样检验合格的产品中，随机抽取足够的样品进行检测	（GB/T 19473.3—2020 第9.6条）卫生要求不合格则判定为不合格批。其他多项不合格要求有一项不合格时，则随机抽取两组样品进行不合格项的复检，如仍有不合格项，则判定为不合格批	

续表

序号	检测对象	取样依据的产品标准或者工程建设标准	检测依据的产品/方法标准或者工程建设标准	主要检测参数	产品标准或工程建设标准组批原则或取样频率	取样方法及数量	不合格复检或处理办法	备注
10	排水用硬聚氯乙烯（PVC-U）管材	《建筑排水用硬聚氯乙烯（PVC-U）管材》GB/T 5836.1—2018	GB/T 1033.1—2008 GB/T 6671—2001 GB/T 14152—2001 GB/T 8802—2001 GB/T 8804.2—2003	密度 纵向回缩率 落锤冲击试验 维卡软化温度 拉伸屈服应力 断裂伸长率	（GB/T 5836.1—2018 第 8.2 条）用相同原料、配方和工艺生产的同一规格、同一类型的管材作为一批。当 dn≤75mm 时，每批数量不超过 80000m；75mm＜dn≤160mm，每批数量不超过 50000m；当 160mm＜dn≤315mm 时，每批数量不超过 30000m。如果生产 7d 仍不足规定数量，以 7d 产量为一批	（GB/T 5836.1—2018 第 8.3.3 条）在按产品标准第 8.3.2 计数抽样检验合格的产品中，随机抽取足够样品进行检测	（GB/T 5836.1—2018 第 8.5 条）物理力学性能中和系统适用性，除落锤冲击试验要求外，有一项达不到要求时，则在该批中随机抽取双倍样品对该项进行复检。如仍不合格，则判该批不合格	
11	排水用硬聚氯乙烯（PVC-U）管件	《建筑排水用硬聚氯乙烯（PVC-U）管件》GB/T 5836.2—2018	GB/T 8803—2001 GB/T 8801—2007	烘箱试验 坠落试验	（GB/T 5836.2—2018 第 8.2 条）同一原料、配方和工艺生产的同一规格、类型的管件作为一批。当 dn＜75mm 时，每批数量不超过 10000 件；当 dn≥75mm 时，每批数量不超过 5000 件。如果生产 7d 仍不足规定数量，以 7d 产量为一批	（GB/T 5836.2—2018 第 8.3.3 条）在按产品标准第 8.3.2 计数抽样检验合格的产品中，随机抽取足够样品，进行检测	（GB/T 5836.2—2018 第 8.5 条）物理力学性能和系统适用性，有一项达不到要求时，则在该批中随机抽取双倍样品对该项进行复检。如仍不合格，则判定该批不合格	

续表

序号	检测对象	取样依据的产品标准或者工程建设标准	检测依据的产品/方法标准或工程建设标准	主要检测参数	产品标准或工程建设标准批组批原则或检测频率	取样方法及数量	不合格复检或处理办法	备注
12	排水用芯层发泡硬聚氯乙烯 (PVC-U) 管材	《排水用芯层发泡硬聚氯乙烯 (PVC-U) 管材》GB/T 16800—2008	《热塑性塑料管材 纵向回缩率的测定》GB/T 6671—2001 《热塑性塑料管材耐外冲击性能 试验方法 时针旋转法》GB/T 14152—2001 《热塑性塑料管材 环刚度的测定》GB/T 9647—2015	纵向回缩率 落锤冲击试验 扁平试验	(GB/T 16800—2008 第7.2条) 同一原料配方、同一工艺和同一规格连续生产的管材作为一批。每批数量不超过50t。如果生产7d尚不足50t，则以7d产量为一批	(GB/T 16800—2008 第7.3.3条) 在计数抽样检验合格的产品中，随机抽取足够样品，进行检测	(GB/T 16800—2008 第7.5条) 物理力学性能中有一项达不到指标时，可随机在该批中抽取双倍样品进行该项目的复检。如果仍不合格，则判该批为不合格品	
13	建筑排水用硬聚氯乙烯 (PVC-U) 结构壁管材	《建筑排水用硬聚氯乙烯 (PVC-U) 结构壁管材》GB/T 33608—2017	《塑料 非泡沫塑料密度的测定 第1部分：浸渍法、液体比重瓶法和滴定法》GB/T 1033.1—2008 《热塑性塑料管材 纵向回缩率的测定》GB/T 6671—2001 《热塑性塑料管材耐外冲击性能 试验方法 时针旋转法》GB/T 14152—2001	密度 纵向回缩率 落锤冲击试验	(GB/T 33608—2017 第8.1条) 以同一原料配方、同一工艺和同一规格连续生产的管材为一批。每批数量不超过50t。如果生产7d尚不足50t，则以7d产量为一批	(GB/T 33608—2017 第8.2.4条) 在按产品标准第8.2.3计数抽样检验合格的产品中，随机抽取足够样品，进行检测	(GB/T 33608—2017 第8.4条) 物理力学性能中有一项不符合要求时，则从原批次中抽取双倍样品对该项目进行复检。如仍不合格，则判该批产品不合格	
14	硬聚氯乙烯 (PVC-U) 雨落水管材	《建筑用硬聚氯乙烯 (PVC-U) 雨落水管及管件》QB/T 2480—2000	《建筑用硬聚氯乙烯 (PVC-U) 雨落水管及管件》QB/T 2480—2000 《热塑性塑料管材 纵向回缩率的测定》GB/T 6671—2001	落锤冲击试验 纵向回缩率	(QB/T 2480—2000第7.3.1条) 以同一原料配方、同一工艺、同一品种，同一规格连续生产的产品为一批。管材每批数量不超过10t。如果生产数量少，可按生产周期10d的产品为一批量	(QB/T 2480—2000 第7.3.2.1条) 落锤冲击试验取12段，冲击试验取纵向回缩率试验取3段	(QB/T 2480—2000中7.4条) 物理机械性能中有一项达不到规定指标时，可随机从原抽取的样品中取双倍样品对该项进行复检。如仍有不合格，则判该批为不合格批	

续表

序号	检测对象	取样依据的产品标准或者工程建设标准	检测依据的产品/方法标准或工程建设标准	主要检测参数	产品标准或工程建设标准批组取样原则或取样频率	取样方法及数量	不合格复检或处理办法	备注
15	硬聚氯乙烯(PVC-U)雨落水管件	《建筑用硬聚氯乙烯(PVC-U)雨落水管材及管件》QB/T 2480—2000	《注射成型硬质聚氯乙烯(PVC-U)、氯化聚氯乙烯(PVC-C)、丙烯腈-丁二烯-苯乙烯三元共聚物(ABS)和丙烯腈-苯乙烯-丙烯酸盐三元共聚物(ASA)管件热烘箱试验方法》GB/T 8803—2001	烘箱试验	(QB/T 2480—2000 第7.3.1条)以同一原料配方、同一工艺、同一品种、同一规格连续生产的产品为一批。管件不超过5000只为一批。如果生产数量少，可按生产期10d的产品为一批量	(QB/T 2480—2000 第7.3.2.1条)烘箱试验箱取3段	(QB/T 2480—2000 第7.4条)物理力学性能中有一项达不到规定指标时，可随机从原抽取的样品中取双倍样品对该项进行复检。如仍有不合格，则判该批为不合格批	
16	给水用硬聚氯乙烯(PVC-U)阀门	《给水用硬聚氯乙烯(PVC-U)阀门》GB/T 10002.3—2011	《注射成型硬质聚氯乙烯(PVC-U)、氯化聚氯乙烯(PVC-C)、丙烯腈-丁二烯-苯乙烯三元共聚物(ABS)和丙烯腈-苯乙烯-丙烯酸盐三元共聚物(ASA)管件热烘箱试验方法》GB/T 8803—2001；《热塑性塑料阀门压力试验方法及要求》GB/T 27726—2011	烘箱试验 密封性试验	(GB/T 10002.3—2011 第9.2条)以同一批原料、同一配方和工艺情况下生产的同一规格的阀门为一批。当 $dn \leq 32mm$ 时，每批数量不超过7000个；当 $dn > 32mm$ 时，每批数量不超过3000个。如果生产7d仍不足批量，以 7d 产量为一批	(GB/T 10002.3—2011 第9.5.2条)在计数抽样检验合格的产品中，随机抽取足够的样品，进行检测	(GB/T 10002.3—2011 第9.7条)物理力学性能中有一项不合格，则在该批中随机抽取双倍的试样进行复检。如仍不合格，则判该批不合格。卫生指标有一项不合格的判为不合格	
17	阀门	《建筑给水排水及采暖工程施工质量验收规范》GB 50242—2002	《工业阀门压力试验》GB/T 13927—2008	强度试验 严密性试验	(GB 50242—2002 第3.2.4条)同牌号、同型号、同规格作为一批	(GB 50242—2002 第3.2.4条)每批中抽查10%，且不少于1个。对于安装在主干管上起切断作用的闭路阀门，应逐个做强度和严密性试验	—	

续表

序号	检测对象	取样依据的产品标准或者工程建设标准	检测依据的产品/方法标准或者工程建设标准	主要检测参数	产品标准或工程建设标准批组批原则或取样频率	取样方法及数量	不合格复检或处理办法	备注
18	焊接钢管	《低压流体输送用焊接钢管》GB/T 3091—2015	《低压流体输送用焊接钢管》GB/T 3091—2015 《金属材料 拉伸试验 第1部分：室温试验方法》GB/T 228.1—2010 《金属材料 管 压扁试验方法》GB/T 246—2017 《焊接接头拉伸试验方法》GB/T 2651—2008 《焊接接头弯曲试验方法》GB/T 2653—2008 《金属材料 管 弯曲试验方法》GB/T 244—2020	拉伸试验 焊接接头拉伸试验 导向弯曲试验 弯曲试验 压扁试验 镀锌层质量 镀锌层均匀性 镀锌层的附着力	(GB/T 3091—2015 第7.2条) 每批应由同一牌号、同一炉号、同一规格、同一焊接工艺、同一热处理制度和同一镀锌层的钢管组成。每批钢管数量不应超过如下规定：(1) 外径不大于219.1mm，每个班次生产的钢管；(2) 外径大于219.1mm，但不大于406.4mm，200根；(3) 外径大于406.4mm，100根。	(GB/T 3091—2015 第7.3条) 钢管各项检验的取样数量应符合产品标准中表6的规定	(GB/T 2102—2006 第4.5条) 代表一批钢管的试验结果，某一项不符合产品标准的规定时，制造厂可从同一批剩余数量的试样中，任取双倍数量的试样，进行不合格项的复检。若复检结果（包括该项目试验所要求的任一指标）均符合产品标准的规定，则除最初检验的不合格钢管外，该批钢管判为合格	
19	钢塑复合管	《流体输送用钢塑复合管及管件》GB/T 28897—2021	《流体输送用钢塑复合管及管件》GB/T 28897—2021 《磁性基体上非磁性覆盖层 覆盖层厚度测量 磁性法》GB/T 4956—2003 《金属材料 管 压扁试验方法》GB/T 246—2017 《金属材料 管 弯曲试验方法》GB/T 244—2020	尺寸 弯曲性能 压扁性能 结合强度 耐冷热循环 剥离强度 涂塑层附着力 涂塑层冲击 涂覆塑层针孔	(GB/T 28897—2021 第9.2.1.1条) 每批应由同一基管炉号、同一牌号、同一规格、同一生产工艺、相同塑层材料的钢塑管组成。每个班次生产的钢塑管数量不超过以下规定：(1) $DN<200mm$，每批取2根；(2) $200mm \leqslant DN<400mm$，200根；(3) $400mm<DN \leqslant 1800mm$，100根；(4) $DN>1800mm$，50根。	(GB/T 28897—2021 第9.2.1.2条) 塑层厚度，每批取2根；其他项目，每批取1根。	(GB/T 2102—2006 第4.5条) 某一项不符合产品标准的规定时，任取双倍数量的试样，进行复检。若所有复检结果（包括该项目试验所要求的任一指标）均符合产品标准的规定，则除最初检验的不合格钢管外，该批钢管判为合格	

续表

序号	检测对象	取样依据的产品标准或工程建设标准	检测依据的产品/方法标准或工程建设标准	主要检测参数	产品标准或工程建设标准组批原则或取样频率	取样方法及数量	不合格复检或处理办法	备注
20	铝塑复合压力管	《铝塑复合压力管 第1部分：铝管搭接焊式铝塑管》GB/T 18897.1—2020 《铝塑复合压力管第2部分：铝管对接焊式铝塑管》GB/T 18897.2—2020	《铝塑复合压力管 第1部分：铝管搭接焊式铝塑管》GB/T 18897.1—2020 《交联聚乙烯（PE-X）管材与管件交联度的试验方法》GB/T 18474—2001	管环径向拉力复合强度 气密性和通气试验 爆破强度 静液压强度 交联度	（GB/T 18897.1—2020第9.2.1条）同一原料、配方和工艺连续生产的同一规格产品，每90000m作为一批。如不足90000m，以上述生产方式7d产量作为一批。不足7d产量的，也作为一批	（GB/T 18897.1—2020第9.3.3条）按计数抽样检验合格的产品中，随机抽取足够的样品，进行检测	（GB/T 18897.1—2003第9.6条）卫生要求为不合格批（或产品），其他一项达不到规定时，则随机抽取双倍样品进行复检。如仍不合格，则判为不合格批	
		《额定电压 450/750V 及以下聚氯乙烯绝缘电缆》GB/T 5023—2008	《额定电压 450/750V 及以下聚氯乙烯绝缘电缆 第2部分：试验方法》GB/T 5023.2—2008	平均外径 绝缘厚度 导体电阻 电压试验	—	检验批内随机抽取，取样数量不少于20m	（GB 50303—2015 第3.2.5条）当抽样检测结果出现不合格，可加倍抽样检测，仍不合格时，则该批设备、材料、成品或半成品应判定为不合格品，不得使用	
21	聚氯乙烯绝缘电缆	《建筑电气工程施工质量验收规范》GB 50303—2015	《电缆的导体》GB/T 3956—2008	导体电阻	（GB 50303—2015 第3.2.5条）①同厂家、同批次、同型号、同规格的为一批。②对于由同一建设项目中多个单位工程、施工单位采用同一厂家、同材质、同批次、同类型的主要设备、材料、成品和半成品时，其抽检比例宜合并计算	（GB 50303—2015 第3.2.5条）对于绝缘导线、电缆等，每批电线、电缆至少应抽取1个样本	（GB 50303—2015 第3.2.5条）当抽样检测结果出现不合格，可加倍抽样检测，仍不合格时，则该批设备、材料、成品或半成品应判定为不合格品，不得使用	

续表

序号	检测对象	取样依据的产品标准或者工程建设标准	检测依据的产品/方法标准或工程建设标准	主要检测参数	产品标准或工程建设标准组批原则或取样频率	取样方法及数量	不合格复检或处理办法	备注
		《建筑节能工程施工质量验收标准》GB 50411—2019	《电缆的导体》GB/T 3956—2008	导体电阻	(GB 50411—2019）第12.2.3条）同厂家、同规格的为一批	(GB 50411—2019）第12.2.3条）在检验批内随机抽取规格总数的10%，且不少于2个规格	(GB 50411—2019）第3.2.3条）当复检时，该复检结果不合格时，材料、构件和设备不得使用	
		《额定电压450/750V及以下交联聚烯烃绝缘电线和电缆》JB/T 10491—2004	《额定电压450/750V及以下交联聚烯烃绝缘电线和电缆 第4部分：耐热150℃交联聚烯烃绝缘电缆》JB/T 10491.4—2004	外径 绝缘厚度 导体电阻 电压试验	—	(JB/T 10491.1—2004 第9条）交货批的抽样数量由双方协议规定。如用户不提出协议要求，则按制造厂的规定进行	(JB/T 10491.1—2004 第9条）若抽样结果不合格，应加倍取样进行第二次试验，仍不合格，应进行100%进行检验	
22	交联聚烯烃绝缘电线和电缆	《建筑电气工程施工质量验收规范》GB 50303—2015			(GB 50303—2015 第3.2.5条）①同厂家、同批次、同型号、同规格的为一批。②对于由同一施工单位由同一建设项目的多个单位工程，当使用同一厂家、同批次、同类型的主要设备、材料、成品和半成品时，其抽检比例宜合并计算	(GB 50303—2015 第3.2.5条）对于绝缘导线、电缆等，每批应抽取1个样本	(GB 50303—2015 第3.2.5条）当结果出现不合格时，可加倍抽样检测。仍不合格时，则该批设备、材料、成品应判定为不合格品，不得使用	
		《建筑节能工程施工质量验收标准》GB 50411—2019	《电缆的导体》GB/T 3956—2008	导体电阻	(GB 50411—2019）第12.2.3条）同厂家、同规格的为一批	(GB 50411—2019）第12.2.3条）在检验批内随机抽取规格总数的10%，且不少于2个规格	(GB 50411—2019）第3.2.3条）当复检时，该复检结果不合格时，材料、构件和设备不得使用	

续表

序号	检测对象	取样依据的产品标准或者工程建设标准	检测依据的产品/方法标准或者工程建设标准	主要检测参数	产品标准或工程建设标准组批原则或取样频率	取样方法及数量	不合格复检或处理办法	备注
23	聚氯乙烯绝缘电缆电线和软线	《额定电压 450/750V 及以下聚氯乙烯绝缘电缆电线和软线》JB/T 8734—2016	《额定电压 450/750V 及以下聚氯乙烯绝缘电缆 第 2 部分：试验方法》GB/T 5023.2—2008	外径、绝缘厚度、导体电阻、电压试验	—	（JB/T 8734.1—2016 第 8 条）交货批的抽样规则由双方协商确定。若用户未提出双方协议规定，则按制造厂的规定进行	（JB/T 8734.2—2016 第 8 条）若抽检项目的样本不合格，应加倍取样进行第二次试验。仍不合格时，应 100% 进行检验	
		《建筑电气工程施工质量验收规范》GB 50303—2015	《电缆的导体》GB/T 3956—2008	导体电阻	（GB 50303—2015 第 3.2.5 条）①同厂家、同批次、同型号、同规格的为一批。②对于由同一施工单位施工的多个单位工程，当使用同一厂家、同类型、同批次、同规格的主要设备、材料、成品和半成品时，其抽检比例宜合并计算	（GB 50303—2015 第 3.2.5 条）对于绝缘导线、电缆等，每批至少应抽取 1 个样本	（GB 50303—2015 第 3.2.5 条）当结果出现不合格，可加倍抽样检测，仍不合格时，则该批设备、材料、成品或半成品应判定为不合格，不能使用	
		《建筑节能工程施工质量验收标准》GB 50411—2019	《电缆的导体》GB/T 3956—2008	导体电阻	（GB 50411—2019 第 12.2.3 条）同厂家、同规格的为一批	（GB 50411—2019 第 12.2.3 条）在检验批内随机抽取规格总数的 10%，且不少于 2 个规格	（GB 50411—2019 第 3.2.3 条）当复检不合格时，该材料、构件和设备不得使用	

237

续表

序号	检测对象	取样依据的产品标准或者工程建设标准	检测依据的产品/方法标准或工程建设标准	主要检测参数	产品标准或工程建设标准组批原则或取样频率	取样方法及数量	不合格复检或处理办法	备注
24	挤包绝缘电力电缆	《额定电压1kV (U_m=1.2kV) 到35kV (U_m=40.5kV) 挤包绝缘电力电缆及附件》GB/T 12706—2020	GB/T 12706.1—2020 GB/T 2951.11—2008 GB/T 3956—2008 GB/T 2951.21—2008 GB/T 2951.13—2008	绝缘和非金属护套厚度测量 铠装金属丝和金属带的测量 外径测量 绕包内衬层和弓带层厚度的测量 绕包带盖率叠包间隙 导体电阻 耐臭氧试验 热延伸试验 浸油后机械性能试验 吸水试验 收缩试验	—	(GB/T 12706.1—2020 第16.2条) ①导体检查、绝缘以及电护套厚度的测量应在每批同一型号和规格电缆中的一根制造长度电缆上进行，但应限制每批不超过同合同长度数量的10%；②物理性能试验项目应按商定的质量控制协议，在制造长度电缆上取样进行试验。若无协议，对于总长度大于2km的多芯电缆或4km的单芯电缆的测试应按GB/T 12706.1—2020中表13规定的数量进行试验	(GB/T 12706.1—2020 第16.3条) 如果一项试验没有通过第16章的任一的试样，应从同一批中再取两个附加试样就本试验，重新试验。如果加试样都合格，样品所取批次的电缆应认为合格。如果加试样品中有一个试样不合格，则认为该批取样的这批电缆不符合本部分要求	
		《建筑电气工程施工质量验收规范》GB 50303—2015	《电缆的导体》GB/T 3956—2008	导体电阻	(GB 50303—2015 第3.2.5条) ①同型号、同批次、同规格的为一批。②对于由同一施工单位施工同一建设项目的多个单位工程，当使用同一厂家、同批次、同类型、同规格的主要设备、材料、成品和半成品时，其抽检比例宜合并计算	(GB 50303—2015 第3.2.5条) 对于绝缘导线、电缆等，每批至少应抽取1个样本	(GB 50303—2015 第3.2.5条) 当抽样检测结果出现不合格，可加倍抽样检测，仍不合格时，则该批设备、材料、成品或半成品应判定为不合格品，不得使用	

续表

序号	检测对象	取样依据的产品标准或者工程建设标准	检测依据的产品标准/方法标准或者工程建设标准	主要检测参数	产品标准或工程建设标准组批原则或取样频率	取样方法及数量	不合格复检或处理办法	备注
24	挤包绝缘电力电缆	《建筑节能工程施工质量验收标准》GB 50411—2019	《电缆的导体》GB/T 3956—2008	导体电阻	（GB 50411—2019 第12.2.3 条）同厂家、同规格的为一批	（GB 50411—2019 第12.2.3 条）在检验批内随机抽取规格总数的10%，且不少于2个规格	（GB 50411—2019 第3.2.3 条）当复检时，结果不合格，该批材料、构件和设备不得使用	
		《塑料绝缘控制电缆》GB/T 9330—2020	GB/T 2951.11—2008 GB/T 3048.4—2007 GB/T 2951.21—2008 GB/T 19666—2019	绝缘厚度测量 护套厚度测量 外径测量 绝缘老化前拉力试验 护套老化前拉力试验 导体电阻 绝缘热延伸试验 燃烧特性试验		（GB/T 9330—2020 第10.3 条）交货批的抽样数量由供需双方协议规定。需方未作要求时，则按卖方的规定抽样	（GB/T 9330—2020 第10.4 条）如果抽样结果不合格，应加倍抽样取样进行第二次不合格项目进行第二次试验。如果第二次试验的结果合格，则判定该批产品合格证；如果第二次试验的结果仍不合格，应逐盘、逐圈进行试验判定试验结果	
25	塑料绝缘控制电缆	《建筑电气工程施工质量验收规范》GB 50303—2015	《电缆的导体》GB/T 3956—2008	导体电阻	（GB 50303—2015 第3.2.5 条）①同厂家、同批次、同型号、同规格的为一批。②对于由同一施工单位施工的同一建设项目的多个单位工程，当使用同材质、同批次、同类型的主要设备、材料、成品和半成品时，其抽检比例宜合并计算	（GB 50303—2015 第3.2.5 条）对于绝缘导线、电缆等，每批至少应抽取1个样本	（GB 50303—2015 第3.2.5 条）当出现抽检测结果不合格，可加倍抽样检测，仍不合格时，则该批设备、材料、成品或半成品应判定为不合格品，不得使用	

239

续表

序号	检测对象	取样依据的产品标准或者工程建设标准	检测依据的产品/方法标准或工程建设标准	主要检测参数	产品标准或工程建设标准批组批原则或取样频率	取样方法及数量	不合格复检或处理办法	备注
25	塑料绝缘控制电缆	《建筑节能工程施工质量验收标准》GB 50411—2019	《电缆的导体》GB/T 3956—2008	导体电阻	（GB 50411—2019 第12.2.3 条）同厂家、同规格的为一批	（GB 50411—2019 第12.2.3 条）在检验批内随机抽取规格总数的10%，且不少于2个规格	（GB 50411—2019 第3.2.3 条）当复检时，该复检的结果不合格时，该批材料、构件和设备不得使用	
26	建筑用绝缘电工套管及配件	《建筑用绝缘电工套管及配件》JG 3050—1998	《建筑用绝缘电工套管及配件》JG 3050—1998	外观 壁厚均匀度 规格尺寸 跌落性能	—	（JG 3050—1998 第7.2 条）硬质套管应有六根制造长度取其中三根以半硬质和波纹套管，取36m 制样时每隔3m 取3m 以备制样	（JG 3050—1998 第7.3 条）一组试验中一项试验不满足要求时，应另取一组试样重新进行全部技术性能测定，如仍有一项试验不满足要求则判定该批产品不合格	
		《建筑电气工程施工质量验收规范》GB 50303—2015	《建筑用绝缘电工套管及配件》JG 3050—1998	管径 壁厚及均匀度	（GB 50303—2015 第3.2.5 条）1、同厂家、同批次、同型号、同规格的为一批。 2、对于由同一施工单位施工的同一建设项目的多个单位工程，当使用同一厂家、同批次、同类型、同规格的主要设备、材料、成品和半成品时，其抽检比例宜合并计算	（GB 50303—2015 第3.2.5 条）对于母线槽、导管，每批至少应抽取 1 个样本	（GB 50303—2015 第3.2.5 条）当出现不合格，可加倍抽样检测；仍不合格时，则该批设备、材料、成品或半成品应判定为不合格品，不得使用	

续表

序号	检测对象	取样依据的产品标准或者工程建设标准	检测依据的产品/方法标准或工程建设标准	主要检测参数	产品标准或工程建设标准组批原则或取样频率	取样方法及数量	不合格复检试验处理办法	备注
27	断路器	《电气附件 家用及类似场所用过电流保护断路器 第 1 部分：用于交流的断路器》GB 10963.1—2005	《电气附件 家用及类似场所用过电流保护断路器 第 1 部分：用于交流的断路器》GB 10963.1—2005	验证断开触头之间的电气间隙 脱扣试验	—	（GB 10963.1—2005 附录 I）从一批产品中随机抽取 6 只样品	—	
28	剩余电流动作断路器	《家用和类似用途的带过电流保护的剩余电流动作断路器（RCBO）第 1 部分：一般规则》GB 16917.1—2014	《家用和类似用途的带过电流保护的剩余电流动作断路器（RCBO）第 1 部分：一般规则》GB 16917.1—2014	脱扣试验 介电强度	—	（GB 16917.1—2014 附录 D）从一批产品中随机抽取 6 只样品	—	
29	开关	《家用和类似用途固定式电气装置的开关》GB/T 16915.1—2014 《家用和类似用途的固定式电气装置的开关 第 1 部分：通用要求》GB/T 16915.1—2014	《家用和类似用途固定式电气装置的开关 第 1 部分：通用要求》GB/T 16915.1—2014 《电工电子产品着火危险试验 第 11 部分：灼热丝/热丝基本试验方法 成品的灼热丝可燃性试验（GWEPT）》GB/T 5169.11—2017	通断能力 正常操作 机械强度 电气强度 耐热 防潮 耐非正常热和耐燃	（GB 50303—2015 第 3.2.5 条）①同一厂家、同材质、同类型的为一批。②对于由同一施工单位建设项目的多个单位工程，当使用同一厂家、同材质、同类型的主要设备、材料，成品和半成品时，其抽检比例宜合并计算	（GB/T 16915.1—2014 第 5.4 条）只标一种额定电压的开关一种额定电流的开关（灰光灯负载需 9 个试样）。标有两种额定电压和额定电流的开关，随机取 15 个试样	（GB/T 16915.1—2014 第 5.5 条）如果只有一个试样由于装配或制造上的缺陷，在一项试验中不合格，应在另一整组试样上按复验要求的顺序重复这项试验以及对该项试验有影响的前面这些项目的所有试验，而且这整组试验结果均应符合要求后仍判定为合格	
		《建筑电气工程施工质量验收规范》GB 50303—2015	《家用和类似用途固定式电气装置的开关 第 1 部分：通用要求》GB/T 16915.1—2014	爬电距离 电气间隙 螺钉、载流部件和连接 绝缘电阻		（GB 50303—2015 第 3.2.5 条）每批抽检 3%，且不应少于 6 个	（GB 50303—2015 第 3.2.5 条）当抽样检测出现不合格，仍不合格时，则该批设备、材料、成品或半成品应判定为不合格，不得使用	

续表

序号	检测对象	取样依据的产品标准或者工程建设标准	检测依据的产品/方法标准或工程建设标准	主要检测参数	产品标准或工程建设标准批原则或取样频率	取样方法及数量	不合格复检或处理办法	备注
30	插座	《家用和类似用途插头插座 第1部分：通用要求》GB/T 2099.1—2008	《家用和类似用途插头插座 第1部分：通用要求》GB/T 2099.1—2008 《电工电子产品着火危险试验 第11部分：灼热丝/热丝基本试验方法 灼热丝可燃性试验方法（GWEPT）》GB/T 5169.11—2017	分断容量 正常操作 拔出插座所需拔力 防潮 机械强度 电气强度 耐热 耐非正常热和着燃	—	（GB/T 2099.1—2008 第5.4条）检验批内随机抽取，取样数量为6个试样	（GB/T 2099.1—2008 第5.5条）如果只有一个试样由于装配或制造上的缺陷，在一项试验中不合格，应在另一整组试样上按该项试验的顺序重复试验以及对该项试验结果有影响的前面这整组试验的所有试验，而且这整组试样均应符合要求后仍判定为合格	
		《建筑电气工程施工质量验收规范》GB 50303—2015	《家用和类似用途插头插座 第1部分：通用要求》GB/T 2099.1—2008	爬电距离 电气间隙 螺钉、载流部件及其连接 绝缘电阻	（GB 50303—2015 第3.2.5条）同厂家、同材质、同类型为一检验批。对于同一建设项目由同一单位施工的多个单位工程，当使用同一厂家、同材质、同类型的主要设备、材料、成品和半成品时，其抽检比例宜合并计算	（GB 50303—2015 第3.2.5条）每批抽检3%，且不应少于6个	（GB 50303—2015 第3.2.5条）当抽检结果出现不合格，可加倍抽样检测，仍不合格时，则该批设备、材料、成品或半成品应判定为不合格品，不得使用	

续表

序号	检测对象	取样依据的产品标准或者工程建设标准	检测依据的产品/方法标准或工程建设标准	主要检测参数	产品标准或工程建设标准组批原则或取样频率	取样方法及数量	不合格复检或处理办法	备注
31	接线盒	《家用和类似用途固定式电气装置的电器附件安装装置盒和外壳 第1部分：通用要求》GB/T 17466.1—2019	《家用和类似用途固定式电气装置的电器附件安装装置盒和外壳 第1部分：通用要求》GB/T 17466.1—2019	标志 绝缘电阻和电气强度 耐非正常热和耐燃 防锈	—	（GB/T 17466.1—2019 第5.1条）检验批内随机抽取，取样数量为3个试样	（GB/T 17466.1—2019 第5.2条）如果因装配或制造上的缺陷，出现一项试验不合格，则应用另一组试样重复该项试验及对该项试验结果有影响的前面的任何试验及后续规定序列的试验。这组试样应符合本部分要求	
		《建筑电气工程施工质量验收规范》GB 50303—2015	《家用和类似用途固定式电气装置的电器附件安装装置盒和外壳 第1部分：通用要求》GB/T 17466.1—2019	爬电距离 电气间隙 结构（螺钉紧固件） 绝缘电阻	（GB 50303—2015 第3.2.5条）同厂家、同材质、同类型为同一检验批。对于同一建设项目的多个单位工程，当使用同一厂家、同材质、同类型的主要设备、材料、成品和半成品时，抽检比例宜合并计算	（GB 50303—2015 第3.2.5条）每批抽检3%，且不应少于3个	（GB 50303—2015 第3.2.5条）当抽样检测结果出现不合格时，可加倍抽样检测，仍不合格时，则该设备、材料、成品或半成品应判定为不合格品，不得使用	
32	电缆桥架	《电控配用电电缆桥架》JB/T 10216—2013	《电控配用电电缆桥架》JB/T 10216—2013	尺寸精度 表面防护层厚度 保护电路连续性	（JB/T 10216—2013 第6.4.1条）同材料、同工艺、同规格、同一生产批次的产品为一批	（JB/T 10216—2013 第6.4.2条）样品应在同一批次中随机抽样，抽检数量为该产品数量的2%，且至少不少于3件及相关连接附件	（JB/T 10216—2013 第6.4.3条）检查如有一项不合格时，如有一项不合格，则应加倍送样，进行复检，如仍有不合格品则判定该批产品不合格	

序号	检测对象	取样依据的产品标准或者工程建设标准	检测依据的产品/方法标准或工程建设标准	主要检测参数	产品标准或工程建设标准组批原则或取样频率	取样方法及数量	不合格复检或处理办法	备注
32	电缆桥架	《电缆桥架》QB/T 1453—2003	《电缆桥架》QB/T 1453—2003	尺寸精度 防腐层厚度及附着力 焊接表面质量 热浸镀层均匀性	—	（QB/T 1453—2003第6.3.1条）样品应为随机抽样，抽检数量为每批产品的2%，但为每批不得少于3件	（QB/T 1453—2003第6.3.2条）每批不合品样本中有1件不合格，可抽取同批产品第二样本进行检验。如仍不合格，则该批产品即为不合格	
		《塑料电缆桥架》JB/T 12147—2015	《电缆管理 电缆托盘系统和电缆梯架系统》GB/T 21762—2008 《塑料 拉伸性能的测定 第1部分：总则》GB/T 1040.1—2018	机械强度 拉伸性能		（JB/T 12147—2015第7.4.1条）样品应为随机抽样，抽检数为每批产品的1%，但为每批不得少于2件	（JB/T 12147—2015第7.4.2条）每批不合品样本中有1件不合格，可抽取同批产品第二样本进行检验。如仍不合格，则该批产品即为不合格	
33	装饰照明用LED灯	《装饰照明用LED灯》GB/T 24909—2010	《普通照明用LED模块测试方法》GB/T 24824—2016 《电磁兼容 限值 谐波电流发射限值（设备每相输入电流≤16A）》GB 17625.1—2012	外观 标志 灯功率 功率因素 光通（亮度）维持率 颜色漂移 谐波	（GB/T 24909—2010第7.2条）同时提交验收的同一型号产品为一批	（GB/T 24909—2010第7.2条）生产的同一型号灯每日（批）生产的同一型号产品中均匀地抽取，抽样方案应符合产品标准中表3规定	符合GB/T 24909—2010中表3的要求	

续表

序号	检测对象	取样依据的产品标准或者工程建设标准	检测依据的产品/方法标准或工程建设标准	主要检测参数	产品标准或工程建设标准组批原则或取样频率	取样方法及数量	不合格复检或处理办法	备注
34	消防应急照明灯具	《消防应急照明和疏散指示系统》GB 17945—2010	《消防应急照明和疏散指示系统》GB 17945—2010	基本功能试验充、放电阻试验绝缘电阻试验耐压试验重复转换电压试验转换电压试验充、放电耐久试验恒定湿热试验	—	（GB 17945—2010 第7.1.3 条）提供两套及其组成系统的灯具及其他配件（应急照明配电箱等）。其中，集中控制型系统应提供两台应急照明型灯控制器。每台应急照明控制器至少接两台应急照明型灯具；集中电源型系统应提供两台应急照明型灯具，每台电源至少供两台灯具，满负载 20%条件的模拟负载，带有分接两台应急照明至少供两台灯具，满负载 10%和超载 20%条件的模拟负载。带有分配电装置的系统，还应提供两台分配电装置	—	
35	灯具	《建筑节能工程施工质量验收标准》GB 50411—2019	《灯具性能 第1部分：一般要求》GB/T 31897.1—2015《灯具 第1部分：一般要求与试验》GB 7000.1—2015《电磁兼容 限值 谐波电流发射限值（设备每相输入电流≤16A）》GB 17625.1—2012	照明光源初始光效照明灯具镇流器能效值照明灯具效率照明设备功率功率因数谐波含量值	（GB 50411—2019 第12.2.2 条）同一厂家的照明光源、镇流器、灯具、照明设备为一批。同工程项目、同施工单位同工期施工的多个单位工程可合并计算	（GB 50411—2019 第12.2.2 条）数量在200 套（个）及以下时，抽检2 套（个）；数量在201~2000套（个）时，抽检3 套（个）；当数量在2000套（个）以上时，每增加1000 套（个）时应增加抽检1 套（个）	（GB 50411—2019 第3.2.3 条）当复检时，该材料、构件和设备不得使用	

序号	检测对象	取样依据的产品标准或者工程建设标准	检测依据的产品/方法标准或工程建设标准	主要检测参数	产品标准或工程建设标准组批原则或取样频率	取样方法及数量	不合格复检或处理办法	备注
35	灯具	《建筑电气工程施工质量验收规范》GB 50303—2015	《灯具 第1部分：一般要求与试验》GB 7000.1—2015	绝缘性能	（GB 50303—2015 第3.2.5条）①同一厂家、同材质、同类型的灯具为一批。②对于由同一施工单位施工的同一建设项目的多个单位工程，当使用同材质、同类型、同批次、同规格、同型号的主要设备、材料、成品和半成品时，其抽检比例宜合并计算	（GB 50303—2015 第3.2.5条）每批灯具应按各抽检3%，自带蓄电池的灯具应按5%抽检，且均不应少于1个（套）	（GB 50303—2015 第3.2.5条）当结果出现不合格时，可加倍抽样检测。仍不合格时，则该批检设备、材料、成品或半成品应判定为不合格品，不得使用	
36	金属导管	《电缆管理用导管系统 第21部分：刚性导管系统的特殊要求》GB/T 20041.21—2017	《电缆管理用导管系统 第1部分：通用要求》GB/T 20041.1—2015《电缆管理用导管系统 第21部分：刚性导管系统的特殊要求》GB/T 20041.21—2017	尺寸结构弯曲试验接地连续性压力试验		（GB/T 20041.1—2015 第5.3条）除非另有规定，每项试验均在3个新试样上进行，3个试样都必须取自同一段导管材料	（GB/T 20041.1—2015 第5.7条）如果有一个试样由于装配或制造上的缺略或一项试验中不合格，应按规定的顺序，在整组试样上重复该项试验及对该项试验有影响的前一项或前数项重复试验，此外还要进行随后组的试验。复检时，这组试样应全部符合复检要求	

续表

序号	检测对象	取样依据的产品标准或者工程建设标准	检测依据的产品/方法标准或工程建设标准	主要检测参数	产品标准或工程建设标准组批原则或取样频率	取样方法及数量	不合格复检或处理办法	备注
36	金属导管	《建筑电气工程施工质量验收规范》GB 50303—2015	《电缆管理用导管系统 第 21 部分：刚性导管系统的特殊要求》GB/T 20041.21—2017	管径壁厚及均匀度	（GB 50303—2015 第 3.2.5 条）①同厂家、同批次、同型号、同规格的，每批至少抽取 1 个样本。②对于由同一施工单位的多个单位工程，当使用同一建设项目的同一厂家、同批次、同类型的主要设备、材料、成品和半成品宜合并计算，其抽检比例宜合并计算	（GB 50303—2015 第 3.2.5 条）对于母线槽、导管，每批至少应抽取 1 个样本	（GB 50303—2015 第 3.2.5 条）当结果出现抽样不合格，可加倍抽样检测。仍不合格时，则该批设备、材料、成品或半成品应判定为不合格品，不得使用	

第 8 部分：污水化学分析

序号	检测对象	取样依据的产品标准或者工程建设标准	检测依据的产品/方法标准或者工程建设标准	主要检测参数	产品标准或工程建设标准批组批原则或取样频率	取样方法及数量	不合格复检或处理办法	备注
1	污水	《绿色建筑工程施工质量验收规范》DGJ32/J 19—2015《污水监测技术规范》HJ 91.1—2009	《水质 pH 值的测定》HJ 1147—2020《水质 化学需氧量的测定 重铬酸盐法》HJ 828—2017《水质 五日生化需氧量（BOD5）的测定 稀释与接种法》HJ 505—2009《水质 氨氮的测定 纳氏试剂分光光度法》HJ 535—2009《水质 阴离子表面活性剂的测定 亚甲蓝分光光度法》GB 7494—1987《水质 色度的测定》HJ 1182—2021《水质 总磷的测定 钼酸铵分光光度法》GB/T 11893—1989《水质 悬浮物的测定 重量法》GB 11901—1989	pH 值、化学需氧量、五日生化需氧量、氨氮、阴离子表面活性剂、色度、总磷、悬浮物	当无合同约定时，应按系统总数抽检 10%，且不得少于 1 个系统	取样方法：当排污管道的水深大于 1m 时，可由表层起向下 1/4 深度处采样；当水深小于等于 1m 时，可在 1/2 深度处采样。取样数量：①pH 值现场测定或 250mL 聚乙烯瓶；②化学需氧量 500mL 玻璃瓶；③五日生化需氧量 1000mL 棕色溶解氧瓶；④氨氮 250mL 玻璃瓶或者聚乙烯瓶；⑤阴离子表面活性剂 500mL 玻璃瓶；⑥色度 1000mL 棕色玻璃瓶；⑦总磷 500mL 玻璃瓶或者聚乙烯瓶；⑧悬浮物 500mL 玻璃瓶	检测参数任意一项不符合污水接管标准时，所有污水禁止排入污水接管网。对污水处理系统进行升级改造后，再次对所有参数进行检测，所有参数均符合接管标准后再排入污水管网	

第 9 部分：安全防护用品

序号	检测对象	取样依据的产品标准或者工程建设标准	检测依据的产品/方法标准或工程建设标准	主要检测参数	产品标准或工程建设标准组批原则或取样频率	取样方法及数量	不合格复检或处理办法	备注
1	《安全网》GB 5725—2009	《安全网》GB 5725—2009	《安全网》GB 5725—2009 《纺织品 燃烧性能 垂直方向损毁长度、阴燃和续燃时间的测定》GB/T 5455—2014 《纤维绳索 有关物理和机械性能的测定》GB/T 8834—2016	断裂强力×断裂伸长、接缝部位抗拉强力、梯形法撕裂强力、开眼环扣强力、系绳断裂强力、耐贯穿性能、耐冲击性能、阻燃性能	（GB 5725—2009 7.2条）①批量范围＜500 张整网。②批量范围 501～5000 张整网。③批量范围≥5001 张整网（取样数量参照出厂检验要求选取）	（GB 5725—2009 7.2条）取样方法：样本由提出检验的单位或委托第三方从合格的产品中随机抽取。样品数量以满足批量需要及测试项目要求为原则。取样数量：①批量范围＜500 张整网，选取 9 张整网。②批量整网 501～5000 张整网，选取 15 张整网。③批整网，选取 24 张整网（取样数量参照出厂检验要求选取）	—	

续表

序号	检测对象	取样依据的产品标准或者工程建设标准	检测依据的产品/方法标准或工程建设标准	主要检测参数	产品标准或工程建设标准组批原则或取样频率	取样方法及数量	不合格复检或处理办法	备注
2	钢管(脚手架钢管)	《低压流体输送用焊接钢管》GB/T 3091—2015 《钢管的验收、包装、标志和质量证明书》GB/T 2102—2006	《低压流体输送用焊接钢管》GB/T 3091—2015 《钢管的验收、包装、标志和质量证明书》GB/T 2102—2006	外径、壁厚、屈服强度、抗拉强度、断后伸长率、压扁性能(≥DN60)	(GB/T 3091—2015 第7.2条)钢管应按批进行检查和验收。每批应由同一牌号、同一规格、同一焊接工艺、同一热处理制度(如适用)和同一镀锌层(如适用)的钢管组成。每批钢管的数量应不超过如下规定:①外径不大于219.1mm,每个班次生产的钢管;②外径大于219.1mm但不大于406.4mm,200根;③外径大于406.4mm,100根。	(GB/T 3091—2015 第6.3条)2根 1m管段(外径、壁厚)2根 宽 20mm 长 500mm 切片(力学性能)2根 100mm 管段(压扁)	(GB/T 2102—2006 4.5条)可从同一批剩余钢管数量中,任取双倍余钢管的试样,进行不合格项目的复检。若所有该项目复检结果(包括该项目试验所要求的任一指标)均符合产品标准的规定,则符合产品标准的不合格钢管,该批钢管判为合格。	
3	安全带	《安全带》GB 6095—2009 《坠落防护安全带系统性能测试方法》GB/T 6096—2020 《纺织品 燃烧性能 垂直方向 损毁长度、阴燃和续燃时间的测定》GB/T 5455—2014 《塑料 试样状态调节和试验的标准环境》GB/T 2918—2018	《安全带》GB 6095—2009 《坠落防护安全带系统性能测试方法》GB/T 6096—2020 《纺织品 燃烧性能 垂直方向 损毁长度、阴燃和续燃时间的测定》GB/T 5455—2014 《塑料 试样状态调节和试验的标准环境》GB/T 2918—2018	整体静态负荷、整体动态负荷、阻燃性能	《安全带》(GB 6095—2009 第6.1条)	(GB 6095—2009 6.1条)逐批检测,最大批量5000条一批次	《GB 6095—2009 表1》出厂检验不合格分类为A类	

续表

序号	检测对象	取样依据的产品标准或者工程建设标准	检测依据的产品/方法标准或者工程建设方法	主要检测参数	产品标准或工程建设标准组批原则或取样频率	取样方法及数量	不合格复检或处理办法	备注
4	安全帽	《头部防护 安全帽》GB 2811—2019《安全帽测试方法》GB/T 2812—2006	《头部防护 安全帽》GB 2811—2019《安全帽测试方法》GB/T 2812—2006	冲击吸收性能 耐穿刺性能 下颏带强度 垂直间距 佩戴高度	《安全帽》（GB 2811—2019）第6.3条）	（GB 2811—2019 6.3条）以一次生产投料的为一批	（GB 2811—2019 表2）出厂检验不合格分为A、B两类，A类不合格制定数为1，B类不合格制定数为2	
5	钢管脚手架扣件	《钢管脚手架扣件》GB 15831—2006	《钢管脚手架扣件》GB 15831—2006	直角扣件：抗滑性能、抗破坏性能、扭转刚度性能 旋转扣件：抗滑性能、抗破坏性能、扭转性能 对接扣件：抗拉性能 底座：抗压性能	（GB 15831—2006 第7.4条）	（GB 15831—2006 第7.4条）依据取样频率取相应数量	（GB 15831—2006 第7.4条、7.6条）GB/T 2828.1—2012 中规定的正常检验二次抽样方案进行抽样。经检验不予以验收的产品，属外观、附件等一般项目的，允许生产厂返工，复检合格可提交验收	

第 10 部分：地基工程现场检测

序号	检测对象	取样依据的产品标准或者工程建设标准	检测依据的产品/方法标准或工程建设标准	主要检测参数	产品标准或工程建设标准组批原则或取样频率	取样方法及数量	不合格复检或处理办法	备注
1	桩基础	《建筑基桩检测技术规范》JGJ 106—2014	《建筑基桩检测技术规范》JGJ 106—2014 单桩竖向抗压静载试验	竖向抗压承载力	（JGJ 106—2014 第 3.3.1 条）试桩（设计阶段）	（JGJ 106—2014 第 3.3.1 条）检测数量应满足设计要求，在同一条件下不应少于 3 根，总桩数应少于 50 根时，检测数量不应少于 2 根	（JGJ 106—2014 第 3.4.8 条）应分析原因并扩大检测	
					（JGJ 106—2014 第 3.3.4 条）工程验收阶段：①设计等级为甲级的桩；②施工前未按《建筑基桩检测技术规范》JGJ 106—2014 第 3.3.1 条进行单桩静载试验的工程；③施工前进行单桩静载试验，但施工过程中变更了工艺参数或施工工艺；④施工过程出现了异常；地基条件复杂、桩施工质量可靠性低；本地区采用的新型桩或工艺桩；施工过程中产生挤土上浮或偏位的桩	（JGJ 106—2014 第 3.3.4 条）检测数量不应少于同一分项工程总桩数的1%，且不应少于 3 根；当总桩数小于 50 根时，检测数量不应少于 2 根	（JGJ 106—2014 第 3.4.8 条）应分析原因并扩大检测	

续表

序号	检测对象	取样依据的产品标准或者工程建设标准	检测依据的产品/方法标准或工程建设标准	主要检测参数	产品标准或工程建设标准批组批原则或取样频率	取样方法及数量	不合格复检或处理办法	备注
					（JGJ 106—2014 第 3.3.5.2 条）预制桩和满足高应变试验范围的灌注桩	（JGJ 106—2014 第 3.3.5.2 条）检测数量不应少于 5%，且不得少于 5 根	（JGJ 106—2014 第 3.4.8 条）应分析原因并扩大检测	
					（JGJ 106—2014 第 3.3.7 条）对于端承型大直径灌注桩，当受设备或现场条件限制，或需要进行桩端持力层核验 / （JGJ 106—2014 第 3.3.7.1 条）采用钻芯法测定桩底沉渣厚度，并钻取桩端持力层岩土芯样检验桩端持力层	（JGJ 106—2014 第 3.3.7.1 条）检测数量不应少于总桩数的 10%，且不应少于 10 根	（JGJ 106—2014 第 3.4.8 条）应分析原因并扩大检测	
					（JGJ 106—2014 第 3.3.7.2 条）采用浅层平板载荷试验或深层平板载荷试验或岩基载荷平板载荷试验	（JGJ 106—2014 第 3.3.7.2 条）检测数量不应少于总桩数的 1%，且不应少于 3 根	（JGJ 106—2014 第 3.4.8 条）应分析原因并扩大检测	
		《建筑基桩检测技术规范》JGJ 106—2014	《建筑基桩检测技术规范》JGJ 106—2014 单桩竖向抗拔静载试验	竖向抗拔承载力	（JGJ 106—2014 第 3.3.4 条）工程桩验收阶段：设计等级为甲级的桩的桩；施工前按《建筑基桩静载试验规范》JGJ 106—2014 试验（JGJ 106—2014 第 3.3.1 条）施工前进行单桩静载试验的工程，但施工前进行单桩静载试验的工程过程中变更了施工工艺参数或施工质量出现了异常；地基条件复杂、桩施工质量可靠性低；采用新型桩或本地区采用的新型桩或施工过程中产生挤土上浮或偏位的群桩	（JGJ 106—2014 第 3.3.4 条）检测数量应不少于同一条件下工件下桩基数的 1%，且桩基总数应不少于 3 根，应不少于 3 根；当总桩数小于 50 根时，检测数量不应少于 2 根	（JGJ 106—2014 第 3.4.8 条）应分析原因并扩大检测	

续表

序号	检测对象	取样依据的产品标准或者工程建设标准	检测依据的产品/方法标准或工程建设标准	主要检测参数	产品标准或工程建设标准组批原则或取样频率	取样方法及数量	不合格复检或处理办法	备注
		《建筑基桩检测技术规范》JGJ 106—2014	《建筑基桩检测技术规范》JGJ 106—2014 单桩水平静载试验	水平临界荷载和承载力	《JGJ 106—2014 第3.3.4条》工程桩验收阶段：设计等级为甲级的工程桩；施工前未按《建筑基桩检测技术规范》JGJ 106—2014 第3.3.1条要求进行单桩静载试验，但施工过程中变更了工艺参数或施工质量出现了异常；地基条件复杂、桩施工质量可靠性低；本地区采用新型桩或新工艺桩；施工过程中产生挤土上浮或偏位的群桩	《JGJ 106—2014 第3.3.4条》检测数量不应少于同一条件下桩基分项工程总桩数的1%，且不应少于3根，当总桩数小于50根时，检测数量不应少于2根	《JGJ 106—2014 第3.4.8条》应分析原因并扩大检测	
		《建筑基桩检测技术规范》JGJ 106—2014	《建筑基桩检测技术规范》JGJ 106—2014 钻芯法	灌注桩桩长、桩身混凝土强度、桩底沉渣厚度	《GJ 106—2014 第3.3.4条》设计等级为甲级的大直径灌注桩，或地基条件复杂、成桩质量可靠性低的灌注桩《建筑基桩检测技术规范》JGJ 106—2014第1、2款规定的检测数量范围周内	《JGJ 106—2014 第3.3.4条》不少于总桩数的10%的比例，且不少于10根	《JGJ 106—2014 第3.4.8条》应分析原因并扩大检测	
		《建筑基桩检测技术规范》JGJ 106—2014	《建筑基桩检测技术规范》JGJ 106—2014	桩身缺陷及其位置	《JGJ 106—2014 第3.3.1条》设计等级为甲级，或地基基础设计等级为甲级工程《JGJ 106—2014 第3.3.1条》其他桩基工程《JGJ 106—2014 第3.3.1条》上述规定外	《JGJ 106—2014 第3.3.1条》检测数量不少于总桩数的30%，且不少于20根《JGJ 106—2014 第3.3.1条》检测数量不少于总桩数的20%，且不少于10根	《JGJ 106—2014 第3.4.2条、3.4.3条、3.4.5条、3.4.7条》发现有Ⅲ、Ⅳ类桩，采用原检测方法，在未检桩中继续扩大检测（文字略）	
		《建筑地基检测技术规范》JGJ 340—2015	《建筑地基检测技术规范》JGJ 340—2015 低应变法		《JGJ 340—2015 第12.1.2条》单立工程	《JGJ 340—2015 第12.1.2条》检测每个柱下承台检测桩数不应少于1根检测数量不应少于总桩数的10%，且不应少于10根	《JGJ 340—2015 第3.4.7条》采用原检测方法，在未检桩中扩大检测	

续表

序号	检测对象	取样依据的产品标准或者工程建设标准	检测依据的产品/方法标准或工程建设标准	主要检测参数	产品标准或工程建设标准组批原则或取样频率	取样方法及数量	不合格复检或处理办法	备注
		《建筑基桩检测技术规范》JGJ 106—2014	《建筑基桩检测技术规范》JGJ 106—2014 高应变法	竖向抗压承载力、桩身缺陷及其位置	(JGJ 106—2014 第3.3.5.2条)	(JGJ 106—2014 第3.3.5.2条)检测数量不应少于5%，且不得少于5根		
		《建筑基桩检测技术规范》JGJ 106—2014	《建筑基桩检测技术规范》JGJ 106—2014 声波透射法	灌注桩桩身缺陷及其位置	(JGJ 106—2014 第3.3.3.4条)为甲级的大直径灌注桩，应在《建筑基桩检测技术规范》JGJ 106—2014第1、2款规定的检测数量范围内	(JGJ 106—2014 第3.3.3.4条)不少于总桩数的10%的比例，且不少于10根	(JGJ 106—2014 第3.4.7条)可改用钻芯法、扩大检测	
2	土（岩）地基	《建筑地基检测技术规范》JGJ 340—2015	《建筑地基检测技术规范》JGJ 340—2015 浅层平板荷载试验	地基承载力	(JGJ 340—2015 第4.1.4条)单位工程	(JGJ 340—2015 第4.1.4条)检测数量为每500m²不应少于1个点，且总点数不应少于3个点。复杂场地或重要建筑地基应增加检测数量	(JGJ 340—2015 第4.4.4.2条)当极差超过平均值的30%时，结合工程实际，分析原因，增加验点数量	
			《建筑地基检测技术规范》JGJ 340—2015 深层平板荷载试验					
		《建筑地基检测技术规范》JGJ 340—2015 《建筑地基基础设计规范》GB 50007—201	《建筑地基检测技术规范》JGJ 340—2015 《建筑地基基础设计规范》GB 50007—2011 岩基荷载试验	地基承载力	(GB 50007—2011 第H.0.10条)每个场地	(GB 50007—2011 第H.0.10条)荷载试验的数量不应少于3个	综合分析原因，需要时增加试验数量，提出局部加固处理建议	

续表

序号	检测对象	取样依据的产品标准或者工程建设标准	检测依据的产品/方法标准或工程建设标准	主要检测参数	产品标准或工程建设标准组批原则或取样频率	取样方法及数量	不合格复检或处理办法	备注
			《建筑地基处理技术规范》JGJ 79—2012 振冲碎石桩和沉管砂石桩	地基承载力	（JGJ 79—2012 第7.2.6条）竣工验收时，应采用复合地基静载荷试验	（JGJ 79—2012 第7.2.6条）试验数量不应少于总桩数的1%，且每个单体建筑不应少于3点	（JGJ 79—2012 第7.2.5.1条）如有遗漏或不符合要求或采取其他补救措施	
			《建筑地基处理技术规范》JGJ 79—2012 灰土挤密桩和土挤密桩	地基承载力、单桩承载力	（JGJ 79—2012 第7.5.4.4条）竣工验收时，应采用复合地基静载试验	（JGJ 79—2012 第7.5.4.4条）检测数量不应少于总桩数的1%，且每项单体工程复合地基静载试验不应少于3点	综合分析原因，需要时增加试验数量，提出局部加固处理建议	
3	复合地基	《建筑地基处理技术规范》JGJ 79—2012	《建筑地基处理技术规范》JGJ 79—2012 多桩型	地基承载力、单桩承载力、检测桩身完整性	JGJ 79—2012 第7.8.7.4条 竣工验收时应采用复合地基静载试验和单桩静载荷试验	（JGJ 79—2012 第7.8.7.4条）采用复合地基静载荷试验和单桩静载试验检验数量不得少于总桩数的1%；多桩复合地基载板静载试验，对每个单桩复合地基载荷试验不应少于3点，且每项单体工程检验数量不得少于3点	综合分析原因，需要时增加试验数量，提出局部加固处理建议	
		《建筑地基检测技术规范》JGJ 340—2015 《建筑地基处理技术规范》JGJ 79—2012	《建筑地基检测技术规范》JGJ 340—2015 《建筑地基处理技术规范》JGJ 79—2012	地基承载力、单桩承载力	JGJ 340—2015 第5.1.1条 单位工程	（JGJ 340—2015 第5.1.4.1条）检测数量不应少于总桩数的0.5%，且不应少于3点	综合分析原因，需要时提出试验数量，提出局部加固处理建议	
			《建筑地基处理技术规范》JGJ 79—2012 水泥土搅拌桩		JGJ 79—2012 第7.3.7条 复合地基静载试验和单桩静载荷试验	（JGJ 79—2012 第7.3.7条）验收检测数量不少于1%，复合地基静载试验数量不少于3台（多轴搅拌为3组）	（JGJ 79—2012 第7.3.8条）如不符合设计要求，应采取有效的补强措施	

续表

序号	检测对象	取样依据的产品标准或者工程建设标准	检测依据的产品/方法标准或工程建设标准	主要检测参数	产品标准或工程建设标准批组批原则或取样频率	取样方法及数量	不合格复检或处理办法	备注
	复合地基		《建筑地基检测技术规范》JGJ 340—2015	地基承载力	（JGJ 340—2015 第 5.1.4.1 条）单位工程	（JGJ 340—2015 第 5.1.4.1 条）检测数量不应少于总桩数的0.5%，且且不应少于3点	综合分析原因，需要时增加试验数量，提出局部加固处理建议	
			《建筑地基检测技术规范》JGJ 340—2015 《建筑地基处理技术规范》JGJ 79—2012 旋喷桩	地基承载力，单桩承载力	（JGJ 340—2015 第 5.1.4.1 条）单位工程	（JGJ 340—2015 第 5.1.4.1 条）检测数量不应少于总桩数的0.5%，且且不应少于3点		
					（JGJ 79—2012 第 7.4.10 条）竣工验收时	（JGJ 79—2012 第 7.4.10 条）检验桩数量不得少于总桩数的1%，且每个单体工程复合地基静载试验不应少于3台		
		《建筑地基检测技术规范》JGJ 340—2015 《建筑地基处理技术规范》JGJ 79—2012	《建筑地基检测技术规范》JGJ 340—2015 《建筑地基处理技术规范》JGJ 79—2012 夯实水泥土桩	地基承载力，单桩承载力	（JGJ 79—2012 第 7.6.4.3 条）单体工程	（JGJ 79—2012 第 7.6.4.3 条）检验数量不少于1%，每项单体工程复合地基静载试验不应少于3台	综合分析原因，需要时增加试验数量，提出局部加固处理建议	
					（JGJ 340—2015 第 5.1.4.1 条）单位工程	（JGJ 340—2015 第 5.1.4.1 条）检测数量不应少于总桩数的0.5%，且且不应少于3点		

续表

序号	检测对象	取样依据的产品标准或者工程建设标准	检测依据的产品/方法标准或工程建设标准	主要检测参数	产品标准或工程建设标准批组批原则或取样频率	取样方法及数量	不合格复检或处理办法	备注
			《建筑地基检测技术规范》JGJ 340—2015 《建筑地基处理技术规范》JGJ 79—2012 水泥粉煤灰碎石桩	地基承载力 单桩承载力 检测桩身完整性	《GJ 340—2015 第 5.1.4.1 条》单位工程 JGJ 79—2012 第 7.7.4 条》竣工验收时	《JGJ 340—2015 第 5.1.4.1 条》检测数量不应少于总桩数的0.5%，且不应少于3点 《JGJ 79—2012 第 7.7.4.3、4 条》检验数量不应少于1%，每项单体工程复合地基静载试验不应少于3点；低应变完整性检测数量不低于总桩数的10%		
	复合地基	《建筑地基检测技术规范》JGJ 340—2015	《建筑地基检测技术规范》JGJ 340—2015 混凝土桩	地基承载力	JGJ 340—2015 第 5.1.4.1 条》单位工程	《JGJ 340—2015 第 5.1.4.1 条》检测数量不应少于总桩数的0.5%，且不应少于3点	综合分析原因，需要时增加试验数量，提出局部加固处理建议	
			《建筑地基检测技术规范》JGJ 340—2015 树根桩		JGJ 340—2015 第 5.1.4.1 条》单位工程	《JGJ 340—2015 第 5.1.4.1 条》检测数量不应少于总桩数的0.5%，且不应少于3点		
		《建筑地基处理技术规范》JGJ79—2012	《建筑地基处理技术规范》JGJ 79—2012 灰土桩		JGJ 79—2012 第 7.5.4.5 条》单本工程	《JGJ 79—2012 第 7.5.4.5 条》承载力检验应在成桩后14~28d，检测数量不应少于总桩数的1%，且每项单体工程复合地基静载试验不应少于3点		

258

续表

序号	检测对象	取样依据的产品标准或者工程建设标准	检测依据的产品/方法标准或工程建设标准	主要检测参数	产品标准或工程建设标准组批原则或取样频率	取样方法及数量	不合格复检或处理办法	备注
	复合地基	《建筑地基检测技术规范》JGJ 340—2015 《建筑地基处理技术规范》JGJ 79—2012	《建筑地基检测技术规范》JGJ 340—2015 《建筑地基处理技术规范》JGJ79—2012 柱锤冲扩桩	地基承载力	（JGJ 79—2012 第7.8.7.4条）竣工验收时	（JGJ 79—2012 第7.8.7.4 条）检验数量不少于总桩数的1%，且每项单体工程复合地基静荷载试验不应少于3点	（JGJ 79—2012 第7.8.7.6 条）如发现桩头及槽底土质松软等质量问题，应采取补救措施	
					（JGJ 340—2015 第5.1.4.1 条）单位工程	（JGJ 340—2015 第5.1.4.1 条）检测数量不应少于总桩数的0.5%，且不应少于3点		
			《建筑地基检测技术规范》JGJ 340—2015 水泥搅拌桩、旋喷桩	承载力	（JGJ 340—2015 第5.1.4.1 条）单位工程	（JGJ 340—2015 第5.1.4.1 条）检测数量不应少于总桩数的0.5%，且不应少于3点	综合分析原因，需要时增加试验数量，提出局部加固处理建议	
			《建筑地基检测技术规范》JGJ 340—2015：水泥土搅拌桩、夯实水泥土桩、水泥粉煤灰碎石桩、混凝土桩、树根桩、强夯置换墩等	竖向抗压承载力	（JGJ 340—2015 第5.1.4.1 条）单位工程	（JGJ 340—2015 第5.1.4.1 条）检测数量不应少于总桩数的0.5%，且不应少于3点		
4	竖向增强体	《建筑地基处理技术规范》JGJ 79—2012	《建筑地基处理技术规范》JGJ 79—2012 复合地基增强体单桩		（JGJ 79—2012 第7.9.11.3 条）对散体材料增强体的检验数量	（JGJ 79—2012 第7.9.11.3 条）不应少于其总桩数的2%，对具有粘结强度的增强体、完整性检验数量不应少于其总桩数的10%	综合分析原因，需要时增加试验数量，提出局部加固处理建议	

第 11 部分：结构工程现场检测

序号	检测对象	取样依据的产品标准或者工程建设标准	检测依据的产品/方法标准或工程建设标准	主要检测参数	产品标准或工程建设标准组批原则或取样频率	取样方法及数量	不合格复检或处理办法	备注
1	混凝土结构及构件	《混凝土中钢筋检测技术标准》JGJ/T 152—2019《混凝土结构工程施工质量验收规范》GB 50204—2015《建筑结构检测技术标准》GB/T 50344—2019《混凝土结构现场检测技术标准》GB/T 50784—2013	《混凝土中钢筋检测技术标准》JGJ/T 152—2019《混凝土结构工程施工质量验收规范》GB 50204—2015《混凝土结构现场检测技术标准》GB/T 50784—2013	钢筋位置 保护层厚度	按相同的生产条件或按规定的方式汇总起来供抽样检验用的，由一定数量样本组成的检验体	工程质量检测时，结构实体钢筋保护层厚度检验构件的选取应均匀分布，并应符合以下规定：①对非悬挑梁板类构件，应各抽取构件数量的2%且不少于5个构件进行检验。②对悬挑梁，应抽取构件数量的5%且不少于10个构件进行检验；当悬挑梁数量少于10个时，应全数检验。③对悬挑板，应抽取构件数量的10%且不少于20个构件进行检验；当悬挑梁数量少于20个时，应全数检验	梁类、板类构件纵向受力钢筋保护层厚度应分别进行验收，并应符合下列规定：①当全部钢筋保护层厚度检验的合格率为90%及以上时，可判为合格；②当全部钢筋保护层合格率小于80%时，可再抽取相同构件进行检验；当两次抽取的合格总和计算的合格率为90%及以上时，仍可判为合格。③每次抽样检验结果中不合格点的最大偏差均不应大于允许偏差的1.5倍	

续表

序号	检测对象	取样依据的产品标准或者工程建设标准	检测依据的产品/方法标准或工程建设标准	主要检测参数	产品标准或工程建设标准组批原则或取样频率	取样方法及数量	不合格复检或处理办法	备注
1	混凝土结构及构件	《回弹法检测混凝土抗压强度技术规程》DB37/T 2366—2013 《回弹法检测混凝土抗压强度技术规程》JGJ/T 23—2011	《回弹法检测混凝土抗压强度技术规程》DB37/T 2366—2013 《回弹法检测混凝土抗压强度技术规程》JGJ/T 23—2011	混凝土强度（回弹法）	混凝土强度可按单个构件或按批进行检测，并应符合下列规定：①对于单个构件的检测；②对于混凝土生产工艺、强度等级相同，原材料、配合比、养护条件基本一致且龄期相近的一批同类构件的检测应采用批量检测	按批量进行检测时，应随机抽取构件，抽取数量不宜少于同批构件的30%且构件数量不宜少于10件。当检验批构件数量大于30个时，抽样构件数量可适当调整，且不应少于国家现行有关标准规定的最少抽样数量	当建筑工程施工质量不符合要求时，应按（GB 50300—2013第5.0.6条）的规定进行处理	
		《钻芯法检测混凝土强度技术规程》JGJ/T 384—2016 《钻芯法检测混凝土强度技术规程》CECS 03—2007	《钻芯法检测混凝土强度技术规程》JGJ/T 384—2016 《钻芯法检测混凝土强度技术规程》CECS 03—2007	混凝土强度（取芯法）	（JGJ/T 384—2016的2.1.10条）混凝土强度等级、生产工艺、原材料、配合比、成型工艺、养护条件基本相同，由一定数量构件成的检测对象为一个检测批。（CECS 03—2007的2.1.6条）在相同混凝土强度等级、生产工艺、原材料、配合比、成型工艺、养护条件下生产并提交检测的一定数量构件	（JGJ/T 384—2016）批量检测：芯样试件的数量应根据检测批的容量确定。直径100mm的芯样试件的最小样本量不宜少于15个；小直径芯样试件的最小样本量不宜少于20个。单个构件检测：芯样试件的数量不应少于3个；钻芯对构件工作性能影响较大的小尺寸构件，芯样试件的数量不得少于2个（CECS 03—2007）批量检测：芯样试件的数量应根据检测批的容量确定。芯样直径	当建筑工程施工质量不符合要求时，应按（GB 50300—2013第5.0.6条）的规定进行处理：①经返工或返修的检验批，应重新进行验收。②经有资质的检测机构检测能够达到设计要求的检验批，应予以验收。③经有资质的检测单位核算认可能够满足安全和使用功能的检验批，可予以验收。	

续表

序号	检测对象	取样依据的产品标准或者工程建设标准	检测依据的产品/方法标准或工程建设标准	主要检测参数	产品标准或工程建设标准组批原则或取样频率	取样方法及数量	不合格复检或处理办法	备注
						100mm 的芯样试件的最小样本量不宜少于15个；小直径芯样试件的最小样本量应适当增加。单构件检测，芯样试件的数量不应少于3个；钻芯影响较大构件工作性能的小尺寸构件，芯样试件的数量不得少于2个	②经返修或加固处理的分项、分部工程，满足安全及使用功能要求时，可按技术处理方案和协商文件的要求予以验收	
1	混凝土结构及构件	《混凝土结构工程施工质量验收规范》GB 50204—2015	《混凝土结构工程施工质量验收规范》GB 50204—2015	尺寸偏差	按楼层、结构缝或施工段划分检验批	①梁柱应抽查构件数量的1%，且不应少于3个构件；②端、板按有代表性的自然间抽取1%，同抽取的构件进行检验，且不应少于3间；③层高按自然有代表性的间取1%，且不应少于3间	①当检验项目的合格率为80%及以上时，可判为合格；②当检验项目的合格率小于70%但不小于70%时，再抽取相同数量的构件进行检验；当按两次抽取的构件总和计算的合格率为80%及以上时，仍可判为合格	
		《超声法检测混凝土缺陷技术规程》CECS 21—2000 《混凝土结构现场检测技术标准》GB/T 50784—2013	《超声法检测混凝土缺陷技术规程》CECS 21—2000 《混凝土结构现场检测技术标准》GB/T 50784—2013	缺陷		（GB/T 50784—2013 第7.3.1条）对怀疑存在内部缺陷的构件或检测区域宜进行全数检测。当不具备全数检测条件时，可根据下列检测的抽样原则选择下列检测的构件或部位进行检测：①重要构件或部位；②外观缺陷严重的构件或部位；③外观缺陷所在部位；依据（GB/T 50784—2013 附录 D.0.1条）抽样		

续表

序号	检测对象	取样依据的产品标准或者工程建设标准	检测依据的产品/方法标准或工程建设标准	主要检测参数	产品标准或工程建设标准批原则或取样频率	取样方法及数量	不合格复检或处理办法	备注
2	后置埋件	《混凝土结构后锚固技术规程》JGJ 145—2013	《混凝土结构后锚固技术规程》JGJ 145—2013	锚固承载力	《混凝土结构后锚固技术规程》(JGJ 145—2013) 锚固质量现场检验抽检时，应以同品种、同规格、同强度等级的锚固件为同类的检验批，同锚固件安装相同部位基本相同的锚固件为同类构件为一检验批，并应从每一检验批所含的锚固件中进行抽样	①现场破坏性检验宜选择锚固区以外的同条件锚固位置，取每一检验批锚固件总数的0.1%，且不少于5件进行检验。且种锚固件数量不超过100件时，可仅取3件进行检验。②现场非破损检验的抽样，应符合规定：	①一个检验批中不合格的试样不超过5%时，应另抽取3根试样进行破坏性检验。若检验结果全部合格，该检验批仍可评定为合格检验批。②一个检验批中不合格的试样超过5%时，该检验批应评定为不合格，且不应重做检验	—
3	结构性能	《装配整体式混凝土结构技术规程》DB32/T 3754—2020	《混凝土结构试验方法标准》GB/T 50152—2012 《混凝土结构工程施工质量验收规范》GB 50204—2015	承载力、抗度、抗裂度、裂缝宽度	《装配整体式混凝土结构检测技术规程》(DB32/T 3754—2020第3.1.6条)同类型是指同一类型、同一钢种、同一混凝土强度等级、同一生产工艺和同一结构形式	1000个同类型构件抽取1个	—	—
4	砌体结构	《砌体工程现场检测技术标准》GB/T 50315—2011 《贯入法检测砌筑砂浆抗压强度技术规程》JGJ/T 136—2017	《砌体工程现场检测技术标准》GB/T 50315—2011 《贯入法检测砌筑砂浆抗压强度技术规程》JGJ/T 136—2017	砂浆强度、砌体抗压强度	每一楼层且总量不大于250m³的同材料品种和设计强度均相同的砌体为检测单元	（GB/T 50315—2011第3.3条）（JGJ/T136—2017第4.2.1条及4.2.2条）	当建筑工程施工质量不符合要求时，应按《建筑工程施工质量（GB 50300—2013）第5.0.6条》的规定进行处理	—

第 12 部分：室内环境污染现场检测

序号	检测对象	取样依据的产品标准或者工程建设标准	检测依据的产品/方法标准或检验或工程建设标准	主要检测参数	产品标准或工程建设标准批原则或取样频率	取样方法及数量	不合格复检或处理办法	备注
1	室内空气污染物	《民用建筑工程室内环境污染控制标准》GB 50325—2020	《民用建筑工程室内环境污染控制标准》GB 50325—2020 《居住区大气中甲醛卫生检验标准方法 分光光度法》GB/T 16129—1995 《公共场所卫生检验方法 第 2 部分：化学污染物》GB/T 18204.2—2014 《建筑室内空气中氡检测方法标准》T/CECS 569—2019	氡、甲醛、氨、苯、甲苯、二甲苯、TVOC	（GB 50325—2020 第 6.0.12 条）建筑物单体	（GB 50325—2020 第 6.0.12～6.0.13 条）民用建筑工程验收时，应抽检每个建筑单体有代表性的房间室内环境污染物浓度，抽检样量不得少于房间总间数的 5%，每个建筑单体不得少于 3 间；房间总数少于 3 间时，应全数检测。民用建筑工程验收时，凡进行了样板间室内环境污染物浓度检测且检测结果合格的，抽检数量可减半，并不得少于 3 间。（GB 50325—2020 第 6.0.15 条）房间使用面积 < 50m²，检测点数为 1；≥ 50m²，按标准要求布点	（GB 50325—2020 第 6.0.22 条）当室内环境污染物浓度检测结果不符合规定时，应对不合格项再次加倍抽样检测，并对该工程室内环境质量进行评定。再次加倍抽样检测结果符合规定时，应查找原因并采取措施进行处理，直至检测合格	

续表

序号	检测对象	取样依据的产品标准或者工程建设标准	检测依据的产品/方法标准或工程建设标准	主要检测参数	产品标准或工程建设标准组批原则或取样频率	取样方法及数量	不合格复检或处理办法	备注
		《民用建筑室内装修工程室内环境质量验收规程》DGJ32/J 140—2012	《民用建筑工程室内环境污染控制标准》GB 50325—2020 《公共场所卫生检验方法 第 2 部分：化学污染物》GB/T 18204.2—2014	氡、甲醛、氨、苯系物、TVOC	（DGJ32/J 140—2012 第 5.1.4 条）建筑物单体	（DGJ32/J 140—2012 第 5.1.4~5.1.6 条）抽检数量不得少于房间总数的 5%，每个建筑单体不得少于 3 间；房间总数少于 3 间时，应全数检测。凡进行了样板间检测且检测污染物结果合格的，抽检数量可减半，并不得少于 1；房间使用面积（m²）<50，检测点数为 1；≥50m²，按标准要求布点	（DGJ32/J 140—2012 第 5.1.17 条）当室内环境质量检测不合格时，应查找污染源，采用净化措施，消除污染物后重新取样检测。所采用的净化措施应符合下列规定：室内环境污染治理所采用的净化剂、净化液必须为经国家相关部门认证的合格产品。要有针对性地选择适合的净化方法进行治理。室内环境污染治理所采用的净化方法或措施，不得产生新的污染物	
2	土壤氡	《民用建筑工程室内环境污染控制标准》GB 50325—2020	《民用建筑工程室内环境污染控制标准》GB 50325—2020	土壤氡浓度或土壤表面氡析出率	（GB 50325—2020 附录 C.1.4 条）建筑物单体基础工程	（GB 50325—2020 附录 C.1.4 条）氡液以间距 10m 做网格，各网格交叉点为测试点，布点数量不少于 16 个； （GB 50325—2020 附录 C.2.2 条）土壤表面氡析出率：按网格 20m 建筑场地网格布点，布点数量不少于 16 个	（GB 50325—2020 第 4.2.4~4.2.6 条）当民用建筑工程场地土壤氡浓度测定结果大于 20000Bq/m³ 或土壤表面氡析出率大于 0.05Bq/（m²·s）时，应采取建筑物防氡措施	

第 13 部分：节能工程现场检测

序号	检测对象	取样依据的产品标准或者工程建设标准	检测依据的产品/方法标准或工程建设标准	主要检测参数	产品标准或工程建设标准组批原则或取样频率	取样方法及数量	不合格复检或处理办法	备注
1	饰面砖	《建筑工程饰面砖粘结强度检验标准》JGJ/T 110—2017	《建筑工程饰面砖粘结强度检验标准》JGJ/T 110—2017	粘结强度	（JGJ/T 110—2017 第3.0.6条）现场粘贴饰面砖粘结强度检验应以每 500m² 同类基体饰面砖为一个检验批，不足 500m² 应为一个检验批	（JGJ/T 110—2017 第3.0.6条）每批应取不少于一组3个试样，每连续3个楼层应取不少于一组试样，取样宜均匀分布	（JGJ/T 110—2017 第6.0.2条）现场粘贴的同类饰面砖，当一组试样均符合判定其粘结强度合格要求时，判定其粘结强度合格；当一组试样均不符合判定指标要求时，判定其粘结强度不合格；当一组试样的一项判定指标符合要求时，应在该组试样原取样检验批内重新抽取两组试样检验，若检验结果均有一项不符合判定指标要求时，判定其粘结强度不合格	

续表

序号	检测对象	取样依据的产品标准或者工程建设标准	检测依据的产品/方法标准或工程建设标准	主要检测参数	产品标准或工程建设标准批组取样原则或取样频率	取样方法及数量	不合格复检或处理办法	备注
1	饰面砖	《无机轻集料砂浆保温系统技术标准》JGJ/T 253—2019	《无机轻集料砂浆保温系统技术标准》JGJ/T 253—2019 第 7.2.8 条	现场粘结强度检测	（JGJ/T 253—2019 第 7.2.8 条）现场拉伸粘结强度检验应符合行业标准《建筑工程饰面砖粘结强度检验标准》JGJ/T 110—2017 的相关规定	（JGJ/T 253—2019 第 7.2.8 条）饰面砖现场粘结强度拉拔试验同一品种的产品，同一厂家，当单位工程保温墙体小于 20000m² 时，抽查不少于 3 次；当单位工程保温墙体面积在 20000m² 以上时，抽查不少于 6 次	（JGJ/T 110—2017 第 6.0.2 条）现场粘贴的同类饰面砖，当一组试样粘结强度均符合判定指标要求时，判定其粘结强度合格；当一组试样粘结强度均不符合判定指标要求时，判定其粘结强度不合格；当一组试样粘结强度仅符合判定指标的一项要求时，应在该批内重新抽取两组试样检验，若检验结果仍有一项不符合判定指标要求时，判定其粘结强度不合格	
2	外保温系统	《外墙外保温工程技术标准》JGJ 144—2019	《外墙外保温工程技术标准》JGJ 144—2019 附录 C.3 条《建筑工程饰面砖粘结强度检验标准》JGJ/T 110—2017	基层墙体与胶粘剂的拉伸粘结强度、外保温系统拉伸粘结强度	（JGJ 144—2019 第 7.1.2 条）外保温工程检验批的划分、检查数量和隐蔽工程验收应符合国家标准《建筑节能工程施工质量验收标准》GB 50411—2019 的有关规定	（JGJ 144—2019 附录 C.1.1 条）应在每种类型墙体表面上取 5 处有代表性的位置	（GB 50411—2019 第 3.2.3 条）在施工现场随机抽样复验，复检应为见证取样检验。当复验的结果不合格时，该材料、构件和设备不得使用	

续表

序号	检测对象	取样依据的产品标准或者工程建设标准	检测依据的产品/方法标准或工程建设标准	主要检测参数	产品标准或工程建设标准组批原则或取样频率	取样方法及数量	不合格复验或处理办法	备注
3	无机轻集料砂浆保温系统	《无机轻集料砂浆保温系统技术标准》JGJ/T 253—2019	《无机轻集料砂浆保温系统技术标准》JGJ/T 253—2019 第7.2.6条	现场粘结强度检测	（JGJ/T 253—2019第7.1.6条）墙体保温工程验收的检验批划分时，采用相同材料、工艺和施工做法的墙面，每500~1000m²墙面划分为一个检验批，不足500m²也应划分为一个检验批	（JGJ/T 253—2019第7.2.6条）墙体保温工程中，每个检验批抽查不少于3处	（JGJ/T 253—2019中B.8.7条）当进行现场粘结强度检验评定，其两项指标均符合下列要求时，其粘结强度应判定为合格；当一组试样两项指标符合下列要求的一项指标时，应在该组原取样区域内重新抽取两组试样，当复验中有一项指标不符合规定时，该组无机保温系统粘结强度应判定为不合格	
4	保温装饰板	《建筑节能工程施工质量验收标准》GB 50411—2019	《建筑节能工程施工质量验收标准》GB 50411—2019 第4.2.7条 《保温装饰板外墙外保温系统材料》JG/T 287—2013 《外墙保温用锚栓》JG/T 366—2012	拉伸粘结强度、粘结面积比、锚固力、锚栓拉拔力	（GB 50411—2019第4.1.5条）采用相同施工材料、工艺、施工做法的墙面，扣除门窗洞口后的保温墙面面积每1000m²划分为一个检验批	（GB 50411—2019第4.2.7条）检验强度按照本标准附录B的检验方法：拉伸粘结强度进行现场检验，粘结面积比按本标准附录C的检验方法进行现场检验；锚固力检验应按行业标准《保温装饰板外墙外保温系统材料》JG/T 287—2013的试验方法进行；锚	（GB 50411—2019第3.2.3条）在施工现场随机抽样复检，复检应为见证取样检验。当复检的结果不合格时，该材料、构件和设备不得使用	

续表

序号	检测对象	取样依据的产品标准或者工程建设标准	检测依据的产品/方法标准或工程建设标准	主要检测参数	产品标准或工程建设标准组批原则或取样频率	取样方法及数量	不合格复检或处理办法	备注
4	保温装饰板					栓拉拔力检验应按行业标准《外墙保温用锚栓》JG/T 366—2012 的试验方法进行。检查数量：每个检验批应抽查 3 处		
5	外墙	《建筑节能工程施工质量验收标准》GB 50411—2019	《建筑节能工程施工质量验收标准》GB 50411—2019 第 17.1.4 条	节能构造实体检验、墙体传热系数	（GB 50411—2019 第 17.1.4 条）同工程项目、同期施工的多个单位工程，可合并计算建筑面积；每 30000m² 可视为一个单位工程，不足 30000m² 也视为一个单位工程	（GB 50411—2019 第 17.1.4 条）实体检验的样本应在施工现场由监理单位和施工单位随机抽取，具有代表性，不得预先确定检验位置。外墙节能构造实体检验应按单位工程进行，每种节能构造的外墙检验不得少于 3 处，每处检查一个点；传热系数的检查应符合国家现行有关标准的要求	（GB 50411—2019 第 17.1.8 条）当外墙节能构造或外墙气密性能现场实体检验结果不符合设计要求和标准规定时，应委托有资质的检测机构扩大一倍数量抽样，对不符合要求的项目或参数进行再次检验。仍然不符合要求时应给出"不符合设计要求"的结论，并应符合标准的相关规定	

续表

序号	检测对象	取样依据的产品标准或者工程建设标准	检测依据的产品标准或方法/工程建设标准	主要检测参数	产品标准或工程建设标准批组批原则或取样频率	取样方法及数量	不合格复检或处理办法	备注
6	外窗	《建筑外窗气密、水密、抗风压性能现场检测方法》JG/T 211—2007	《建筑外窗气密、水密、抗风压性能现场检测方法》JG/T 211—2007	气密性能、水密性能、抗风压性能		（JG/T 211—2007 第5.2.1条）外窗及连接部位安装完毕达到正常使用状态	（JG/T 211—2007 第5.2.2条）试件选取同窗型、同规格、同型号三樘为一组	—
		《建筑节能工程施工质量验收标准》GB 50411—2019	《建筑节能工程施工质量验收标准》GB 50411—2019 第17.1.4条	现场气密性能	（GB 50411—2019 第17.1.4条）同工程项目，同施工单位且同期施工的多个单位工程，可合并计算建筑面积；每30000m²可视为一个单位工程，不足30000m²也视为一个单位工程	（GB 50411—2019 第17.1.4条）外窗气密性能现场实体检验应按单位工程进行，每种材质、开启方式、型材系列的外窗检验不得少于3樘。实体检验样本应在施工现场随机抽取，对抽样的外窗应由监理单位和施工单位随机抽取，且应分布均匀，具有代表性，不得预先确定检验位置。	（GB50411—2019 第17.1.8条）当外墙节能构造或外窗气密性能现场实体检验结果不符合设计要求和标准规定时，应委托有资质的检测机构扩大一倍数量的项目或参数进行再次检验。对不符合要求的再次检验仍然不符合要求时应给出"不符合设计要求"的结论，并对不符合标准的相关材料	
7	太阳能光热系统	《建筑节能工程施工质量验收标准》GB 50411—2019	《建筑节能工程施工质量验收标准》GB 50411—2019 第15.2.2条	集热设备的热工性能	（GB 50411—2019 第15.1.3条）太阳能光热系统工程的检验批划分，可按本标准第3.4.1条进行验收，也可按照系统形式、楼层划分，由施工单位与监理单位协商确定	（GB 50411—2019 第15.2.2条）现场检验；同厂家、同类型的太阳能集热器或系统数量在200台及以下时，抽检1台（套）；200台以上抽检2台（套）。同工程项目，同施工单位且同期施工的多个单位工程可合并计算	（GB 50411—2019 第3.2.3条）在施工现场随机抽检复检，复检应随见证取样检验。当复检结果为不合格时，该材料、构配件和设备不得使用	

第 14 部分：市政工程现场检测

序号	检测对象	取样依据的产品标准或者工程建设标准	检测依据的产品/方法标准或者工程建设标准	主要检测参数	产品标准或工程建设标准批组取样原则或取样频率	取样方法及数量	不合格复检或处理办法	备注
1	灰土路基（灰土底基层）	《公路工程无机结合料稳定材料试验规程》JTG E51—2009	《公路工程无机结合料稳定材料试验规程》JTG E51—2009	灰剂量	（JTG/T F20—2015 第 8.4.4 条）每 2000m² 1 次	（JTG E51—2009 第 T0809 4.3 条）对稳定中，粗粒土称取约 3000g，细粒土约 1000g	（JTG/T F20—2015 表 8.5.6 条）极限低值为−1.0%	/
		《城镇道路工程施工与质量验收规范》CJJ 1—2008	《土工试验方法标准》GB/T 50123—2019 《公路土工试验规程》JTG 3430—2020	压实度	（CJJ 1—2008 第 18.0.1 条）石灰土基层：每条路或路段	（CJJ 1—2008 第 6.3.9 条）环刀法、灌砂法、灌水法（3 点）石灰土基层 1000m² 每层 1 组（3 点）	（CJJ 1—2008 第 7.8.2条）石灰土基层：不得小于设计规定	/
		《公路工程集料试验规程》JTG E42—2005 《公路路面基层施工技术细则》JTG/T F20—2015	《公路工程集料试验规程》JTG E42—2005	级配	（JTG E42—2005 第 T0301 条）内容略	（JTG E42—2003 第 T0301 条）公称最大粒径 31.5mm 最少取样 30kg	（CJJ 1—2008第 7.2）石灰稳定土配合比设计应符合 7.2.2 的规定	
		《城镇道路工程施工与质量验收规范》CJJ 1—2008	《公路工程无机结合料稳定材料试验规程》JTG E51—2009	7d 无侧限抗压强度（根据设计要求检测）	（CJJ 1—2008 第 7.8.2−3 条）现场取样试验。基层、底基层 7d 饱水抗压强度应符合设计要求	（CJJ 1—2008 第 7.8.2 条）每 2000m² 1 组（6 块）	（CJJ 1—2008 第 7.8.2−3 条）应符合设计要求	

续表

序号	检测对象	取样依据的产品标准或者工程建设标准	检测依据的产品/方法标准或工程建设标准	主要检测参数	产品标准批或工程建设标准组批原则或取样频率	取样方法及数量	不合格复检或处理办法	备注
2	道路基层（水稳碎石或二灰碎石等）	《公路工程无机结合料稳定材料试验规程》JTG E51—2009	《公路工程无机结合料稳定材料试验规程》JTG E51—2009	灰剂量	（CJJ 1—2008 第 18.0.1 条）基层或路段：每条路段	（JTG E51—2009 第 T0809 4.3 条）对稳定中，粗粒土称取约3000g，细粒土称取约1000g	（JTG/T F20—2015 表 8.5.6）极限低值为−1.0%	/
		《城镇道路工程施工与质量验收规范》CJJ 1—2008	《公路路基路面现场测试规程》JTG 3450—2019	压实度	（CJJ 1—2008 第 18.0.1 条）基层或路段：每条路段	（CJJ 1—2008 第 7.8.2 条）灌砂、灌水法：1000m² 每层1组（1点）	（CJJ 1—2008 第 7.8.2 条）水稳基层：不得小于设计规定	/
		《公路工程集料试验规程》JTG E42—2005	《公路工程集料试验规程》JTG E42—2005《公路路面基层施工技术细则》JTG/T F20—2015	级配	（JTG E42—2005 第 T0301 条）内容略	（JTG E42—2003 第 T0301 条）公称最大粒径31.5mm最少取样 30kg	（CJJ 1—2008 第 7.5 或 7.3）水泥稳定土类集料及石灰粉煤灰稳定砂砾碎石基层级配：应符合 7.5.2 或表 7.3.1 的要求	/
		《城镇道路工程施工与质量验收规范》CJJ 1—2008	《公路工程无机结合料稳定材料试验规程》JTG E51—2009	7d无侧限抗压强度	（CJJ 1—2008 第 7.8.2—3 条）现场取样试验。基层、底基层 7d 饱水抗压强度应符合设计要求	（CJJ 1—2008 第 7.8.2 条）每 2000m² 1 组（6块）	（CJJ 1—2008 第 7.8.2—3 条）应符合设计要求	/

续表

序号	检测对象	取样依据的产品标准或者工程建设标准	检测依据的产品标准/方法标准或工程建设标准	主要检测参数	产品标准或工程建设标准组批原则或取样频率	取样方法及数量	不合格复检或处理办法	备注
3	水泥混凝土面层	《城镇道路工程施工与质量验收规范》CJJ 1—2008	《公路路基路面现场测试规程》JTG 3450—2019	厚度	（CJJ 1—2008 第 18.0.1 条）每条路或路段	（CJJ 1—2008 第 10.8.1.2 条）每 1000m² 测 1 点	（CJJ 1—2008 第 10.8.1 条）面层厚度应符合设计规定。允许误差为±5mm	/
			《混凝土物理力学性能试验方法标准》GB/T 50081—2019	抗折强度（抗弯拉强度）	（CJJ 1—2008 第 10.8.1.2 条）每 100m³ 同配比混凝土取样 1 次，每次至少留置 1 组试块，不足 100m³ 按 1 次计	（CJJ 1—2008 第 10.8.1.2 条）每 100m³ 同配比至少 1 组（3 块）试块	（CJJ 1—2008 第 10.8.1～2 条）应符合设计规定	/
			《公路路基路面现场测试规程》JTG 3450—2019（包括灰土底基层、水稳基层、沥青面层）	平整度	（CJJ 1—2008 第 18.0.1 条）每条路或路段	（CJJ 1—2008 第 10.8.1 条）①用测平仪每 100m 测得标准差；②每 20m 用 3m 直尺和塞尺连续测量两尺，取较大值	（CJJ 1—2008 第 10.8.1 条）应符合设计要求	/
			《公路路基路面现场测试规程》JTG 3450—2019	构造深度	（CJJ 1—2008 第 18.0.1 条）每条路或路段	（CJJ 1—2008 第 10.8.2 条）砂铺法每 1000m² 测 1 点	（CJJ 1—2008 第 10.8.1 条）应符合设计要求	/

第 15 部分：基坑工程现场监测

15.1 概述

建筑基坑是指为进行建（构）筑物地下部分的施工，由地面向下开挖出的空间，简称基坑。由于基坑工程技术复杂，涉及范围广，事故频繁，因此在施工过程中应进行监测。

基坑工程监测是指在建筑基坑施工及使用阶段，采用仪器量测、现场巡视等手段和方法对基坑及周边环境的安全状况、变化特征及其发展趋势实施的定期或连续巡查、量测、监视以及数据采集、分析、反馈活动。通过基坑监测可预测进一步施工后将导致的变形及稳定状态的发展，根据预测判定施工对周围环境造成影响的程度，来指导设计与施工，实现信息化施工。

15.2 监测依据

《建筑地基基础设计规范》GB 50007—2011
《建筑基坑工程监测技术标准》GB 50497—2019
《建筑基坑支护技术规程》JGJ 120—2012
《建筑边坡工程技术规范》GB 50330—2013
《工程测量标准》GB 50026—2020
《建筑变形测量规范》JGJ 8—2016

15.3 基坑安全等级

基坑设计安全等级是由基坑工程设计方综合考虑基坑周边环境和地质条件的复杂程度、基坑深度等因素，按照基坑破坏后果的严重程度所划分的设计等级。基坑设计安全等级按照现行相关规范确定。

《建筑地基基础设计规范》GB 50007—2011 第 3.0.1 条规定，地基基础设计应根据地基复杂程度、建筑物规模和功能特征以及由于地基问题可能造成建筑物破坏或影响正常使用的程度分为三个设计等级，设计时应根据具体情况，按表 15-1 选用。

《建筑基坑支护技术规程》JGJ 120—2012 第 3.1.3 条规定，基坑支护设计时，应综合考虑基坑周边环境和地质条件的复杂程度、基坑深度等因素，按表 15-2 采用支护结构的安全等级。对同一基坑的不同部位，可采用不同的安全等级。

表 15-1　地基基础设计等级

设计等级	建筑和地基基础
甲级	重要的工业与民用建筑物 30 层以上的高层建筑 体型复杂，层数相差超过 10 层的高低层连成一体建筑物 大面积的多层地下建筑物（如地下车库、商场、运动场等） 对地基变形有特殊要求的建筑物 复杂地质条件下的坡上建筑物（包括高边坡） 对原有工程影响较大的新建建筑物 场地和地基条件复杂的一般建筑物 位于附在地质条件及软土地区的二层及二层以上地下室的基坑工程 开挖深度大于 15m 基坑工程 周边环境条件复杂、环境保护要求高的基坑工程
乙级	除甲级、丙级以外的工业与民用建筑物 除甲级、丙级以外的基坑工程
丙级	场地和地基条件简单、荷载分布均匀的七层及七层以下民用建筑及一般工业建筑；次要的轻型建筑物 非软土地区场地地质条件简单、基坑周边环境条件简单、环境保护要求不高且开挖深度小于 5.0m 的基坑工程

表 15-2　支护结构的安全等级

安全等级	破坏后果
一级	支护结构失效、土体过大变形对基坑周边环境或主体结构施工安全的影响很严重
二级	支护结构失效、土体过大变形对基坑周边环境或主体结构施工安全的影响严重
三级	支护结构失效、土体过大变形对基坑周边环境或主体结构施工安全的影响不严重

《建筑边坡工程技术规范》GB 50330—2013 第 3.2.1 条规定，边坡工程应根据其损坏后可能造成的破坏后果（危及人的生命、造成经济损失、产生不良社会影响）的严重性、边坡类型和边坡高度等因素，按表 15-3 确定边坡工程安全等级。

表 15-3　边坡工程安全等级

边坡类型		边坡高度 H（m）	破坏后果	安全等级
岩质边坡	岩体类型为Ⅰ或Ⅱ类	$H \leqslant 30$	很严重	一级
			严重	二级
			不严重	三级
	岩体类型为Ⅲ或Ⅳ类	$15 < H \leqslant 30$	很严重	一级
			严重	二级
	岩体类型为Ⅲ或Ⅳ类	$H \leqslant 15$	很严重	一级
			严重	二级
			不严重	三级

边坡类型	边坡高度 H（m）	破坏后果	安全等级
土质边坡	10＜H≤15	很严重	一级
		严重	二级
	H≤10	很严重	一级
		严重	二级
		不严重	三级

注：1. 一个边坡工程的各段，可根据实际情况采用不同的安全等级；

  2. 对危害性极严重、环境和地质条件复杂的边坡工程，其安全等级应根据工程情况适当提高；

  3. 很严重：造成重大人员伤亡或财产损失；严重：可能造成人员伤亡或财产损失；不严重：可能造成财产损失。

15.4 监测项目

15.4.1 一般规定

基坑工程监测包括巡视检查和仪器监测。仪器监测可以取得定量的数据，进行定量分析；以目测为主的巡视检查更加及时，可以起到定性、补充的作用，从而避免片面地分析和处理问题。例如，观察周边建筑和地表的裂缝分布规律、判别裂缝的新旧区别等，对于分析基坑工程对邻近建筑的影响程度起着重要作用。基坑工程监测应采用仪器监测与巡视检查相结合的方法，多种监测方法互为补充、相互验证，以便及时、准确地分析、判断基坑及周边环境的状态。

15.4.2 仪器监测

15.4.2.1 《建筑地基基础设计规范》GB 50007—2011 对基坑监测的规定如下：

（1）基坑开挖应根据设计要求进行监测，实施动态设计和信息化施工。

（2）施工过程中降低地下水对周边环境影响较大时，应对地下水位变化、周边建筑物的沉降和位移、土体变形、地下管线变形等进行监测。

（3）预应力锚杆施工完成后应对锁定的预应力进行监测，监测锚杆数量不得少于锚杆总数的 5%，且不得少于 6 根。

15.4.2.2 《建筑地基基础设计规范》GB 50007—2011 第 10.3.5 条规定，基坑开挖监测包括支护结构的内力和变形，地下水位变化及周边建（构）筑物、地下管线等市政设施的沉降和位移等监测内容，可按表 15-4 选择。

表 15-4 基坑监测项目选择表

地基基础设计等级	支护结构水平位移	邻近建筑物沉降与地下管线变形	地下水位	锚杆拉力	支撑轴力或变形	立柱变形	柱墙内力	地面沉降	基坑地隆起	土侧向变形	空隙水压力	土压力
甲级	√	√	√	√	√	√	√	√	√	√	△	△

续表

地基基础设计等级	支护结构水平位移	邻近建筑物沉降与地下管线变形	地下水位	锚杆拉力	支撑轴力或变形	立柱变形	柱墙内力	地面沉降	基坑地隆起	土侧向变形	空隙水压力	土压力
乙级	√	√	√	√	△	△	△	△	△	△	△	△
丙级	√	√	○	○	○	○	○	○	○	○	○	○

注：1. √为应测项目，△为宜测项目，○为可不测项目；
　　2. 对深度超过 15m 的基坑宜设坑底土回弹监测点；
　　3. 基坑周边环境进行保护要求严格时，地下水位监测应包括对基坑内、外地下水位进行监测。
监测项目应与基坑工程设计、施工方案相匹配；应针对监测对象的关键部位进行重点观测；各监测项目的选择应利于形成互为补充、验证的监测体系。

15.4.2.3《建筑基坑工程监测技术标准》GB 50497—2019 第 4.2.1 条规定，土质基坑工程仪器监测项目应根据表 15-5 进行选择。

表 15-5　土质基坑工程仪器监测项目表

监测项目		基坑工程安全等级		
		一级	二级	三级
围护墙（边坡）顶部水平位移		应测	应测	应测
围护墙（边坡）顶部竖向位移		应测	应测	应测
深层水平位移		应测	应测	宜测
立柱竖向位移		应测	应测	宜测
围护墙内力		宜测	可测	可测
支撑轴力		应测	应测	宜测
立柱内力		可测	可测	可测
锚杆轴力		应测	宜测	可测
坑底隆起		可测	可测	可测
围护墙侧向土压力		可测	可测	可测
孔隙水压力		可测	可测	可测
地下水位		应测	应测	应测
土体分层竖向位移		可测	可测	可测
周边地表竖向位移		应测	应测	宜测
周边建筑	竖向位移	应测	应测	应测
	倾斜	应测	宜测	可测
	水平位移	宜测	可测	可测
周边建筑裂缝、地表裂缝		应测	应测	应测
周边管线	竖向位移	应测	应测	应测
	水平位移	可测	可测	可测
周边道路竖向位移		应测	宜测	可测

15.4.2.4《建筑基坑工程监测技术标准》GB 50497—2019 第 4.2.2 条规定，岩体基坑工程仪器监测项目应根据表 15-6 进行选择。

表 15-6 岩体基坑工程仪器监测项目表

监测项目		基坑工程安全等级		
		一级	二级	三级
坑顶水平位移		应测	应测	应测
坑顶竖向位移		应测	宜测	可测
锚杆轴力		应测	宜测	可测
地下水、渗水与降雨关系		宜测	可测	可测
周边地表竖向位移		应测	宜测	可测
周边建筑	竖向位移	应测	宜测	可测
	倾斜	宜测	可测	可测
	水平位移	宜测	可测	可测
周边建筑裂缝、地表裂缝		应测	宜测	可测
周边管线	竖向位移	应测	宜测	可测
	水平位移	宜测	可测	可测
周边道路竖向位移		应测	宜测	可测

15.4.2.5 土岩组合基坑工程应根据基坑设计安全等级、岩体质量、土岩分布、土岩结合面及地下水状况、支护形式、周边环境变形控制要求，按照表 15-5、表 15-6 选择监测项目，围护桩嵌岩处岩体的水平向位移宜进行监测。

15.4.2.6 《建筑基坑支护技术规程》JGJ 120—2012 第 8.2.1 条规定，基坑支护设计应根据支护结构类型和地下水控制方法，按表 15-7 选择基坑监测项目，并应根据支护结构的具体形式、基坑周边环境的重要性及地质条件的复杂性确定监测点部位及数量。选用的监测项目及其监测部位应能够反映支护结构的安全状态和基坑周边环境受影响的程度。

表 15-7 基坑监测项目选择

监测项目	基坑工程安全等级		
	一级	二级	三级
支护结构顶部水平位移	应测	应测	应测
基坑周边建（构）筑物、地下管线、道路沉降	应测	应测	应测
坑边地面沉降	应测	应测	宜测
支护结构深部水平位移	应测	应测	选测
锚杆拉力	应测	应测	选测
支撑轴力	应测	应测	选测
挡土构件内力	应测	宜测	选测
支撑立柱沉降	应测	宜测	选测
挡土构件、水泥土墙沉降	应测	宜测	选测
地下水位	应测	应测	选测

监测项目	基坑工程安全等级		
	一级	二级	三级
土压力	宜测	选测	选测
孔隙水压力	宜测	选测	选测

注：表内各检测项目中，仅选择实际基坑支护形式所含有的内容。

15.4.3 巡视检查

15.4.3.1 基坑工程施工和使用期内，每天均应由专人进行巡视检查。

15.4.3.2 基坑工程巡视检查宜包括以下内容：

1. 支护结构：

（1）支护结构成型质量；

（2）冠梁、支撑、围檩或腰梁是否有裂缝；

（3）冠梁、围檩或腰梁的连续性，有无过大变形；

（4）围檩或腰梁与围护桩的密贴性，围檩与支撑的防坠落措施；

（5）锚杆垫板有无松动、变形；

（6）立柱有无倾斜、沉陷或隆起；

（7）止水帷幕有无开裂、渗漏水；

（8）基坑有无涌土、流砂、管涌；

（9）面层有无开裂、脱落。

2. 施工状况：

（1）开挖后暴露的岩土体情况与岩土勘察报告有无差异；

（2）开挖分段长度、分层厚度及支撑（锚杆）设置是否与设计要求一致；

（3）基坑侧壁开挖暴露面封闭是否及时；

（4）支撑、锚杆施工是否及时；

（5）边坡、侧壁及周边地表的截水、排水措施是否到位，坑边或坑底有无积水；

（6）基坑降水、回灌设施运转是否正常；

（7）基坑周边地面有无超载。

3. 周边环境：

（1）周边管线有无破损、泄漏情况；

（2）围护墙后土体有无沉陷、裂缝及滑移现象；

（3）周边建筑有无新增裂缝出现；

（4）周边道路（地面）有无裂缝、沉陷；

（5）邻近基坑施工（堆载、开挖、降水或回灌、打桩等）变化情况；

（6）存在水力联系的邻近水体（湖泊、河流、水库等）的水位变化情况。

4. 监测设施：

（1）基准点、监测点完好状况；

（2）监测元件的完好及保护情况；

（3）有无影响观测工作的障碍物。

5．根据设计要求或当地经验确定的其他巡视检查内容。

15.5　布点要求

15.5.1　一般规定

15.5.1.1　监测点的布置应能反映监测对象的实际状态及其变化趋势，监测点应布置在监测对象受力及变形关键点和特征点上，并应满足对监测对象的监控要求。

15.5.1.2　监测点的布置不应妨碍监测对象的正常工作，并且便于监测、易于保护。

15.5.1.3　不同监测项目的监测点宜布置在同一监测断面上。

15.5.1.4　监测标志应稳固可靠、标示清晰。

15.5.2　测点布置

15.5.2.1《建筑基坑工程监测技术标准》GB 50497—2019 第5.2 条对基坑和支护结构测点布置规定如下：

1．围护墙或基坑边坡顶部的水平和竖向位移监测点应沿基坑周边布置，基坑各侧边中部、阳角处、邻近被保护对象的部位应布置监测点。监测点水平间距不宜大于20m，每边监测点数目不宜少于3个。水平和竖向位移监测点宜为共用点，监测点宜设置在围护墙顶或基坑坡顶上。

2．围护墙或土体深层水平位移监测点宜布置在基坑周边的中部、阳角处及有代表性的部位。监测点水平间距宜为 20～60m，每侧边监测点数目不应少于1个。用测斜仪观测深层水平位移时，测斜管埋设深度应符合下列规定：

（1）埋设在围护墙体内的测斜管，布置深度宜与围护墙入土深度相同；

（2）埋设在土体中的测斜管，长度不宜小于基坑深度的 1.5 倍，并应大于围护墙的深度。以测斜管底为固定起算点时，管底应嵌入稳定的土体或岩体中。

3．围护墙内力监测断面的平面位置应布置在设计计算受力、变形较大且有代表性的部位。监测点数量和水平间距应视具体情况而定。竖直方向监测点间距宜为 2～4m 且在设计计算弯矩极值处应布置监测点，每一监测点沿垂直于围护墙方向对称放置的应力计不应少于1对。

4．支撑轴力监测点的布置应符合下列规定：

（1）监测断面的平面位置宜设置在支撑设计计算内力较大、基坑阳角处或在整个支撑系统中起控制作用的杆件上；

（2）每层支撑的轴力监测点不应少于3个，各层支撑的监测点位置宜在竖向保持一致；

（3）钢支撑的监测断面宜选择在支撑的端头或两支点间 1/3 部位，混凝土支撑的监测断面宜选择在两支点间 1/3 部位，并避开节点位置；

（4）每个监测点传感器的设置数量及布置应满足不同传感器的测试要求。

5. 立柱的竖向位移监测点宜布置在基坑中部、多根支撑交汇处、地质条件复杂处的立柱上；监测点不应少于立柱总根数的 5%，逆做法施工的基坑不应少于 10%，且均不应少于 3 根。立柱的内力监测点宜布置在设计计算受力较大的立柱上，位置宜设在坑底以上各层立柱下部的 1/3 部位，每个截面传感器埋设不应少于 4 个。

6. 锚杆轴力监测断面的平面位置应选择在设计计算受力较大且有代表性的位置，基坑每侧边中部、阳角处和地质条件复杂的区段内宜布置监测点。每层锚杆的内力监测点数量应为该层锚杆总数的 1%～3%，且基坑每边不应少于 1 根。各层监测点位置在竖向上宜保持一致。每根杆体上的测试点宜设置在锚头附近和受力有代表性的位置。

7. 坑底隆起监测点的布置应符合下列规定：

（1）监测点宜按纵向或横向断面布置，断面宜选择在基坑的中央以及其他能反映变形特征的位置，断面数量不宜少于 2 个；

（2）同一断面上监测点横向间距宜为 10～30m，数量不宜少于 3 个；

（3）监测标志宜埋入坑底以下 20～30cm。

8. 围护墙侧向土压力监测点的布置应符合下列规定：

（1）监测断面的平面位置应布置在受力、土质条件变化较大或其他有代表性的部位；

（2）在平面布置上，基坑每边的监测断面不宜少于 2 个，竖向布置上监测点间距宜为 2～5m，下部宜加密；

（3）当按土层分布情况布设时，每层土布设的测点不应少于 1 个，且宜布置在各层土的中部。

9. 孔隙水压力监测断面宜布置在基坑受力、变形较大或有代表性的部位。竖向布置上监测点宜在水压力变化影响深度范围内按土层分布情况布设，竖向间距宜为 2～5m，数量不宜少于 3 个。

10. 地下水位监测点的布置应符合下列规定：

（1）当采用深井降水时，基坑内地下水位监测点宜布置在基坑中央和两相邻降水井的中间部位。当采用轻型井点、喷射井点降水时，水位监测点宜布置在基坑中央和周边拐角处。监测点数量应视具体情况确定；

（2）基坑外地下水位监测点应沿基坑、被保护对象的周边或在基坑与被保护对象之间布置，监测点间距宜为 20～50m。相邻建筑、重要的管线或管线密集处应布置水位监测点。当有止水帷幕时，宜布置在截水帷幕的外侧约 2m 处；

（3）水位观测管的管底埋置深度应在最低设计水位或最低允许地下水位之下 3～5m，承压水水位监测管的滤管应埋置在所测的承压含水层中；

（4）在降水深度内存在 2 个以上（含 2 个）含水层时，宜分层布设地下水位观测孔；

（5）岩体基坑地下水监测点宜布置在出水点和可能滑面部位；

（6）回灌井点观测井应设置在回灌井点与被保护对象之间。

《建筑基坑工程监测技术标准》GB 50497—2019 第 5.3 条对基坑周边环境测点布置规定如下：

11. 基坑边缘以外 1～3 倍的基坑开挖深度范围内需要保护的周边环境应作为监测

对象，必要时尚应扩大监测范围。

12. 当基坑邻近轨道交通、高架道路、隧道、原水引水、合流污水、重要管线、重要文物和设施、近现代优秀建筑等重要保护对象时，监测点的布置尚应满足相关管理部门的技术要求。

13. 周边建筑竖向位移监测点的布置应符合下列规定：

（1）建筑四角、沿外墙每 10～15m 处或每隔 2～3 根柱的柱基或柱子上，且每侧外墙不应少于 3 个监测点；

（2）不同地基或基础的分界处；

（3）不同结构的分界处；

（4）变形缝、抗震缝或严重开裂处的两侧；

（5）新、旧建筑或高、低建筑交接处的两侧；

（6）高耸构筑物基础轴线的对称部位，每一构筑物不应少于 4 点。

14. 周边建筑水平位移监测点应布置在建筑的外墙墙角、外墙中间部位的墙上或柱上、裂缝两侧以及其他有代表性的部位，监测点间距视具体情况而定，一侧墙体的监测点不宜少于 3 点。

15. 周边建筑倾斜监测点的布置应符合下列规定：

（1）监测点宜布置在建筑角点、变形缝两侧的承重柱或墙上；

（2）监测点应沿主体顶部、底部上下对应布设，上、下监测点应布置在同一竖直线上；

（3）当由基础的差异沉降推算建筑倾斜时，监测点的布置应符合本标准第 5．3．3 条的规定。

16. 周边建筑裂缝、地表裂缝监测点应选择有代表性的裂缝进行布置。当原有裂缝增大或出现新裂缝时，应及时增设监测点。对需要观测的裂缝，每条裂缝的监测点应至少设 2 个，且宜设置在裂缝的最宽处及裂缝末端。

17. 周边管线监测点的布置应符合下列规定：

（1）应根据管线修建年份、类型、材质、尺寸、接口形式及现状等情况，综合确定监测点布置和埋设方法，应对重要的、距离基坑近的、抗变形能力差的管线进行重点监测；

（2）监测点宜布置在管线的节点、转折点、变坡点、变径点等特征点和变形曲率较大的部位。监测点水平间距宜为 15～25m，并宜向基坑边缘以外延伸 1～3 倍的基坑开挖深度；

（3）供水、煤气、供热等压力管线宜设置直接监测点，也可利用窨井、阀门、抽气口以及检查井等管线设备作为监测点。在无法埋设直接监测点的部位，可设置间接监测点。

18. 周边地表竖向位移监测断面宜设在坑边中部或其他有代表性的部位。监测断面应与坑边垂直，数量视具体情况确定。每个监测断面上的监测点数量不宜少于 5 个。

19. 土体分层竖向位移监测孔应布置在靠近被保护对象且有代表性的部位，数量应视具体情况确定。在竖向布置上测点宜设置在各层土的界面上，也可等间距设置。测点深度、测点数量应视具体情况确定。

20. 周边环境爆破振动监测点应根据保护对象的重要性、结构特征、距离爆源的远近等布置。对于同一类型的保护对象，监测点宜选择在距离爆源最近、结构性状最弱的保护对象上。当因地质、地形等情况，爆破对较远处保护对象可能产生更大危害时，应增加监测点。监测点宜布置在保护对象的基础以及其他具有代表性的位置。

15.5.2.2 《建筑基坑支护技术规程》JGJ 120—2012 第8.2节对基坑支护及周边环境测点布置规定如下：

1. 支挡式结构顶部水平位移监测点的间距不宜大于20m，土钉墙、重力式挡墙顶部水平位移监测点的间距不宜大于15m，且基坑各边的监测点不应少于3个。基坑周边有建筑物的部位、基坑各边中部及地质条件较差的部位应设置监测点。

2. 基坑周边建筑物沉降监测点应设置在建筑物的结构墙、柱上，并应分别沿平行、垂直于坑边的方向上布设。在建筑物邻基坑一侧，平行于坑边方向上的测点间距不宜大于15m。垂直于坑边方向上的测点，宜设置在柱、隔墙与结构缝部位。垂直于坑边方向上的布点范围应能反映建筑物基础的沉降差。必要时，可在建筑物内部布设测点。

3. 地下管线沉降监测，当采用测量地面沉降的间接方法时，其测点应布设在管线正上方。当管线上方为刚性路面时，宜将测点设置于刚性路面下。对直埋的刚性管线，应在管线节点、竖井及其两侧等易破裂处设置测点。测点水平间距不宜大于20m。

4. 道路沉降监测点的间距不宜大于30m，且每条道路的监测点不应少于3个。必要时，沿道路宽度方向可布设多个测点。

5. 对坑边地面沉降、支护结构深部水平位移、锚杆拉力、支撑轴力、立柱沉降、挡土构件沉降、水泥土墙沉降、挡土构件内力、地下水位、土压力、孔隙水压力进行监测时，监测点应布设在邻近建筑物、基坑各边中部及地质条件较差的部位，监测点或监测面不宜少于3个。

6. 坑边地面沉降监测点应设置在支护结构外侧的土层表面或柔性地面上。与支护结构的水平距离宜在基坑深度的0.2倍范围以内。有条件时，宜沿坑边垂直方向在基坑深度的1～2倍范围内设置多个测点，每个监测面的测点不宜少于5个。

7. 采用测斜管监测支护结构深部水平位移时，对现浇混凝土挡土构件，测斜管应设置在挡土构件内，测斜管深度不应小于挡土构件的深度；对土钉墙、重力式挡墙，测斜管应设置在紧邻支护结构的土体内，测斜管深度不宜小于基坑深度的1.5倍。测斜管顶部应设置水平位移监测点。

8. 锚杆拉力监测宜采用测量锚杆杆体总拉力的锚头压力传感器。对多层锚杆支挡式结构，宜在同一剖面的每层锚杆上设置测点。

9. 支撑轴力监测点宜设置在主要支撑构件、受力复杂和影响支撑结构整体稳定性的支撑构件上。对多层支撑支挡式结构，宜在同一剖面的每层支撑上设置测点。

10. 挡土构件内力监测点应设置在最大弯矩截面处的纵向受拉钢筋上。当挡土构件采用沿竖向分段配置钢筋时，应在钢筋截面面积减小且弯矩较大部位的纵向受拉钢筋上设置测点。

11. 支撑立柱沉降监测点宜设置在基坑中部、支撑交汇处及地质条件较差的立柱上。

12. 当挡土构件下部为软弱持力土层，或采用大倾角锚杆时，宜在挡土构件顶部设置沉降监测点。

13. 当监测地下水位下降对基坑周边建筑物、道路、地面等沉降的影响时，地下水位监测点应设置在降水井或截水帷幕外侧且宜尽量靠近被保护对象。基坑内地下水位的监测点可设置在基坑内或相邻降水井之间。当有回灌井时，地下水位监测点应设置在回灌井外侧。水位观测管的滤管应设置在所测含水层内。

14. 各类水平位移观测、沉降观测的基准点应设置在变形影响范围外，且基准点数量不应少于两个。

15.6 监测频率

基坑工程监测应能及时反映监测项目的重要发展变化情况，以便对设计与施工进行动态控制，纠正设计与施工中的偏差，保证基坑及周边环境的安全。基坑工程的监测频率还与投入的监测工作量和监测费用有关，既要注意不遗漏重要的变化时刻，也应当注意合理调整监测人员的工作量，控制监测费用。基坑设计安全等级、基坑及地下工程的不同施工阶段以及周边环境、自然条件的变化等是确定监测频率应考虑的主要因素。

15.6.1 《建筑基坑工程监测技术标准》GB 50497—2019 第 7.0.3 条，仪器监测频率应符合下列规定：

1. 应综合考虑基坑支护、基坑及地下工程的不同施工阶段以及周边环境、自然条件的变化和当地经验确定。

2. 对于应测项目，在无异常和无事故征兆的情况下，开挖后监测频率可按表 15-8 确定。

表 15-8 现场仪器监测的监测频率

基坑设计安全等级	施工进度		监测频率
一级	开挖深度 h	$\leqslant H/3$	1 次/（2~3）d
		$H/3 \sim 2H/3$	1 次/（1~2）d
		$2H/3 \sim H$	（1~2）次/d
	底板浇筑后时间（d）	$\leqslant 7$	1 次/d
		$7 \sim 14$	1 次/3d
		$14 \sim 28$	1 次/5d
		> 28	1 次/7d
二级	开挖深度 h	$\leqslant H/3$	1 次/3d
		$H/3 \sim 2H/3$	1 次/2d
		$2H/3 \sim H$	1 次/d
	底板浇筑后时间（d）	$\leqslant 7$	1 次/2d
		$7 \sim 14$	1 次/3d
		$14 \sim 28$	1 次/7d
		> 28	1 次/10d

注：1. h 为基坑开挖深度；H 为基坑设计深度。

2. 支撑结构从开始拆除到拆除完成后 3d 内监测频率加密为 1 次/d。

3. 基坑工程施工至开挖前的监测频率视具体情况确定。

4. 当基坑设计安全等级为三级时，监测频率可视具体情况适当降低。

5. 宜测、可测项目的仪器监测频率可视具体情况适当降低。

3. 当基坑支护结构监测值相对稳定，开挖工况无明显变化时，可适当降低对支护结构的监测频率。

4. 当基坑支护结构、地下水位监测值相对稳定时，可适当降低对周边环境的监测频率。

15.6.2 《建筑基坑工程监测技术标准》GB 50497—2019 第 7.0.4 条，当出现下列情况之一时，应提高监测频率：

1. 监测值达到预警值；

2. 监测值变化较大或速率加快；

3. 存在勘察未发现的不良地质状况；

4. 超深、超长开挖或未及时加撑等违反设计工况施工；

5. 基坑及周边大量积水、长时间连续降雨、市政管道出现泄漏；

6. 基坑附近地面荷载突然增大或超过设计限制；

7. 支护结构出现开裂；

8. 周边地面突发较大沉降或出现严重开裂；

9. 邻近建筑突发较大沉降、不均匀沉降或出现严重开裂；

10. 基坑底部、侧壁出现管涌、渗漏或流砂等现象；

11. 膨胀土、湿陷性黄土等水敏性特殊土基坑出现防水、排水等防护设施损坏，开挖暴露面有被水浸湿的现象；

12. 多年冻土、季节性冻土等温度敏感性土基坑经历冻、融季节；

13. 高灵敏性软土基坑受施工扰动严重、支撑施作不及时、有软土侧壁挤出、开挖暴露面未及时封闭等异常情况；

14. 出现其他影响基坑及周边环境安全的异常情况。

15.6.3 《建筑基坑支护技术规程》JGJ 120—2012 第 8.2.19 条，支护结构顶部水平位移的监测频次应符合下列要求：

1. 基坑向下开挖期间，监测不应少于每天一次，直至开挖停止后连续 3d 的监测数值稳定；

2. 当地面、支护结构或周边建筑物出现裂缝、沉降，遇到降雨、降雪、气温骤变，基坑出现异常的渗水或漏水，坑外地面荷载增加等各种环境条件变化或异常情况时，应立即进行连续监测，直至连续 3d 的监测数值稳定；

3. 当位移速率大于前次监测的位移速率时，则应进行连续监测；

4. 在监测数值稳定期间，应根据水平位移稳定值的大小及工程实际情况定期进行监测。

15.6.4 《建筑基坑支护技术规程》JGJ 120—2012 第 8.2.20 条，支护结构顶部水平位移之外的其他监测项目，除应根据支护结构施工和基坑开挖情况进行定期监测外，尚应在出现下列情况时进行监测，直至连续 3d 的监测数值稳定。

1. 出现本规程第 8.2.19 条第 2、3 款的情况时；

2. 锚杆、土钉或挡土构件施工时，或降水井抽水等引起地下水位下降时，应进行相邻建筑物、地下管线、道路的沉降监测。

15.7　监测报警

15.7.1　《建筑基坑工程监测技术标准》GB 50497—2019 第 8.0.9 条，当出现下列情况之一时，必须立即进行危险报警，并应通知有关各方对基坑支护结构和周边环境保护对象采取应急措施。

1. 基坑支护结构的位移值突然明显增大或基坑出现流砂、管涌、隆起、陷落等；

2. 基坑支护结构的支撑或锚杆体系出现过大变形、压屈、断裂、松弛或拔出的迹象；

3. 基坑周边建筑的结构部分出现危害结构的变形裂缝；

4. 基坑周边地面出现较严重的突发裂缝或地下空洞、地面下陷；

5. 基坑周边管线变形突然明显增长或出现裂缝、泄漏等；

6. 冻土基坑经受冻融循环时，基坑周边土体温度显著上升，发生明显的冻融变形；

7. 出现基坑工程设计方提出的其他危险报警情况，或根据当地工程经验判断，出现其他必须进行危险报警的情况。

15.7.2　《建筑基坑支护技术规程》JGJ 120—2012 第 8.2.23 条，基坑监测数据、现场巡查结果应及时整理和反馈。当出现下列危险征兆时应立即报警：

1. 支护结构位移达到设计规定的位移限值；

2. 支护结构位移速率增长且不收敛；

3. 支护结构构件的内力超过其设计值；

4. 基坑周边建（构）筑物、道路、地面的沉降达到设计规定的沉降、倾斜限值；基坑周边建（构）筑物、道路、地面开裂；

5. 支护结构构件出现影响整体结构安全性的损坏；

6. 基坑出现局部坍塌；

7. 开挖面出现隆起现象；

8. 基坑出现流土、管涌现象。

第 16 部分：房屋沉降观测

16.1 概述

在建筑物施工期间，随着建筑荷载的增加，建筑物会产生比较明显的变形，如果超过一定范围，就会引起建筑物的破坏。因此，在建筑物施工过程中应进行沉降观测，及时掌握沉降趋势，从而保证施工过程中的安全，做到信息化施工，显得尤为重要。为正确指导施工，保证工程质量，必须保证检验工程设计的正确性和利于建筑物的安全使用。

16.2 监测依据

《建筑地基基础设计规范》GB 50007—2011
《岩土工程勘察规范》GB 50021—2001
《建筑变形测量规范》JGJ 8—2016
《工程测量标准》GB 50026—2020

16.3 建筑物沉降检测的等级划分及精度要求

16.3.1 建筑物沉降检测的等级划分及其精度要求应符合表 16-1 的规定。

表 16-1 建筑物沉降检测的等级划分及其精度要求

等级	沉降观测检测点测站高差中误差（mm）	适用范围
特级	±0.05	特高精度要求的特种精密工程的沉降检测
一级	±0.15	地基基础设计为甲级的建筑物的沉降检测，重要的古建筑等
二级	±0.50	地基基础设计为甲、乙级的建筑的沉降检测，地下工程施工及运营中沉降检测等
三级	±1.50	地基基础设计为乙、丙级的建筑物沉降检测，地表、道路沉降检测，中小型工程施工及运营中沉降检测等

16.3.2 地基基础设计为甲级的建筑及有特殊要求的建筑沉降测量，应根据《建筑地基基础设计规范》GB 50007—2011 规定的建筑地基沉降允许值，按第 16.3.1 条的规定进行估算，然后按以下原则确定检测的等级：

1. 当仅给定单一沉降允许值时，应按所估算的检测点精度选择相应的精度等级。

2. 当给定多个同类型沉降允许值时，应分别估算检测点精度，并应根据其中最高精度选择相应的精度等级。

3. 当估算出的检测点精度低于本规程表 16-1 中三级精度的要求时，宜采用三级精度。

4. 对难以规定沉降允许值的建筑工程，可根据设计、施工的原则要求，参考同类或类似建筑工程的经验，对照表 16-1 的规定，选取适宜的精度等级。

16.3.3 沉降检测点测站高差中误差应按下列规定进行估算：

16.3.3.1 单位权中误差即检测点测站高差中误差 μ 应按下式估算：

$$\mu = m_s / \sqrt{2Q_H} \tag{16-1}$$

$$\mu = m_{\Delta s} / \sqrt{2Q_h} \tag{16-2}$$

式中 m_s——沉降量 s 的检测中误差（mm）；

$\quad\quad m_{\Delta s}$——沉降差 Δs 的检测中误差（mm）；

$\quad\quad Q_H$——网中最弱检测点高程 H 的权倒数；

$\quad\quad Q_h$——网中待求检测点间高差 h 的权倒数。

16.3.3.2 式（16-1）或式（16-2）中 m_s 和 $m_{\Delta s}$ 应按下列规定确定：

1. 沉降量、平均沉降量等绝对沉降的测定中误差 m_s，对于特定精度要求的工程可按地基条件，结合经验与分析具体确定；对于其他精度要求的工程，可按低、中、高压缩性地基土的类别，分别选 ±0.5mm、±1.0mm、±2.5mm；

2. 沉降差、基础倾斜、局部倾斜等相对沉降的测定中误差，不应超过其沉降允许值的 1/20；

3. 对于具有科研及特殊目的的沉降量或沉降差的测定中误差，可将上述各项误差乘以 1/5～1/2 系数后采用。

16.4 检测周期及观测要求

16.4.1 检测周期

1. 对于单一层次布网，检测点与控制点应按沉降检测周期进行检测；对于两个层次布网，检测点及联测的控制点应按沉降检测周期进行检测，控制网部分可按复测周期进行检测。

2. 沉降检测周期应以能在检测的精度内系统地反映出所测沉降的变化过程和特征为原则，根据单位时间内的沉降量、监测的精度以及外界因素影响确定。当检测中发现沉降异常时，应及时缩短检测周期，增加检测次数。

3. 控制网复测周期应根据检测目的和点位的稳定情况确定，一般宜每半年复测一次。在建筑施工过程中应适当缩短检测时间间隔，点位稳定后可适当延长检测时间间隔。当复测成果或检测成果出现异常，或测区受到如地震、洪水、爆破等外界因素影响时，应及时进行复测。

4. 沉降检测的首次（即零周期）检测应连续进行两次独立检测，并取检测结果的中数作为沉降检测初始值，以提高初始值的可靠性。

5. 不同周期检测时，宜采用相同的检测网形和检测方法。

16.4.2 观测要求

下列建筑在施工和使用期间应进行沉降、垂直度检测：应根据《建筑地基基础设计规范》GB 50007—2011 规定的第 10.3.8 条强制条文执行。

1. 地基基础设计等级为甲级的建筑。
2. 复合地基或软弱地基上的设计等级为乙级的建筑。
3. 加层、扩建建筑。
4. 受邻近深基坑开挖施工影响或受场地地下水等环境因素变化影响的建筑。
5. 需要积累经验或进行设计反分析的建筑。
6. 建设主管部门对沉降检测有明确要求的。
7. 设计文件有要求或者有合同约定的建筑。

16.5 建筑沉降检测方法

16.5.1 建筑工程沉降检测应测定地基的沉降量、沉降差及沉降速度，软土地区并计算基础倾斜、局部倾斜和相邻柱基沉降差。

16.5.2 沉降检测点的布置，应能全面反映建筑地基沉降特征并结合地质情况、建筑结构特点和荷载分布确定。沉降检测点高度以高于室内地坪（±0 面）0.3～0.5 为宜，不得设在砖墙上。埋设的沉降检测点要符合各施工阶段的检测要求，特别要考虑装修装饰阶段因墙或柱饰面施工而破坏或掩盖住检测点的情况。测点宜设在下列位置：

1. 建筑的四角、核心筒四角、大转角处及沿外墙 10～20m 处或每隔 2～3 根柱基上。电视塔、烟囱、水塔、油罐、炼油塔、高炉等高耸建筑物，沿周边或基础轴线的对称位置上布点，点数不少于 4 个测点。

2. 高低层建筑物、新旧建筑物、纵横墙等交接处的两侧，不同地质条件、不同荷载分布、不同基础类型、不同基础埋深、不同地基处理、不同上部结构、沉降缝、伸缩缝处的两侧，人工地基与天然地基接壤处及填挖方分界处。

3. 建筑物宽度大于或等于 15m，或宽度小于 15m 但地质条件复杂的建筑物的承重内隔（纵）墙设内墙点，以及框架、框剪、框筒结构体系的楼梯、电梯井和中心筒处。

4. 基础底板的四角和中部位置处。

5. 框架结构建筑物部分柱基上或沿纵横轴线设点，以及可能产生较大不均匀沉降的相邻柱基处。

6. 重型设备基础和动力设备基础的四角、基础形式或埋深改变处和地质条件改变处的两侧。

7. 邻近堆置重物处、受振动有显著影响的部位及基础下的暗浜（沟）处。

8. 当建筑出现裂缝时，布设在裂缝两侧。

16.5.3 沉降检测的标志可根据不同的建筑结构类型和建筑材料，采用墙（柱）标志、基础标志和隐蔽式标志等形式，并符合下列要求：

1. 各类标志的立尺部位应加工成半球形或有明显的凸出点，并涂上防腐剂；

2. 标志的埋设位置应避开雨水管、窗台线、散热器、暖水管、电气开关等有碍设标与检测的障碍物，并应视立尺需要离开墙（柱）面和地面一定的距离。

3. 隐藏式沉降检测点标志与基础盒式标志的形式可按本规程附录 E 的规定执行，严禁使用非制式沉降标志。

16.5.4 沉降检测点的施测精度，应按《工程测量标准》GB 50026—2020 有关规定确定。未包括在水准线路上的检测点，应以所选定的测站高差中误差作为精度要求施测。

16.5.5 沉降检测的周期和检测时间，可按下列要求并结合具体情况确定：

1. 建筑施工阶段的沉降检测，应随施工进度及时进行并应符合下列规定：

(1) 大型、高层建筑可在基础底部完成后开始检测，普通建筑可在基础完工后或地下室砌完后开始检测，民用多层建筑可在一层模板脱模后进行检测；

(2) 民用高层建筑施工期间的沉降检测周期，应按每增加 1～5 层检测一次，封顶后按 1～2 个月检测一次，直至竣工；民用多层建筑宜按每加高 1～2 层检测一次，封顶后按 1～3 个月检测一次，直至竣工；工业建筑可按不同施工阶段（如回填基坑、安装柱子和屋架、砌筑墙体设备安装等）分别进行检测。如果建筑物荷载均匀增大，应至少在增大荷载的 25%、50%、75% 和 100% 时各测一次，工业建筑与民用建筑竣工时，检测总次数不得少于 5 次；竣工后检测周期，应根据建筑物的稳定情况确定；

(3) 施工过程中若暂时停工，在停工时及重新开工时应各检测一次，停工期间，可每隔 2～3 个月检测一次。

2. 建筑物使用阶段的检测次数，应视地基土类型和沉降速度而定。除有特殊要求外，一般情况下，可在第一年检测 3～4 次，第二年检测 2～3 次，第三年后每年检测一次，直至稳定为止。

3. 在检测过程中，若沉降速度大于等于 2mm/d，应停止施工，分析原因，采取措施。沉降速度大于等于 1mm/d，应减缓加载速度并增加检测次数；若有基础附近地面荷载突然增减、基础四周大量积水、长时间连续降雨等情况，均应及时增加检测次数；当建筑物突然发生大量沉降、不均匀沉降或严重裂缝时，应立即进行逐日或 2～3d 一次的连续检测。

4. 沉降是否进入稳定阶段，应由沉降量与时间关系曲线判定。当最后 100d 或最后两个检测周期的沉降速率小于 0.01～0.04mm/d 时，可认为已进入稳定阶段。对于软地层二、三级多层建筑以 0.02～0.04mm/d，高层和一级建筑以 0.01mm/d 为稳定阶段标准。

5. 当工业与民用建筑相邻柱沉降差超出一定的限制时，可认为产生了不均匀沉降。沉降差的限差一般认为框架结构为 0.003L，砌体填充的边柱为 0.001L，其中 L 为相邻沉降点柱基的中心距离（mm）。

16.5.6 为了保证沉降检测的精度，沉降检测所用的检测设备、作业方法和技术要求应符合下列规定：

1. 沉降检测使用的水准仪应优先采用 DSZ05 或 DS05 精密水准仪，具有测微装置的，最低使用 DS1 水准仪。当水准检测要用钢瓦合金标尺（钢钢标尺）时，按光学测微法检测。对低等级沉降检测，可采用中丝法检测，配用双面区格式木质标尺。仪器、标尺要经过法定检测机构检定，具有有效期内的检定证书。

2. 沉降检测要保持点位稳定，尽量做到同人、同仪器、同时间、同地点、同路线、同环境条件下检测。

3. 沉降检测视线长度宜为 20～30m，视线高度不宜低于 0.5m，宜采用闭合路线方法消除或减小误差。

4. 检测时，仪器应避免安置在有空压机、搅拌机等振动影响的范围内，塔式起重机等施工机械附近也不宜设站；检测中，此类振动机械应停机。

5. 每次检测应记载日期、施工进度、增加荷载、仓库进货吨位、建筑物倾斜、裂缝等各种影响沉降变化的情况和异常现象。

16.5.7 对建筑进行竣工验收，地基沉降检测值在没有相应的规范、设计要求时，可参照本条执行。每周期检测后，应及时对检测资料进行整理，计算检测点的沉降量、沉降差，以及本周期平均沉降量和沉降速度。

1. 建筑竣工验收时，建筑的地基沉降以沉降速度，即沉降量与时间的关系曲线判定地基是否稳定，要求曲线应逐步收敛，曲线的斜率应逐渐减小或趋于零，最后一次检测的沉降速度应符合表 16-2 的规定。

表 16-2 竣工验收最后一次检测的沉降速度允许值

建筑物安全等级和类别	平均沉降速度 $\overline{V}$ （mm/d）	最大沉降速度 $V_{\max}$ （mm/d）
高层建筑和一级建筑物	≤0.06	≤0.08（2 处）
二级、三级、多层建筑物和低层建筑物	≤0.10	≤0.12（2 处）

2. 需要计算沉降特征时，沉降特征值可按下列公式计算：

基础倾斜 α 按下式计算：

$$\alpha = (S_i - S_j) / L \tag{16-3}$$

式中 S_i——基础倾斜方向端点 i 的沉降量（mm）；

S_j——基础倾斜方向另一端点 j 的沉降量（mm）；

L——基础两端点（i、j）间的距离（mm）。

基础整体倾斜的平均值 $\overline{\alpha}$ 按下式计算：

$$\overline{\alpha} = \frac{1}{N} \sum_{k=1}^{N} \frac{S_{ik} - S_{jk}}{L_k} \tag{16-4}$$

式中 N——整体倾斜点的组数；

S_{ik}、S_{jk}——第 k 组基础倾斜方向点 i、j 的沉降量（mm）；

L_k——第 k 组基础倾斜方向端点 i、j 间的距离（mm）；

α 最后两次检测值均不增加时，应同时满足表 16-3 的要求。

表 16-3 基础整体倾斜的平均值允许表

建筑物高度 H_g	倾斜度平均值 $\overline{\alpha}$	倾斜度最大值 $\alpha_{\max}$ （1 处）
$H_g \leq 24\text{m}$	≤0.004	≤0.005
$24\text{m} < H_g \leq 60\text{m}$	≤0.003	≤0.004

建筑物高度 H_g	倾斜度平均值 $\bar{\alpha}$	倾斜度最大值 α_{max}（1 处）
60m＜H_g≤100m	≤0.002	≤0.025
H_g＞100m	≤0.015	≤0.002

注：H_g——自室外地面起算的建筑物高度（m）。

3. 基础局部倾斜仍按式（16-4）计算。

砌体承重结构应以基础局部倾斜 α_M 控制，框架结构应以相邻柱基沉降差 α_F 控制。

α_M 和 α_F 可按式（16-4）计算。砌体承重结构取沿纵墙基础上 6～10m 的两个测点 i、j 的 S_i、S_j 和 i、j 两点间距离 L 进行计算。

当平均局部倾斜 α_M 和 α_F 最后两次检测值均不增加时，较大值应同时满足表 16-4 的要求。

表 16-4 基础局部倾斜允许值表

项目	平均值限差	最大值限差
基础局部倾斜 α_M	α_M≤0.004	α_M≤0.0045（≤2 处）
相邻柱基沉降差 α_F	α_F≤0.004	α_F≤0.0045（≤2 处）

注：异形柱框架结构的 α_F 最大值≤0.003。

基础相对弯曲 f_c 按下式计算：

$$f_c = [2S_k - (S_i + S_j)]/L \tag{16-5}$$

式中 S_k——基础中点 k 的沉降量（mm）；

L——i 与 j 点间的距离（mm）。

4. 竣工验收时，沉降量和沉降速度应符合表 16-2 的要求。当符合竣工验收沉降量和沉降速度的标准后，但尚未达到建筑物稳定标准时，应按照第 16.5.5 第 2 条要求，继续进行沉降检测，至直最终沉降指标满足趋于稳定要求为止。

16.5.8 沉降检测应提交下列成果资料：

1. 沉降检测成果表。

2. 沉降检测点平面布置图。

3. v-t-s（沉降速度-时间-沉降量）曲线图。

4. p-t-s（荷载-时间-沉降量）曲线图。

5. 建筑等沉降曲线图（单体工程检测点数量在 8 个以下时，可以不提交）。

6. 建筑沉降检测报告。

16.6 报警值的确定及报警处理

当建筑沉降检测过程中发生下列情况之一时，应立即报告委托方，并调整沉降检测方案：

1. 沉降量或沉降速率出现异常变化。

2. 沉降量达到或超出预警值。

第 17 部分：人防工程检测

17.1　概述

人民防空是国防的组成部分，是国民经济和社会发展的重要方面，是现代化建设的重要内容，是利国利民的社会公益事业。人民防空实行长期准备、重点建设、平战结合的方针，贯彻与经济建设发展相协调、与城市建设相结合，与防灾、救灾和处置突发事件相兼容的原则。人防工程防护设备是实现人防工程战时功能、确保人员生命安全的关键配置。规范人防工程防护设备检测能力，是保障防护设备质量和人防工程建设过程、竣工验收有效监管的重要举措。

17.2　检测范围

人防工程防护设备检测包括关键原材料性能、产品质量和安装后功能检测，具体包括以下 11 项：

1. 钢筋混凝土防护设备：门扇材质为钢筋混凝土的防护门、防护密闭门、密闭门、活门；

2. 钢结构手动防护设备：材质为钢、启闭方式为手动的防护门、防护密闭门、密闭门、活门、密闭观察窗、封堵板；

3. 阀门：密闭阀门、防爆地漏、防爆波闸阀；

4. 电控门；

5. 防电磁脉冲门；

6. 地铁和隧道正线防护密闭门；

7. 战时通风设备，主要包括油网滤尘器、过滤吸收器、风机、防护密闭段通风管道和各类阀门；

8. 国家相关标准规定应包含的防护设备，其他运用新技术新材料研制定型并纳入国家标准的防护设备；

9. 防护设备关键原材料性能检测；

10. 钢筋混凝土和钢结构构件性能检测；

11. 战时通风系统的风量和气密性检测。

17.3 检测项目目录（表 17-1 和表 17-2）

表 17-1 人防工程防护设备检测项目目录（一）

序号	检测对象	序号	项目/参数名称	检测标准（方法）名称及编号（含年号）
1	手动钢结构门	1	外形尺寸	人民防空工程防护设备产品质量检验与施工验收标准 RF J01—2002，3.4.4.1
				人民防空工程防护设备试验测试与质量检测标准 RF J04—2009，8.3.1.8.3.2.8.3.3
				一般公差 未注公差的线性和角度尺寸的公差 GB/T 1804—2000，5.1
		2	配合尺寸	人民防空工程防护设备产品质量检验与施工验收标准 RF J01—2002，3.4.4.1
				人民防空工程防护设备试验测试与质量检测标准 RF J04—2009，8.3.4
		3	焊缝质量	焊缝无损检测 超声检测 技术、检测等级和评定 GB/T 11345—2013
				无损检测 A 型脉冲反射式超声检测系统工作性能测试方法 JB/T9214—20106，7
				焊缝无损检测 磁粉检测 GB/T 26951—2011 附录 C
				人民防空工程防护设备产品质量检验与施工验收标准 RF J01—2002，3.4.4，3.3
				人民防空工程防护设备试验测试与质量检测标准 RF J04—2009，8.1.3
		4	焊缝尺寸	钢结构焊接规范 GB 50661—2011
				人民防空工程防护设备试验测试与质量检测标准 RF J04—2009，8.1.3
		5	密封胶条压缩反力	人民防空工程防护设备产品质量检验与施工验收标准 RF J01—2002，3.4.2
				防护设备用海绵橡胶密封条 GCB 6—89，附录 A
		6	漆膜厚度	人民防空工程防护设备产品质量检验与施工验收标准 RF J01—2002，3.4.4，3.5
				人民防空工程防护设备试验测试与质量检测标准 RF J04—2009，8.1.10
				色漆和清漆 漆膜厚度的测定 GB/T 13452.2—2008，5.8 声波法

续表

序号	检测对象	序号	项目/参数名称	检测标准（方法）名称及编号（含年号）
1	手动钢结构门	7	漆膜附着力	人民防空工程防护设备产品质量检验与施工验收标准 RFJ 01—2002，3.4.4，3.6
				人民防空工程防护设备试验测试与质量检测标准 RFJ 04—2009，8.1.10
				色漆和清漆 漆膜的划格试验 GB/T 9286—1998，7
		8	门扇厚度偏差	人民防空工程防护设备产品质量检验与施工验收标准 RFJ 01—2002，3.4.4.1
				人民防空工程防护设备试验测试与质量检测标准 RFJ 04—2009，8.1.2
		9	面板厚度偏差	人民防空工程防护设备试验测试与质量检测标准 RFJ 04—2009，8.1.5
				热轧钢板和钢带的尺寸、外形、重量及允许偏差 GB/T 709—2019，6.1
				无损检测 接触式超声脉冲回波法测厚方法 GB/T 11344—2008，9
		10	密闭性能	人民防空工程防护设备产品质量检验与施工验收标准 RFJ 01—2002，3.4.3
				人民防空工程防护设备试验测试与质量检测标准 RFJ04—2009，第四章
		11	垂直度	人民防空工程防护设备试验测试与质量检测标准 RFJ 04—2009，8.3.4
		12	门扇启闭力	人民防空工程防护设备产品质量检验与施工验收标准 RFJ 01—2002，3.4.4.2.1
				人民防空工程防护设备试验测试与质量检测标准 RFJ 04—2009，8.4.2
		13	关锁操纵力	人民防空工程防护设备产品质量检验与施工验收标准 RFJ 01—2002，3.4.4.2.2
				人民防空工程防护设备试验测试与质量检测标准 RFJ 04—2009，8.4.3
2	钢筋混凝土门	1	外形尺寸	人民防空工程防护设备产品质量检验与施工验收标准 RFJ 01—2002，3.4.5.1
				人民防空工程防护设备试验测试与质量检测标准 RFJ 04—2009，8.3.1，8.3.2，8.3.3
				一般公差 未注公差的线性和角度尺寸的公差 GB/T 1804—2000，5.1

续表

序号	检测对象	序号	项目/参数名称	检测标准（方法）名称及编号（含年号）
	钢筋混凝土门	2	配合尺寸	人民防空工程防护设备产品质量检验与施工验收标准 RFJ 01—2002，3.4.5.1
				人民防空工程防护设备试验测试与质量检测标准 RFJ 04—2009，8.3.4
		3	钢筋保护层	混凝土中钢筋检测技术标准 JGJ/T 152—2019，4.4.4
				人民防空工程防护设备试验测试与质量检测标准 RFJ 04—2009，8.1.6
		4	钢筋规格、分布	混凝土中钢筋检测技术标准 JGJ/T 152—2019，4.4.5
				人民防空工程防护设备试验测试与质量检测标准 RFJ 04—2009，8.1.6
		5	混凝土强度	人民防空工程防护设备产品质量检验与施工验收标准 RFJ 01—2002，3.4.5，3.1
				人民防空工程防护设备试验测试与质量检测标准 RFJ 04—2009，8.1.4
				回弹法检测混凝土抗压强度技术规程 JGJ/T 23—2011，4.1～4.4
				钻芯法检测混凝土强度技术规程 JGJ/T 384—2016
		6	焊缝质量	焊缝无损检测 超声检测 技术、检测等级和评定 GB/T 11345—2013
				无损检测 A型脉冲反射式超声检测系统工作性能测试方法 JB/T 9214—2010，6，7
				焊缝无损检测 磁粉检测 GB/T 26951—2011，附录 C
				人民防空工程防护设备产品质量检验与施工验收标准 RFJ 01—2002，3.4.4，3.3
				人民防空工程防护设备试验测试与质量检测标准 RFJ 04—2009，8.1.3
		7	焊缝尺寸	钢结构焊接规范 GB 50661—2011
				人民防空工程防护设备试验测试与质量检测标准 RFJ 04—2009，8.1.3
		8	密封胶条压缩反力	人民防空工程防护设备产品质量检验与施工验收标准 RFJ 01—2002，3.4.2
				防护设备用海绵橡胶密封条 GCB 6—89，附录 A
		9	漆膜厚度	人民防空工程防护设备产品质量检验与施工验收标准 RFJ 01—2002，3.4.4；3.5

序号	检测对象	序号	项目/参数名称	检测标准（方法）名称及编号（含年号）
	钢筋混凝土门			人民防空工程防护设备试验测试与质量检测标准 RFJ 04—2009，8.1.10
				色漆和清漆 漆膜厚度的测定 GB/T 13452.2—2008，5.8 声波法
		10	漆膜附着力	人民防空工程防护设备产品质量检验与施工验收标准 RFJ 01—2002，3.4.4；3.6
				人民防空工程防护设备试验测试与质量检测标准 RFJ 04—2009，8.1.10
				色漆和清漆 漆膜的划格试验 GB/T 9286—1998，7
		11	门扇厚度偏差	人民防空工程防护设备产品质量检验与施工验收标准 RFJ 01—2002，3.4.4.1
				人民防空工程防护设备试验测试与质量检测标准 RFJ 04—2009，8.1.2
		12	面板厚度偏差（钢包边厚度）	人民防空工程防护设备试验测试与质量检测标准 RFJ 04—2009，8.1.5
				无损检测 接触式超声脉冲回波法测厚方法 GB/T 11344—2008，9
		13	密闭性能	人民防空工程防护设备产品质量检验与施工验收标准 RFJ 01—2002，3.4.3
				人民防空工程防护设备试验测试与质量检测标准 RFJ 04—2009，第四章
		14	垂直度	人民防空工程防护设备试验测试与质量检测标准 RFJ 04—2009，8.3.4
		15	门扇启闭力	人民防空工程防护设备产品质量检验与施工验收标准 RFJ 01—2002，3.4.4；2.1
				人民防空工程防护设备试验测试与质量检测标准 RFJ 04—2009，8.4.2
		16	关锁操纵力	人民防空工程防护设备产品质量检验与施工验收标准 RFJ 01—2002，3.4.4；2.2
				人民防空工程防护设备试验测试与质量检测标准 RFJ 04—2009，8.4.3
3	电控门	1	外形尺寸	人民防空工程防护设备产品质量检验与施工验收标准 RFJ 01—2002，3.4.4.1
				人民防空工程防护设备试验测试与质量检测标准 RFJ 04—2009，8.3.1；8.3.2；8.3.3
				一般公差 未注公差的线性和角度尺寸的公差 GB/T 1804—2000，5.1

序号	检测对象	序号	项目/参数名称	检测标准（方法）名称及编号（含年号）
	电控门	2	配合尺寸	人民防空工程防护设备产品质量检验与施工验收标准 RFJ 01—2002，3.4.4.1
				人民防空工程防护设备试验测试与质量检测标准 RFJ 04—2009，8.3.4
		3	焊缝质量	焊缝无损检测 超声检测 技术、检测等级和评定 GB/T 11345—2013
				无损检测 A 型脉冲反射式超声检测系统工作性能测试方法 JB/T 9214—2010，6，7
				焊缝无损检测 磁粉检测 GB/T 26951—2011，附录 C
				人民防空工程防护设备产品质量检验与施工验收标准 RFJ 01—2002，3.4.4.33
				人民防空工程防护设备试验测试与质量检测标准 RFJ 04—2009，8.1.3
		4	焊缝尺寸	钢结构焊接规范 GB 50661—2011
				人民防空工程防护设备试验测试与质量检测标准 RFJ 04—2009，8.1.3
		5	密封胶条压缩反力	人民防空工程防护设备产品质量检验与施工验收标准 RFJ 01—2002，3.4.2
				防护设备用海绵橡胶密封条 GCB 6—89，附录 A
		6	漆膜厚度	人民防空工程防护设备产品质量检验与施工验收标准 RFJ 01—2002，3.4.4；3.5
				人民防空工程防护设备试验测试与质量检测标准 RFJ 04—2009，8.1.10
				色漆和清漆漆膜厚度的测定 GB/T 13452.2—2008，5.8 声波法
		7	漆膜附着力	人民防空工程防护设备产品质量检验与施工验收标准 RFJ 01—2002，3.4.4；3.6
				人民防空工程防护设备试验测试与质量检测标准 RFJ 04—2009，8.1.10
				色漆和清漆漆膜的划格试验 GB/T 9286—1998，7
		8	门扇结构厚度偏差（门扇厚度偏差）	人民防空工程防护设备产品质量检验与施工验收标准 RFJ 01—2002，3.44.1
				人民防空工程防护设备试验测试与质量检测标准 RFJ 04—2009，8.1.2
		9	面板厚度偏差	人民防空工程防护设备试验测试与质量检测标准 RFJ 04—2009，8.1.5

序号	检测对象	序号	项目/参数名称	检测标准（方法）名称及编号（含年号）
	电控门			热轧钢板和钢带的尺寸、外形、重量及允许偏差 GB/T 709—2019，6.1
				无损检测 接触式超声脉冲回波法测厚方法 GB/T 11344—2008，9
		10	密闭性能	人民防空工程防护设备产品质量检验与施工验收标准 RFJ 01—2002，3.4.3
				人民防空工程防护设备试验测试与质量检测标准 RFJ 04—2009，第四章
		11	垂直度	人民防空工程防护设备试验测试与质量检测标准 RFJ 04—2009，8.3.4
		12	门扇启闭力	人民防空工程防护设备产品质量检验与施工验收标准 RFJ 01—2002，3.4.4.2.1
				人民防空工程防护设备试验测试与质量检测标准 RFJ 04—2009，8.4.2
		13	关锁操纵力	人民防空工程防护设备产品质量检验与施工验收标准 RFJ 01—2002，3 44.2.2
				人民防空工程防护设备试验测试与质量检测标准 RFJ 04—2009，8.4.3
		14	胶板剥离强度	人民防空工程防护设备产品质量检验与施工验收标准 RFJ 01—2002，3.4.6.4
				人民防空工程防护设备试验测试与质量检测标准 RFJ 04—2009，8.1.9
		15	开关锁时间	人民防空工程防护设备试验测试与质量检测标准 RFJ 04—2009，8.4.6
4	防电磁脉冲门	1	外形尺寸	人民防空工程防护设备产品质量检验与施工验收标准 RFJ 01—2002，3.4.4.1
				人民防空工程防护设备试验测试与质量检测标准 RFJ 04—2009，8.3.1.8；3.2；8.3.3
				一般公差 未注公差的线性和角度尺寸的公差 GB/T 1804—2000，5.1
		2	配合尺寸	人民防空工程防护设备产品质量检验与施工验收标准 RFJ 01—2002，3.4.4.1
				人民防空工程防护设备试验测试与质量检测标准 RFJ 04—2009，8.3.4
		3	焊缝质量	焊缝无损检测 超声检测 技术、检测等级和评定 GB/T 11345—2013

序号	检测对象	序号	项目/参数名称	检测标准（方法）名称及编号（含年号）
	防电磁脉冲门			无损检测 A型脉冲反射式超声检测系统工作性能测试方法 JB/T 9214—2010，6，7
				焊缝无损检测 磁粉检测 GB/T 26951—2011，附录 C
				人民防空工程防护设备产品质量检验与施工验收标准 RFJ 01—2002，3.4.43.3
				人民防空工程防护设备试验测试与质量检测标准 RFJ 04—2009，8.1.3
		4	焊缝尺寸	钢结构焊接规范 GB 50661—2011
				人民防空工程防护设备试验测试与质量检测标准 RFJ 04—2009，8.1.3
		5	密封胶条压缩反力	人民防空工程防护设备产品质量检验与施工验收标准 RFJ 01—2002，3.4.2
				防护设备用海棉橡胶密封条 GCB 6—89，附录 A
		6	漆膜厚度	人民防空工程防护设备产品质量检验与施工验收标准 RFJ 01—2002，3.4.4；3.5
				人民防空工程防护设备试验测试与质量检测标准 RFJ 04—2009，8.1.10
				色漆和清漆 漆膜厚度的测定 GB/T 13452.2—2008，5.8 声波法
		7	漆膜附着力	人民防空工程防护设备产品质量检验与施工验收标准 RFJ 01—2002，3.4.4；3.6
				人民防空工程防护设备试验测试与质量检测标准 RFJ 04—2009，8.10
				色漆和清漆 漆膜的划格试验 GB/T 9286—1998，7
		8	门扇结构厚度偏差（门扇厚度偏差）	人民防空工程防护设备产品质量检验与施工验收标准 RFJ 01—2002，3.4.4.1
				人民防空工程防护设备试验测试与质量检测标准 RFJ 04—2009，8.1.2
		9	面板厚度偏差	人民防空工程防护设备试验测试与质量检测标准 RFJ 04—2009，8.1.5
				热轧钢板和钢带的尺寸、外形、重量及允许偏差 GB/T 709—2019，6.1
				无损检测 接触式超声脉冲回波法测厚方法 GB/T 11344—2008，9
		10	密闭性能	人民防空工程防护设备产品质量检验与施工验收标准 RFJ 01—2002，3.4.3

序号	检测对象	序号	项目/参数名称	检测标准（方法）名称及编号（含年号）
	防电磁脉冲门			人民防空工程防护设备试验测试与质量检测标准 RFJ 04—2009，第四章
		11	垂直度	人民防空工程防护设备试验测试与质量检测标准 RFJ 04—2009，8.3.4
		12	门扇启闭力	人民防空工程防护设备产品质量检验与施工验收标准 RFJ 01—2002，3.4.4.2.1
				人民防空工程防护设备试验测试与质量检测标准 RFJ 04—2009，8.4.2
		13	关锁操纵力	人民防空工程防护设备产品质量检验与施工验收标准 RFJ 01—2002，3.4.4.2.2
				人民防空工程防护设备试验测试与质量检测标准 RFJ 04—2009，8.4.3
		14	开关锁时间	人民防空工程防护设备试验测试与质量检测标准 RFJ 04—2009，8.4.6
5	防护密闭封堵板	1	外形尺寸	人民防空工程防护设备产品质量检验与施工验收标准 RFJ 01—2002，3.4.4.1
				人民防空工程防护设备试验测试与质量检测标准 RFJ 04—2009，8.3.1，8.3.2，8.3.3
				一般公差 未注公差的线性和角度尺寸的公差 GB/T 1804—2000，5.1
		2	配合尺寸	人民防空工程防护设备产品质量检验与施工验收标准 RFJ 01—2002，3.4.4.1
				人民防空工程防护设备试验测试与质量检测标准 RFJ 04—2009，8.3.1，83.2，8.3.3
		3	焊缝质量	焊缝无损检测 超声检测 技术、检测等级和评定 GB/T 11345—2013
				无损检测 A 型脉冲反射式超声检测系统工作性能测试方法 JB/T 9214—2010，6，7
				焊缝无损检测 磁粉检测 GB/T 26951—2011，附录 C
				人民防空工程防护设备产品质世检验与施工验收标准 RFJ 01—2002，3.443.3
				人民防空工程防护设备试验测试与质量检测标准 RFJ 04—2009，8.1.3
		4	焊缝尺寸	钢结构焊接规范 GB 50661—2011
				人民防空工程防护设备试验测试与质量检测标准 RFJ 04—2009，8.1.3

序号	检测对象	序号	项目/参数名称	检测标准（方法）名称及编号（含年号）
	防护密闭封堵板	5	密封胶条压缩反力	人民防空工程防护设备产品质量检验与施工验收标准 RFJ 01—2002，3.4.2
				防护设备用海绵橡胶密封条 GCB 6—89，附录 A
		6	漆膜厚度	人民防空工程防护设备产品质量检验与施工验收标 RFJ 01—2002，3.4.4；3.5
				人民防空工程防护设备试验测试与质量检测标准 RFJ 04—2009，8.1.10
				色漆和清漆 漆膜厚度的测定 GB/T 13452.2—2008，5.8 声波法
		7	漆膜附着力	人民防空工程防护设备产品质量检验与施工验收标准 RFJ 01—2002，344.3.6
				人民防空工程防护设备试验测试与质量检测标准 RFJ 04—2009，8.1.10
				色漆和清漆漆膜的划格试验 GB/T 9286—1998，7
		8	门扇厚度偏差	人民防空工程防护设备产品质量检验与施工验收标准 RFJ 01—2002，3.4.4.1
				人民防空工程防护设备试验测试与质量检测标准 RFJ 04—2009，8.1.2
				无损检测 接触式超声脉冲回波法测厚方法 GB/T 11344—2008
		9	面板厚度偏差	人民防空工程防护设备试验测试与质量检测标准 RFJ 04—2009，8.1.5
				热轧钢板和钢带的尺寸、外形、重量及允许偏差 GB/T 709—2019，6.1
				无损检测 接触式超声脉冲回波法测厚方法 GB/T 11344—2008，9
		10	密闭性能	人民防空工程防护设备产品质量检验与施工验收标准 RFJ 01—2002，3.4.3
				人民防空工程防护设备试验测试与质量检测标准 RFJ 04—2009，第四章
		11	垂直度	人民防空工程防护设备试验测试与质量检测标准 RFJ 04—2009，8.3.4
6	阀门	1	外形尺寸	人民防空工程防护设备产品质量检验与施工验收标准 RFJ 01—2002，3.3.8
				一般公差 未注公差的线性和角度尺寸的公差 GB/T 1804—2000，5.1
		2	配合尺寸	人民防空工程防护设备产品质量检验与施工验收标准 RFJ 01—2002

序号	检测对象	序号	项目/参数名称	检测标准（方法）名称及编号（含年号）
	阀门	3	焊缝质量	焊缝无损检测 超声检测 技术、检测等级和评定 GB/T 11345—2013
				无损检测 A 型脉冲反射式超声检测系统工作性能测试方法 JB/T 9214—2010，6，7
				焊缝无损检测 磁粉检测 GB/T 26951—2011，附录 C
				人民防空工程防护设备产品质量检验与施工验收标准 RFJ 01—2002，3.4.4；3.3
				人民防空工程防护设备试验测试与质量检测标准 RFJ 04—2009，8.1.3
		4	焊缝尺寸	钢结构焊接规范 GB 50661—2011
				人民防空工程防护设备试验测试与质量检测标准 REJ04—2009，8.1.3
		5	漆膜厚度	人民防空工程防护设备产品质量检验与施工验收标准 RFJ 01—2002，3.4.4；3.5
				人民防空工程防护设备试验测试与质量检测标准 RFJ 04—2009，8.1.10
				色漆和清漆 漆膜厚度的测定 GB/T 13452.2—2008，5.8 声波法
		6	漆膜附着力	人民防空工程防护设备产品质量检验与施工验收标准 RFJ 01—2002，3.4.43.6
				人民防空工程防护设备试验测试与质量检测标准 RFJ 04—2009，8.1.10
				色漆和清漆 漆膜的划格试验 GB/T 9286—1998，7
		7	管壁、阀板厚度	无损检测 接触式超声脉冲回波法测厚方法 GB/T 11344—2008
		8	密闭性能	人民防空工程防护设备产品质量检验与施工验收标准 RFJ 01—2002，3.4.3
				人民防空工程防护设备试验测试与质量检测标准 RFJ 04—2009，第四章（流量法）
				人防工程防护通风设备测试规程［手（电）动密闭阀门通风动力特性测试规程］5
		9	阀板启闭力	人民防空工程防护设备产品质量检验与施工验收标准 RFJ 01—2002，3.4.4.1

序号	检测对象	序号	项目/参数名称	检测标准（方法）名称及编号（含年号）
7	悬摆式防爆波活门	1	外形尺寸	人民防空工程防护设备试验测试与质量检测标准 RFJ 04—2009，8.3.1；8.3.2；8.3.3
				一般公差 未注公差的线性和角度尺寸的公差 GB/T 1804—2000，5.1
		2	配合尺寸	人民防空工程防护设备产品质量检验与施工验收标准 RFJ 01—2002，3.4.4.1
				人民防空工程防护设备试验测试与质量检测标准 RFJ 04—2009，8.3.4
		3	焊缝质量	焊缝无损检测 超声检测 技术、检测等级和评定 GB/T 11345—2013
				无损检测 A 型脉冲反射式超声检测系统工作性能测试方法 JB/T 9214—2010，6，7
				焊缝无损检测 磁粉检测 GB/T 26951—2011，附录 C
				人民防空工程防护设备产品质量检验与施工验收标准 RFJ 01—2002，3.4.4.3.3
				人民防空工程防护设备试验测试与质量检测标准 RFJ 04—2009，8.1.3
		4	焊缝尺寸	钢结构焊缝规范 GB 50661—2011
				人民防空工程防护设备试验测试与质量检测标准 RFJ 04—2009，8.1.3
		5	漆膜厚度	人民防空工程防护设备产品质量检验与施工验收标准 RFJ 01—2002，3.4.4；3.5
				人民防空工程防护设备试验测试与质量检测标准 RFJ 04—2009，8.1.10
				色漆和清漆 漆膜厚度的测定 GB/T 13452.2—2008，5.8 声波法
		6	漆膜附着力	人民防空工程防护设备产品质量检验与施工验收标准 RFJ 01—2002，3.4.4；3.6
				人民防空工程防护设备试验测试与质量检测标准 RFJ 04—2009，8.1.10
				色漆和清漆 漆膜的划格试验 GB/T 9286—1998，7
		7	门扇厚度偏差	人民防空工程防护设备产品质量检验与施工验收标准 RFJ 01—2002，3.4.4.1
				人民防空工程防护设备试验测试与质量检测标准 RFJ 04—2009，8.1.2

序号	检测对象	序号	项目/参数名称	检测标准（方法）名称及编号（含年号）
	悬摆式防爆波活门	8	面板厚度偏差	人民防空工程防护设备试验测试与质量检测标准 RFJ 04—2009，8.1.5
				热轧钢板和钢带的尺寸、外形、重量及允许偏差 GB/T 709—2019，6.1
				无损检测 接触式超声脉冲回波法测厚方法 GB/T 11344—2008，9
		9	悬摆板厚度偏差	无损检测 接触式超声脉冲回波法测厚方法 GB/T 11344—2008，9
		10	垂直度	人民防空工程防护设备试验测试与质量检测标准 RFJ 04—2009，8.3.4
		11	门扇启闭力	人民防空工程防护设备产品质量检验与施工验收标准 REJ01—2002，3.4.4.2.1
				人民防空工程防护设备试验测试与质量检测标准 RFJ 04—2009，8.4.2
		12	闭锁锁紧力	人民防空工程防护设备产品质量检验与施工验收标准 RFJ 01—2002，3.4.4.2.2
				人民防空工程防护设备试验测试与质量检测标准 RFJ 04—2009，8.4.3
		13	悬摆板启闭力	人民防空工程防护设备产品质量检验与施工验收标准 RFJ 01—2002，3.4.6.1
		14	通风面积	人民防空工程防护设备产品质量检验与施工验收标准 RFJ 01—2002，3.4.6.3
8	胶管式防爆波活门	1	外形尺寸	人民防空工程防护设备产品质居检验与施工验收标准 RFJ 01—2002，3.4.4.1
				人民防空工程防护设备试验测试与质量检测标准 RFJ 04—2009，8.3.1，83.2，8.3.3
				一般公差 未注公差的线性和角度尺寸的公差 GB/T 1804—2000，5.1
		2	配合尺寸	人民防空工程防护设备产品质量检验与施工验收标准 RFJ 01—2002，3.4.4.1
				人民防空工程防护设备试验测试与质量检测标准 RFJ 04—2009，8.3.4
		3	焊缝质量	焊缝无损检测 超声检测 技术、检测等级和评定 GB/T 11345—2013
				无损检测 A 型脉冲反射式超声检测系统工作性能测试方法 JB/T 9214—2010，6，7

序号	检测对象	序号	项目/参数名称	检测标准（方法）名称及编号（含年号）
	胶管式防爆波活门			焊缝无损检测 磁粉检测 GB/T 26951—2011，附录 C
				人民防空工程防护设备产品质量检验与施工验收标准 RFJ 01—2002，3.4.4.3.3
				人民防空工程防护设备试验测试与质量检测标准 RFJ 04—2009，8.1.3
		4	焊缝尺寸	钢结构焊接规范 GB 50661—2011
				人民防空工程防护设备试验测试与质量检测标准 RFJ 04—2009，8.1.3
		5	漆膜厚度	人民防空工程防护设备产品质量检验与施工验收标准 RFJ 01—2002，3.4.4；3.5
				人民防空工程防护设备试验测试与质量检测标准 RFJ 04—2009，8.1.10
				色漆和清漆 漆膜厚度的测定 GB/T 13452.2—2008，5.8 声波法
		6	漆膜附着力	人民防空工程防护设备产品质量检验与施工验收标准 RFJ 01—2002，3.4.43.6
				人民防空工程防护设备试验测试与质量检测标准 RFJ 04—2009，8.1.10
				色漆和清漆 漆膜的划格试验 GB/T 9286—1998，7
		7	门扇厚度偏差	人民防空工程防护设备产品质量检验与施工验收标准 RFJ 01—2002，3.4.4.1
				人民防空工程防护设备试验测试与质量检测标准 RFJ 04—2009，8.1.2
		8	面板厚度偏差	人民防空工程防护设备试验测试与质量检测标准 RFJ 04—2009，8.1.5
				热轧钢板和钢带的尺寸、外形、重量及允许偏差 GB/T 709—2006，6.1.2
				无损检测 接触式超声脉冲回波法测厚方法 GB/T 11344—2008，9
		9	垂直度	人民防空工程防护设备试验测试与质量检测标准 RFJ 04—2009，8.3.4
		10	门扇启闭力	人民防空工程防护设备产品质量检验与施工验收标准 RFJ 01—2002，3.4.4.2.1
				人民防空工程防护设备试验测试与质量检测标准 RFJ 04—2009，8.4.2
		11	闭锁锁紧力	人民防空工程防护设备产品质量检验与施工验收标准 RFJ 01—2002，3.4.4.2.2
				人民防空工程防护设备试验测试与质置检测标准 RFJ 04—2009，8.4.3

续表

序号	检测对象	序号	项目/参数名称	检测标准（方法）名称及编号（含年号）
9	排气活门	1	外形尺寸	一般公差 未注公差的线性和角度尺寸的公差 GB/T 1804—2000，5.1
		2	配合尺寸	人民防空工程防护设备产品质量检验与施工验收标准 RFJ 01—2002，3.3.7
		3	阀盖或活门盘厚度	无损检测 接触式超声脉冲回波法测厚方法 GB/T 11344—2008，9
		4	动力性能曲线、通风量（风压、风量）	人民防空工程防护设备试验测试与质量检测标准 RFJ 04—2009，第六章
		5	漆膜厚度	人民防空工程防护设备产品质量检验与施工验收标准 RFJ 01—2002，3.4.4；3.5
				人民防空工程防护设备试验测试与质量检测标准 RFJ 04—2009，8.1.10
				色漆和清漆 漆膜厚度的测定 GB/T 13452.2—2008，5.8 声波法
		6	漆膜附着力	人民防空工程防护设备产品质量检验与施工验收标准 RFJ 01—2002，3.4.4；3.6
				人民防空工程防护设备试验测试与质量检测标准 RFJ 04—2009，8.1.10
				色漆和清漆 漆膜的划格试验 GB/T 9286—1998，7
		7	阀盖或活门盘启动压力	人民防空工程防护设备试验测试与质量检测标准 RFJ 04—2009，第六章
		8	阀盖或活门盘锁紧力	人民防空工程防护设备产品质量检验与施工验收标准 RFJ 01—2002，3.3.7
		9	平衡锤连杆垂直度	人民防空工程防护设备产品质量检验与施工验收标准 RFJ 01—2002，3.3.7
		10	密闭性能	人民防空工程防护设备试验测试与质量检测标准 RFJ 04—2009，第四章
				人民防空工程防护设备产品质量检验与施工验收标准 RFJ 0I—2002，3.3.8
10	密闭观察窗	1	外形尺寸	人民防空工程防护设备产品质量检验与施工验收标准 RFJ 01—2002，3.4.4.1
				一般公差 未注公差的线性和角度尺寸的公差 GB/T 1804—2000，5.1
		2	焊缝质量	焊缝无损检测 超声检测 技术、检测等级和评定 GB/T 11345—2013

序号	检测对象	序号	项目/参数名称	检测标准（方法）名称及编号（含年号）
10	密闭观察窗	2	焊缝质量	无损检测 A 型脉冲反射式超声检测系统工作性能测试方法 JB/T 9214—2010，6，7
				焊缝无损检测 磁粉检测 GB/T 26951—2011，附录 C
				人民防空工程防护设备产品质量检验与施工验收标准 RFJ 01—2002，3.4.4；3.3
				人民防空工程防护设备试验测试与质量检测标准 RFJ 04—2009，8.1.3
		3	焊缝尺寸	钢结构焊接规范 GB 50661—2011
				人民防空工程防护设备试验测试与质量检测标准 RFJ 04—2009，8.1.3
		4	密闭性能	人民防空工程防护设备试验测试与质量检测标准 RFJ 04—2009，第四章
		5	漆膜厚度	人民防空工程防护设备产品质量检验与施工验收标准 RFJ 01—2002，3.4.4；3.5
				人民防空工程防护设备试验测试与质量检测标准 RFJ 04—2009，8.1.10
				色漆和清漆 漆膜厚度的测定 GB/T 13452.2—2008，5.8 声波法
		6	漆膜附着力	人民防空工程防护设备产品质量检验与施工验收标准 RFJ 01—2002，3.4.4；3.6
				人民防空工程防护设备试验测试与质量检测标准 RFJ 04—2009，8.1.10
				色漆和清漆 漆膜的划格试验 GB/T 9286—1998，7
11	防爆地漏	1	外形尺寸	一般公差 未注公差的线性和角度尺寸的公差 GB/T 1804—2000，5.1
		2	地漏体壁厚和密封体厚度	无损检测 接触式超声脉冲回波法测厚方法 GB/T 11344—2008，9
12	油网滤尘器	1	水平度	人民防空工程质量验收与评价标准 RFJ 01—2015，11.6.8
		2	垂直度	人民防空工程质量验收与评价标准 RFJ 01—2015，11.6.8
13	过滤吸收器	1	垂直度	人民防空工程质量验收与评价标准 RFJ 01—2015，11.6.8
14	超压排气活门	1	平衡锤杆铅垂度	人民防空工程质量验收与评价标准 RFJ 01—2015，7.5.4
15	风机	1	振动速度	风机、压缩机、泵安装工程施工及验收规范 GB 50275—2010，附录 A

序号	检测对象	序号	项目/参数名称	检测标准（方法）名称及编号（含年号）
16	防护密闭段通风管道	1	漆膜厚度	色漆和清漆 漆膜厚度的测定 GB/T 13452.2—2008，5.8 声波法
				人民防空工程防护设备产品质量检验与施工验收标准 RFJ 01—2002，3.4.4；3.5
				人民防空工程防护设备试验测试与质量检测标准 RFJ 04—2009，8.1.10
		2	管道厚度	热轧钢板和钢带的尺寸、外形、重量及允许偏差 GB/T 709—2019，6.1
				无损检测 接触式超声脉冲回波法测厚方法 GB/T 11344—2008，9
17	防护通风系统	1	清洁风量	工业通风机 现场性能试验 GB/T 10178—2006，6.2.1
				通风与空调工程施工质量验收规范 GB 50243—2016，附录 E
		2	滤毒风量	工业通风机 现场性能试验 GB/T 10178—2006，6.2.1
				通风与空调工程施工质量验收规范 GB 50243—2016，附录 E
		3	防护段通风管道气密性	国防工程施工验收规范 GJB 4315.3—2006，附录 C

表 17-2　人防工程防护设备检测项目目录（二）

序号	业务检测能力	检测项目	检测标准（方法）名称及编号（含年号）
1	主体结构工程检测	混凝土、砂浆、砌体强度现场检测；钢筋保护层厚度检测；混凝土预制构件结构性能检测；后置埋件的力学性能检测	国家相关标准
2	钢结构工程检测	钢结构焊接质量无损检测；钢结构防腐及防火涂装检测；钢结构机械连接用紧固标准件及高强度螺栓力学性能检测	国家相关标准
3	见证取样检测	水泥、钢材、橡胶制品物理力学性能检验；钢筋（含焊接与机械连接）力学性能检验；砂、石常规检验；混凝土、砂浆强度检验	国家相关标准
4	其他性能检测	建筑幕墙/门窗结构的气密性、水密性检测；混凝土抗压强度检测；混凝土结构钢筋分布、裂缝检测	国家相关标准

17.4　抽样规则及判定

17.4.1　根据《人民防空工程质量验收与评价标准》RFJ 01—2015 中规定：

17.4.1.1　对涉及结构安全、节能、环保、防护功能和使用功能的重要分部工程，应在验收前按规定进行抽样检验；

17.4.1.2　工程的观感质量应由验收人员现场检查，并应共同确认。

17.4.1.3 对重要的检验项目，当有简易快速的检验方法时，选用全数检验方案；

17.4.1.4 检验批合格质量应符合下列规定：

1. 主控项目的质量经抽样检验合格；

2. 一般项目的质量经抽样检验，80%及以上的检查点（处）符合本标准规定的质量要求；其他检查点（处）不得有严重缺陷，且最大偏差值不超过允许偏差值的1.5倍；

3. 具有完整的施工操作依据、质量验收记录。

17.4.1.5 当人防工程质量不符合要求时，应按下列规定进行处理：

1. 经返工或返修的检验批，应重新进行验收；

2. 经有资质的检测机构检测鉴定能够达到设计要求的检验批，应予以验收；

3. 经有资质的检测机构检测鉴定达不到设计要求、但经原设计单位核算认可能够满足安全及使用和防护要求的检验批，可予以验收；

4. 经返修或加固处理的分项、分部工程，满足安全及使用和防护要求时，可按技术处理方案和协商文件的要求予以验收。

17.4.1.6 经返修或加固处理仍不满足安全及使用和防护要求的分部工程、单位工程，严禁验收。

17.4.2 根据《人民防空工程防护设备产品质量检验与施工验收标准》RFJ 01—2002中规定：

17.4.2.1 产品出厂前应进行抽样检验。

17.4.2.2 抽样样品必须由抽检人员在该批产品中随机选取。同一规格型号的产品抽样检验数量按下式计算：

$$m=n\times20\%\qquad(17\text{-}1)$$

式中 m——抽样检验数量，当 $m<1$ 时，取 $m=1$，当 m 不是整数时按四舍五入取整；

n——同一规格型号产品的数量。

17.4.2.3 抽样检验的样品如有一樘（一件）达不到检验等级时，应进行加倍随机抽样检验，如再有一樘（一件）达不到检验等级时，应全部检验并逐樘（件）确定等级。

17.4.2.4 产品质量检验项目分为外形尺寸与配合尺寸检验、使用性能检验、材质和外观检验。产品质量检验项目的等级指标可分为一等、二等和合格三级，达不到合格等级指标的项目必须返工。

17.4.2.5 防护设备安装工程验收评定的等级分为"合格"与"优良"两个等级。

1. 质量等级为合格的分项工程应符合以下规定：

（1）保证项目应符合本标准第7.2.1条中相应质量检验评定条文的规定。

（2）基本项目的抽检处（件）应符合本标准第7.2.2条中相应质量检验评定条文的合格规定。

（3）允许偏差项目抽检的点数中，应有80%以上的实测值在相应质量检验评定标准的允许偏差范围内。

2. 质量等级为优良的分项工程应符合以下规定：

（1）保证项目应符合本标准第7.2.1条中相应质量检验评定条文的规定。

（2）基本项目的每项抽检处（件）应符合本标准第 7.2.2 条中相应质量检验评定条文的合格规定；其中有 50％以上的处（件）符合优良规定，该项即为优良；优良项数应占检验项数 50％以上。

（3）允许偏差项目抽检的点数中，应有 90％以上的实测值在相应质量检验评定标准的允许偏差范围内。

3. 质量等级为合格的分部工程应符合以下规定：

（1）所含分项工程的质量全部合格。

（2）质量保证资料应基本齐全。

4. 质量等级为优良的分部工程应符合以下规定：

（1）所含分项工程的质量全部合格，其中有 50％以上为优良。

（2）质量保证资料应基本齐全。

5. 当分项工程质量达不到合格等级时，必须及时处理，并应按以下规定确定其质量等级。

（1）返工重做的可重新评定质量等级。

（2）经加固补强或经法定检测单位鉴定能够达到设计要求的，其质量仅应评为合格。

（3）经法定检测单位鉴定达不到原设计要求，但经设计单位认可能够满足结构安全和使用功能要求可不加固补强的；或经加固补强改变外形尺寸或造成永久性缺陷的，其质量可定为合格，但分部工程不应评为优良。

第 18 部分：雷电防护装置检测

18.1 概述

防雷装置检测是按照建筑物防雷装置的设计标准确定防雷装置满足标准要求而进行的检查、测量及信息综合分析处理全过程。

防雷装置检测分为首次检测和定期检测。首次检测分为新建、改建、扩建建筑物防雷装置施工过程中的检测和投入使用后建筑物防雷装置的第一次检测。定期检测是按规定周期进行的检测。新建、改建、扩建建筑物防雷装置施工过程中的检测，应对其结构、布置、形状、材料规格、尺寸、连接方法和电气性能进行分阶段检测。投入使用后建筑物防雷装置的第一次检测应按设计文件要求进行检测。

注：本次编辑内容适用于建筑物防雷装置的检测，以下情况不属于此次编辑范围：

铁路系统；

车辆、船舶、飞机及离岸装置；

地下高压管道，与建筑物不相连的管道、电力线和通信线。

18.2 主要依据

《建筑物防雷装置检测技术规范》GB/T 21431—2015

《建筑物防雷设计规范》GB 50057—2010

《建筑物防雷工程施工与质量验收规范》GB 50601—2010

《建筑电气工程施工质量验收规范》GB 50303—2015

《建筑物电子信息系统防雷技术规范》GB 50343—2012

《电气装置安装工程 接地装置施工及验收规范》GB 50169—2016

《计算机场地通用规范》GB/T 2887—2011

《数据中心设计规范》GB 50174—2017

《汽车加油加气站设计与施工规范》GB 50156—2012

18.3 建筑物的防雷分类

根据建筑物重要性、使用性质、发生雷电事故的可能性和后果，将防雷要求分为三类。

18.3.1 在可能发生对地闪击的地区，遇下列情况之一时，应划为第一类防雷建筑物：

1. 凡制造、使用或贮存火药、炸药及其制品的危险建筑物，因电火花而引起爆炸、爆轰，会造成巨大破坏和人身伤亡的；

2. 具有 0 区或 20 区爆炸危险场所的建筑物；

3. 具有 1 区或 21 区爆炸危险场所的建筑物，因电火花而引起爆炸，会造成巨大破坏和人身伤亡的。

18.3.2 在可能发生对地闪击的地区，遇下列情况之一时，应划为第二类防雷建筑物：

1. 国家级重点文物保护的建筑物；

2. 国家级的会堂、办公建筑物、大型展览和博览建筑物、大型火车站和飞机场、国宾馆、国家级档案馆、大型城市的重要给水泵房等特别重要的建筑物；

注：飞机场不含停放飞机的露天场所和跑道。

3. 国家级计算中心、国际通信枢纽等对国民经济有重要意义的建筑物；

4. 国家特级和甲级大型体育馆；

5. 制造、使用或贮存火药、炸药及其制品的危险建筑物，且电火花不易引起爆炸或不致造成巨大破坏和人身伤亡的；

6. 具有 1 区或 21 区爆炸危险场所的建筑物，且电火花不易引起爆炸或不致造成巨大破坏和人身伤亡的；

7. 具有 2 区或 22 区爆炸危险场所的建筑物；

8. 有爆炸危险的露天钢质封闭气罐；

9. 预计雷击次数大于 0.05 次/a 的部、省级办公建筑物和其他重要或人员密集的公共建筑物以及火灾危险场所；

10. 预计雷击次数大于 0.25 次/a 的住宅、办公楼等一般性民用建筑物或一般性工业建筑物。

18.3.3 在可能发生对地闪击的地区，遇下列情况之一时，应划为第三类防雷建筑物：

1. 省级重点文物保护的建筑物及省级档案馆；

2. 预计雷击次数大于或等于 0.01 次/a，且小于或等于 0.05 次/a 的部、省级办公建筑物和其他重要或人员密集的公共建筑物，以及火灾危险场所；

3. 预计雷击次数大于或等于 0.05 次/a，且小于或等于 0.25 次/a 的住宅、办公楼等一般性民用建筑物或一般性工业建筑物；

4. 在平均雷暴日大于 15d/a 的地区，高度在 15m 及以上的烟囱、水塔等孤立的高耸建筑物；在平均雷暴日小于或等于 15d/a 的地区，高度在 20m 及以上的烟囱、水塔等孤立的高耸建筑物。

18.4 检测项目

1. 接地装置分项工程
2. 引下线分项工程
3. 接闪器分项工程

4. 等电位连接分项工程

5. 屏蔽分项工程

6. 综合布线分项工程

7. 电涌保护器分项工程

8. 汽车加油加气站

18.5 检测内容

18.5.1 接地装置分项工程

18.5.1.1 主控项目应符合下列规定：

1. 利用建筑物桩基、梁、柱内钢筋做接地装置的自然接地体和为接地需要专门埋设的人工接地体，应在地面以上按照设计要求的位置设置可供测量、接人工接地体和做等电位连接用的连接板。

2. 接地装置的接地电阻值应符合设计文件的要求。

3. 在建筑物外人员可经过或停留的引下线与接地体连接处 3m 范围内，应采用防止跨步电压对人员造成伤害的一种或多种方法如下：

（1）铺设使地面电阻率不小于 50kΩ·m 的 5cm 厚的沥青层或 15cm 厚的砾石层。

（2）设立阻止人员进入的护栏或警示牌。

（3）将接地体敷设成水平网格。

4. 当工程设计文件对第一类防雷建筑物接地装置设计为独立接地时，独立接地体与建筑物基础地网及与其有联系的管道、电缆等金属物之间的间隔距离，应符合国家标准《建筑物防雷设计规范》GB 50057—2010 中第 4.2.1 条的规定（如下）：

（1）应装设独立接闪杆或架空接闪线或网。架空接闪网的网格尺寸不应大于 5m×5m 或 6m×4m。

（2）排放爆炸危险气体、蒸气或粉尘的放散管、呼吸阀、排风管等的管口外的以下空间应处于接闪器的保护范围内：

①当有管帽时应按表 18-1 的规定确定。

②当无管帽时，应为管口上方半径 5m 的半球体。

接闪器与雷闪的接触点应设在本款第 1 项或第 2 项所规定的空间之外。

表 18-1 有管帽的管口外处于接闪器保护范围内的空间

装置内的压力与周围空气压力的压力差（kPa）	排放物对比于空气	管帽以上的垂直距离（m）	距管口处的水平距离（m）
<5	重于空气	1	2
5～25	重于空气	2.5	5
≤25	轻于空气	2.5	5
>25	重或轻于空气	5	5

注：相对密度低于或等于 0.75 的爆炸性气体规定为轻于空气的气体；相对密度高于 0.75 的爆炸性气体规定为重于空气的气体。

（3）排放爆炸危险气体、蒸气或粉尘的放散管、呼吸阀、排风管等，当其排放物达不到爆炸浓度、长期点火燃烧、一排放就点火燃烧，以及发生事故时排放物才达到爆炸浓度的通风管、安全阀，接闪器的保护范围可仅保护到管帽，无管帽时可仅保护到管口。

（4）独立接闪杆的杆塔、架空接闪线的端部和架空接闪网的每根支柱处应至少设一根引下线。对用金属制成或有焊接、绑扎连接钢筋网的杆塔、支柱，宜利用金属杆塔或钢筋网作为引下线。

（5）独立接闪杆和架空接闪线或网的支柱及其接地装置至被保护建筑物及与其有联系的管道、电缆等金属物之间的间隔距离（图 18-1），应按下列公式计算，但不得小于 3m。

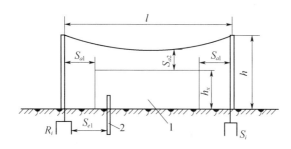

图 18-1　防雷装置至被保护物的间隔距离
1—被保护建筑物；2—金属管道

①地上部分：
当 $h_x < 5R_i$ 时：
$$S_{a1} \geqslant 0.4(R_i + 0.1h_x) \tag{18-1}$$
当 $h_x \geqslant 5R_i$ 时：
$$S_{a1} \geqslant 0.1(R_i + h_x) \tag{18-2}$$
②地下部分：
$$S_{e1} \geqslant 0.4R_i \tag{18-3}$$
式中　S_{a1}——空气中的间隔距离（m）；
　　　S_{e1}——地中的间隔距离（m）；
　　　R_i——独立接闪杆、架空接闪线或网支柱处接地装置的冲击接地电阻（Ω）；
　　　h_x—被保护建筑物或计算点的高度（m）。

（6）架空接闪线至屋面和各种凸出屋面的风帽、放散管等物体之间的间隔距离（图 18-1），应按下列公式计算，但不应小于 3m。

①当 $\left(h + \dfrac{l}{2}\right) < 5R_i$ 时，
$$S_{a2} \geqslant 0.2R_i + 0.03\left(h + \dfrac{l}{2}\right) \tag{18-4}$$
②当 $\left(h + \dfrac{l}{2}\right) \geqslant 5R_i$ 时，
$$S_{a2} \geqslant 0.05R_i + 0.06\left(h + \dfrac{l}{2}\right) \tag{18-5}$$

式中 S_{a2}——接闪线至被保护物在空气中的间隔距离（m）；

h——接闪线的支柱高度（m）；

l——接闪线的水平长度（m）。

（7）架空接闪网至屋面和各种凸出屋面的风帽、放散管等物体之间的间隔距离，应按下列公式计算，但不应小于3m。

①当$(h+l)<5R_i$时，

$$S_{a2}\geqslant\frac{1}{n}\left[0.4R_i+0.06(h+l_1)\right] \tag{18-6}$$

②当$(h+l)\geqslant5R_i$时，

$$S_{a2}\geqslant\frac{1}{n}\left[0.1R_i+0.12(h+l_1)\right] \tag{18-7}$$

式中 S_{a2}——接闪网至被保护物在空气中的间隔距离（m）；

l_1——从接闪网中间最低点沿导体至最近支柱的距离（m）；

n——从接闪网中间最低点沿导体至最近不同支柱并有同一距离l_1的个数。

（8）独立接闪杆、架空接闪线或架空接闪网应设独立的接地装置，每一引下线的冲击接地电阻不宜大于10Ω。在土壤电阻率高的地区，可适当增大冲击接地电阻，但在电阻率3000Ω·m以下的地区，冲击接地电阻不应大于30Ω。

18.5.1.2 一般项目应符合下列规定：

1. 当设计无要求时，接地装置顶面埋设深度不应小于0.5m。角钢、钢管、铜棒、铜管等接地体应垂直配置。人工垂直接地体的长度宜为2.5m，人工垂直接地体之间的间距不宜小于5m。人工接地体与建筑物外墙或基础之间的水平距离不宜小于1m。

2. 可采用下列方法降低接地电阻：

（1）将垂直接地体深埋到低电阻率的土壤中或扩大接地体与土壤的接触面积。

（2）置换成低电阻率的土壤。

（3）采用降阻剂或新型接地材料。

（4）采用多根导体外引，外引长度不应大于《建筑物防雷设计规范》GB 50057—2010中附录C的有关规定。

3. 接地体的连接应采用焊接，并宜采用放热焊接（热剂焊）。当采用通用的焊接方法时，应在焊接处做防腐处理。钢材、铜材的焊接应符合下列规定：

（1）导体为钢材时，焊接时的搭接长度及焊接方法要求应符合表18-2的规定。

表18-2 防雷装置钢材焊接时的搭接长度及焊接方法

焊接材料	搭接长度	焊接方法
扁钢与扁钢	不应少于扁钢宽度的2倍	两个大面不应少于3个棱边焊接
圆钢与圆钢	不应少于圆钢直径的6倍	双面施焊
圆钢与扁钢	不应少于圆钢直径的6倍	双面施焊
扁钢与钢管、扁钢与角钢	紧贴角钢外侧两面或紧贴3/4钢管表面，上、下两侧施焊，并应焊以由扁钢弯成的弧形（或直角形）卡子或直接由扁钢本身弯成弧形或直角形与钢管或角钢焊接	

（2）导体为铜材与铜材或铜材与钢材时，连接工艺应采用放热焊接，熔接接头应被

连接的导体完全包在接头里，应保证连接部位的金属完全熔化，并应连接牢固。

4. 接地线连接要求采取防止发生机械损伤和化学腐蚀的措施。

18.5.2 引下线分项工程

18.5.2.1 主控项目应符合下列规定：

1. 引下线的安装布置应符合国家标准《建筑物防雷设计规范》GB 50057—2010 的有关规定，第一类、第二类和第三类防雷建筑物专设引下线不应少于 2 根，并应沿建筑物周围均匀布设，其平均间距分别不应大于 12m、18m 和 25m。

2. 明敷的专用引下线应分段固定，并应以最短路径敷设到接地体，敷设应平整顺直、无急弯。焊接固定的焊缝应饱满无遗漏，螺栓固定应有防松零件（垫圈），焊接部分的防腐应完整。

3. 建筑物外的引下线敷设在人员可停留或经过的区域时，应采用下列一种或多种方法，防止接触电压和旁侧闪络电压对人员造成伤害：

（1）外露引下线在高 2.7m 以下部分应穿不小于 3mm 厚的交联聚乙烯管，交联聚乙烯应能耐受 100kV 的冲击电压（$1.2/50\mu s$ 波形）。

（2）应设立阻止人员进入的护栏或警示牌。护栏与引下线水平距离不应小于 3m。

4. 引下线两端应分别与接闪器和接地装置做可靠的电气连接。

5. 引下线上应无附着的其他电气线路。在通信塔或其他高耸金属构架起接闪作用的金属物上敷设电气线路时，线路应采用直埋于土壤中的铠装电缆或穿金属管敷设的导线。电缆的金属护层或金属管应两端接地，埋入土壤中的长度不应小于 10m。

6. 引下线安装与易燃材料的墙壁或墙体保温层间距应大于 0.1m。

18.5.2.2 一般项目应符合下列规定：

1. 引下线固定支架应固定可靠，每个固定支架应能承受 49N 的垂直拉力。固定支架的高度不宜小于 150mm，固定支架应均匀，引下线和接闪导体固定支架的间距符合表 18-3 的要求。

表 18-3 引下线和接闪导体固定支架的间距

布置方式	扁形导体和绞线固定支架的间距（mm）	单根圆形导体固定支架的间距（mm）
安装于水平面上的水平导体	500	1000
安装于垂直面上的水平导体	500	1000
安装于从地面至高 20m 垂直面上的垂直导体	1000	1000
安装在高于 20m 垂直面上的垂直导体	500	1000

2. 引下线可利用建筑物的钢梁、钢柱、消防梯等金属构件作为自然引下线，金属构件之间应电气贯通。当利用混凝土内钢筋、钢柱作为自然引下线并采用基础钢筋接地体时，不宜设置段接卡，但应在室外墙体上留出供测量用的接地电阻孔洞及与引下线相连的测试点接头。混凝土柱内钢筋，应按工程设计文件要求采用土建施工的绑扎法、螺丝扣连接等机械连接或对焊、搭焊等焊接连接。

3. 当设计要求引下线的连接采用焊接时，焊接要求应符合《建筑物防雷工程施工与质量验收规范》GB 50601—2010 中第 4.1.2 条第 4 款的规定。

4. 在易受机械损伤之处，地面上 1.7m 至地面下 0.3m 的一段接地应采用暗敷保护，也可采用镀锌角钢、改性塑料管或橡胶等保护，并应在每一根引下线上距地面不低于 0.3m 处设置段接卡连接。

5. 引下线不应敷设在下水管道内，并不宜敷设在排水槽沟内。

6. 引下线安装中应避免形成环路。

18.5.3 接闪器分项工程

18.5.3.1 主控项目应符合下列规定：

1. 建筑物顶部和外墙上的接闪器必须与建筑物栏杆、旗杆、吊车梁、管道、设备、太阳能热水器、门窗、幕墙支架等外露的金属物进行等电位连接。

2. 接闪器的安装布置应符合工程设计文件的要求，并应符合国家标准《建筑物防雷设计规范》GB 50057—2010 中对不同类别防雷建筑物接闪器布置的要求：

（1）当防雷装置安装位置具有高温或外来机械力的威胁时，截面面积 50 mm^2 的单根金属材料的尺寸应加大到截面面积 60 mm^2 的单根扁形材料或采用直径 8mm 的单根圆形材料。

（2）接闪杆宜采用热镀锌圆钢或钢管制成，其直径应符合下列规定：

①杆长 1m 以下时，圆钢不应小于 12mm，钢管不应小于 20mm。②杆长 1～2 m 时，圆钢不应小于 16mm；钢管不应小于 25mm。③独立烟囱顶上的杆，圆钢不应小于 20mm；钢管不应小于 40mm。

（3）接闪杆的接闪端宜做成半球状，其最小弯曲半径宜为 4.8mm，最大宜为 12.7mm。

（4）当独立烟囱上采用热镀锌接闪环，其圆钢直径不应小于 12mm；扁钢截面面积不应小于 100mm^2，其厚度不应小于 4mm。

（5）架空接闪线和接闪网宜采用截面面积不小于 50mm^2 热镀锌钢绞线或铜绞线。

注：薄的油漆保护层或 1mm 厚沥青层或 0.5mm 厚聚氯乙烯层均不属于绝缘被覆层。

（6）除利用混凝土构件钢筋或在混凝土内专设钢材做接闪器外，钢质接闪器应热镀锌。在腐蚀性较强的场所，尚应采取加大其截面面积或其他防腐措施。

（7）不得利用安装在接收无线电视广播天线杆顶上的接闪器保护建筑物。

（8）专门敷设的接闪器应由下列的一种或多种组成：

①独立接闪杆。

②架空接闪线或架空接闪网。

③直接装设在建筑物上的接闪杆、接闪带或接闪网。

（9）对第二类和第三类建筑物且应符合下列规定：

①没有得到接闪器保护的屋顶孤立金属物的尺寸不过以下数值时，可不要求附加的保护措施：

高出屋顶平面不超过 0.3m。

上层表面总面积不超过 1.0m²。

上层表面的长度不超过 2.0m。

②不处在接闪器保护范围内的非导电性屋顶物体，当它没有凸出由接闪器形成的平面 0.5m 以上时，可不要求附加增设接闪器的保护措施。

（10）接闪网的网格尺寸应符合表 18-4 的要求。

表 18-4　接闪网的网格尺寸

建筑物防雷类别	滚球半径/m	接闪网网格尺寸/m
第一类防雷建筑物	30	≤5×5 或 6×4
第二类防雷建筑物	45	≤10×10 或 12×8
第三类防雷建筑物	60	≤20×20 或 24×16

3. 位于建筑物顶部的接闪导线可按工程设计文件要求暗敷在混凝土女儿墙或混凝土屋面内。高层建筑物的接闪器应采取明敷。在多雷区，宜在屋面拐角处安装短接闪杆。

4. 专用接闪杆应能承受 0.7kN/m² 的基本风压。在经常发生台风和大于 11 级大风的地区，宜增大接闪杆的尺寸。

5. 接闪器上应无附着其他电气线路或通信线、信号线。设计文件中有其他电气线和通信线敷设在通信塔上时，应符合《建筑物防雷工程施工与质量验收规范》GB 50601—2010 中第 5.1.1 条第 5 款的规定（同本书 18.5.2.1 第 5 款）。

18.5.3.2　一般项目应符合下列规定：

1. 当利用建筑物金属屋面、旗杆、铁塔等金属物做接闪器时，建筑物金属屋面、旗杆、铁塔等金属物的材料、规格应符合《建筑物防雷工程施工与质量验收规范》GB 50601—2010 附录 B 的规定。接闪线（带）、接闪杆和引下线的材料规格、结构、最小截面面积，见表 18-5。

表 18-5　接闪线（带）、接闪杆和引下线的材料规格、结构、最小截面面积

材料	结构	最小截面面积（mm²）	备注
铜	单根扁铜	50①	厚度 2mm
	单根圆铜	50①	直径 8mm
	铜绞线	50①	每股线直径 1.7mm
	单根圆铜	176	直径 15mm
镀锡铜	单根扁铜	50①	厚度 2mm
	单根圆铜	50①	直径 8mm
	铜绞线	50①	每股线直径 1.7mm
铝	单根扁铝	70	厚度 3mm
	单根圆铝	50①	直径 8mm
	铝绞线	50①	每股线 1.7mm

材料	结构	最小截面面积（mm²）	备注
铝合金	单根扁形导体	50①	厚度 2.5mm
	单根圆形导体	50	直径 8mm
	绞线	50①	每股线直径 1.7mm
	单根圆形导体	176	直径 15mm
	表面镀铜的单根圆形导体	50	径向镀铜厚度至少 250μm，铜纯度 99.9%
热浸镀锌钢	单根扁钢	50①	厚度 2.5mm
	单根圆钢	50	直径 8mm
	绞线	50①	每股线直径 1.7mm
	单根圆钢	176	直径 15mm
不锈钢	单根扁钢	50①	厚度 2.0mm
	单根圆钢	50	直径 8mm
	绞线	70①	每股线直径 1.7mm
	单根圆钢	176	直径 15mm
钢	表面镀铜的单根圆钢	50	径向镀铜厚度至少 250μm，铜纯度 99.9%

注：①当防雷装置安装位置具有高温或外来机械力的威胁时，截面面积 50mm² 的单根金属材料的尺寸应加大到截面面积 60mm² 的单根扁形材料或采用直径 8mm 的单根圆形材料。

2. 除第一类防雷建筑物外，金属屋面的建筑物宜利用其屋面作为接闪器，并应符合下列规定：

①金属板下面无易燃物品时：

铅板的厚度不应小于 2mm；

钢、钛和铜板的厚度不应小于 0.5mm；

铝板的厚度不应小于 0.65mm；

锌板的厚度不应小于 0.7mm。

②金属板下面有易燃物品时：

钢和钛板的厚度不应小于 4mm；

铜板的厚度不应小于 5mm；

铝板的厚度不应小于 7mm。

使用单层彩钢板为屋面接闪器时，其厚度应分别符合上述①、②两款的要求；使用双层夹保温材料的彩钢板，且保温材料为非阻燃材料和（或）彩钢板下无阻隔材料时，不宜在有易燃物品的场所使用。3. 专用接闪杆位置应正确，焊接固定的焊缝应饱满无遗漏，焊接部分防腐应完整。接闪导线应位置正确、平整顺直、无急弯。焊接的焊缝应饱满无遗漏，螺栓的固定应有防松零件。

4. 接闪导线焊接时的搭接长度及焊接方法应符合《建筑物防雷工程施工与质量验收规范》GB 50601—2010 第 4.1.2 条第 4 款的规定（同本书 18.5.1.2 第 3 款）。

5. 固定接闪导线的固定支架应固定可靠，每个固定支架应能承受 49N 的垂直拉力。固定支架应均匀，并应符合《建筑物防雷工程施工与质量验收规范》GB 50601—2010 表 5.1.2 的要求（同本书 18.5.2.2 第 1 款）。

6. 接闪器在建筑物伸缩缝处的跨接及坡屋面上施工可按《建筑物防雷工程施工与质量验收规范》GB 50601—2010 附录 D 中图 D.0.3-1～D.0.3-3 执行。

18.5.4　等电位连接分项工程

18.5.4.1　主控项目应符合下列规定：

1. 应按《建筑物防雷设计规范》GB 50057—2010 中有关各类防雷建筑物的规定，对进出建筑物的金属管线做等电位连接。

2. 在建筑物入户处应做总等电位连接。建筑物等电位连接干线与接地装置应有不少于 2 处的直接连接。

3. 第一类防雷建筑物和具有 1 区、2 区、21 区及 22 区爆炸危险场所的第二类防雷建筑物内、外的金属管道、构架和电缆金属外皮等长金属物的跨接，应符合《建筑物防雷设计规范》GB 50057—2010 的有关规定。

18.5.4.2　一般项目应符合下列规定：

1. 等电位连接可采取焊接、螺钉或螺栓连接等。

2. 电子系统设备机房的等电位连接应根据电子系统的工作频率分别采用星形结构（S 型）或网形结构（M 型）。工作频率低于 300kHz 的模拟线路，可采用星形结构等电位连接网络；频率为兆赫（MHz）级的数字线路，应采用网形结构等电位连接网络。

3. 每台设备的等电位连接线的长度不宜大于 0.5m，并宜设两根等电位连接线安装于设备的对角处，其长度相差宜为 20%。

4. 建筑物入户处等电位连接施工和屋面金属管入户等电位连接施工可按《建筑物防雷工程施工与质量验收规范》GB 50601—2010 附录 D 中图 D.0.2-5、图 D.0.3-3 和图 D.0.4-1～图 D.0.4-5 执行。

18.5.5　屏蔽分项工程

18.5.5.1　主控项目应符合下列规定：

1. 当工程设计文件要求为了防止雷击电磁脉冲对室内电子设备产生损害或干扰而需采取屏蔽措施时，屏蔽工程施工应符合工程设计文件和国家标准《数据中心基础设施施工及验收规范》GB 50462—2015 的有关规定。

2. 当工程设计文件有防雷专用屏蔽时，屏蔽壳体、屏蔽门、各类滤波器、截止通风导窗、屏蔽玻璃窗、屏蔽暗箱的安装，应符合工程设计文件的要求。屏蔽室的等电位连接应符合《建筑物防雷工程施工与质量验收规范》GB 50601—2010 中第 7.1.2 条第 3 款的规定（同本书 18.5.4.2 第 2 款）。

18.5.5.2　一般项目应符合下列规定：

1. 设有电磁屏蔽室的机房，建筑结构应满足屏蔽结构对荷载的要求。

2. 电磁屏蔽室与建筑物内墙之间宜预留维修通道。

18.5.6 综合布线分项工程

18.5.6.1 主控项目应符合下列规定：

1. 低压配电线路（三相或单相）的单芯线缆不应单独穿于金属管内。

2. 不同回路、不同电压等级的交流和直流电线不应穿于同一金属管中，同一交流回路的电线应穿于同一金属管中，管内电缆不得有接头。

3. 爆炸危险场所使用的电线（电缆）的额定耐受电压值不应低于750V，且应穿在金属管中。

18.5.6.2 一般项目应符合下列规定：

1. 建筑物内传输网络的综合布线施工应符合国家标准《综合布线系统工程验收规范》GB/T 50312—2016 的有关规定。

2. 当信息技术电缆与供配电电缆同属一个电缆管理系统和同一路由时，其布线应符合下列规定：

（1）电缆布线系统的全部外露可导电部分，均应按《建筑物防雷工程施工与质量验收规范》GB 50601—2010 第7.1节（同本书 18.5.4.1 和 18.5.4.2）的要求进行等电位连接。

（2）由分线箱引出的信息技术电缆与供配电电缆平行敷设的长度大于35m时，从分线箱起的20m内应采取隔离措施，也可保持两线缆之间大于30mm的间距，或在槽盒中加金属板隔开。

（3）在条件许可时，宜采用多层走线槽盒，强、弱电线路宜分层布设。

3. 低压配电系统的电线色标应符合相线采用黄、绿、红色，中性线用浅蓝色，保护线用绿/黄双色线的要求。

18.5.7 电涌保护器分项工程

18.5.7.1 主控项目应符合下列规定：

1. 低压配电系统中SPD的安装布置应符合工程设计文件的要求，并应符合国家标准《建筑物电气装置 第5-53部分：电气设备的选择和安装——隔离、开关和控制设备 第534节：过电压保护电器》GB/T 16895.22—2004、《低压电涌保护器（SPD）第12部分：低压配电系统的电涌保护器 选择和使用导则》GB/T 18802.12—2014 和《建筑物防雷设计规范》GB 50057—2010 的有关规定。

2. 电子系统信号网络中的SPD的安装布置应符合工程设计文件的要求，并应符合现行国家标准《低压电涌保护器 第22部分：电信和信号网络的电涌保护器 选择和使用导则》GB/T 18802.22—2019 和《建筑物防雷设计规范》GB 50057—2010 的有关规定。

3. 当建筑物上有外部防雷装置，或建筑物上虽未敷设外部防雷装置，但与之邻近的建筑物上有外部防雷装置且两建筑物之间有电气联系时，有外部防雷装置的建筑物和有电气联系的建筑物内总配电柜上安装的SPD应符合下列规定：

（1）应当使用Ⅰ级分类试验的SPD。

（2）低压配电系统的SPD的主要性能参数：冲击电流不应小于12.5kA（10/350μs），电压保护水平不应大于2.5kV，最大持续运行电压应根据低压配电系统的接地形式选取。

4. 当 SPD 内部未涉及热脱扣装置时，对失效状态为短路型的 SPD，应在其前端安装熔丝、热熔线圈或断路器进行后备过电流保护。

18.5.7.2 一般项目应符合下列规定：

1. 低压配电系统中安装的第一级 SPD 与被保护设备之间的关系无法满足下列条件时，应在靠近被保护设备的分配电盘或设备前端安装第二级 SPD：

（1）第一级 SPD 的有效电压保护水平低于设备的耐过电压额定值时。

（2）第一级 SPD 与被保护设备之间的线路长度小于 10m 时。

（3）在建筑物内部不存在雷击放电或内部干扰源产生的电磁场干扰时。

2. 第二级 SPD 无法满足第一款的条件时，应安装第三级 SPD。

3. 无明确的产品安装指南时，开关型 SPD 与限压型 SPD 之间的线路长度不宜小于 10m，限压型 SPD 之间的线路长度不宜小于 5m。当 SPD 之间的线路长度小于 10m 或 5m 时，应加装退耦的电感（或电阻）元件。生产厂明确在其产品中已有能量配合的措施时，可不再接退耦元件。

4. 在电子信号网络中安装的第一级 SPD 应安装在建筑物入户处的配线架上，当传输电缆直接接至被保护设备的接口时，宜安装在设备接口上。

5. 在电子信号网络中安装第二级、第三级 SPD 的方法应符合本条第 1～3 款的规定。

6. SPD 两端连线的材料和最小截面面积要求应符合《建筑物防雷工程施工与质量验收规范》GB 50601—2010 附录 B 中表 B.2.2 的规定（表 18-6）。连线应短且直，总连线长度不宜大于 0.5m，如有实际困难，可按《建筑物防雷工程施工与质量验收规范》GB 50601—2010 附录 D 中图 D.0.7-2 所示采用 V 形连接。

表 18-6 防雷装置各连接部件的最小截面面积

等电位连接部件			材料	截面面积（mm²）
等电位连接带（铜、外表面镀铜的钢或热镀锌钢）			Cu（铜）、Fe（铁）	50
从等电位连接带至接地装置或各等电位连接带之间的连接导体			Cu（铜）	16
			Al（铝）	25
			Fe（铁）	50
从屋内金属装置至等电位连接带的连接导体			Cu（铜）	6
			Al（铝）	10
			Fe（铁）	16
连接电涌保护器的导体	电气系统	I 级试验的电涌保护器	Cu（铜）	6
		II 级试验的电涌保护器		2.5
		III 级试验的电涌保护器		1.5
	电子系统	D1 类电涌保护器		1.2
		其他类的电涌保护器（连接导体的截面面积可小于 1.2mm²）		根据具体情况确定

7. SPD 在低压配电系统中和电子系统中安装施工可按《建筑物防雷工程施工与质量验收规范》GB 50601—2010 附录 D 中图 D.0.5-1～图 D.0.5-5、图 D.0.6-1、图 D.0.6-2 和图 D.0.8-1～图 D.0.8-3 执行。

8. SPD 连接导线的过渡电阻应不大于 0.2Ω，电压 SPD 主要性能参数测试应符合国家标准《建筑物防雷装置检测技术规范》GB/T 21431—2015 中第 5.8.5 节的要求。

9. SPD 的绝缘电阻测试仅对 SPD 所有接线端与 SPD 壳体间进行测量。先将后备保护装置断开并确认已断开电源后，再用不小于 500V 绝缘电阻测试仪正负极各测试一次，测量指针应在稳定之后或施加电压 1min 后读取。合格判定标准为不小于 $50M\Omega$。

18.5.8　汽车加油加气站

1. 钢制油罐、LPG 储罐、LNG 储罐和 CNG 储气瓶（组）必须进行防雷接地，接地点不应少于两处。CNG 加气母站和 CNG 加气子站的车载 CNG 储气瓶组拖车停放场地，应设两处临时用固定防雷接地装置。

2. 加油加气站的电气接地应符合下列规定：

（1）防雷接地、防静电接地、电气设备的工作接地、保护接地及信息系统的接地等，宜共用接地装置，其接地电阻应按其中接地电阻值要求最小的接地电阻值确定。

（2）当各自单独设置接地装置时，油罐、LPG 储罐、LNG 储罐和 CNG 储气瓶（组）的防雷接地装置的接地电阻、配线电缆金属外皮两端和保护钢管两端的接地装置的接地电阻不应大于 10Ω，电气系统的工作和保护接地电阻不应大于 4Ω，地上油品、LPG、CNG 和 LNG 管道始、末端和分支处的接地装置的接地电阻不应大于 30Ω。

3. 当 LPG 储罐的阴极防腐符合下列规定时，可不另设防雷和防静电接地装置：

（1）LPG 储罐采用牺牲阳极法进行阴极防腐时，牺牲阳极的接地电阻不应大于 10Ω，阳极与储罐的铜芯连线横截面面积不应小于 $16mm^2$。

（2）LPG 储罐采用强制电流法进行阴极防腐时，接地电极应采用锌棒或镁锌复合棒，其接地电阻不应大于 10Ω，接地电极与储罐的铜芯连线横截面面积不应小于 $16mm^2$。

4. 埋地钢制油罐、埋地 LPG 储罐和埋地 LNG 储罐，以及非金属油罐顶部的金属部件和罐内的各金属部件，应与非埋地部分的工艺金属管道相互做电气连接并接地。

5. 加油加气站内油气放散管在接入全站共用接地装置后，可不单独做防雷接地。

6. 当加油加气站内的站房和罩棚等建筑物需要防直击雷时，应采用避雷带（网）保护。当罩棚采用金属屋面时，宜利用屋面作为接闪器，但应符合下列规定：

（1）板间的连接应是持久的电气贯通，可采用铜锌合金焊、熔焊、卷边压接、缝接、螺钉或螺栓连接。

（2）金属板下面不应有易燃物品，热镀锌钢板的厚度不应小于 0.5mm，铝板的厚度不应小于 0.65mm，锌板的厚度不应小于 0.7mm。

（3）金属板应无绝缘被覆层。

注：薄的油漆保护层或 1mm 厚沥青层或 0.5mm 厚聚氯乙烯层均不属于绝缘被覆层。

7. 加油加气站的信息系统应采用铠装电缆或导线穿钢管配线。配线电缆金属外皮两端、保护钢管两端均应接地。

8. 加油加气站信息系统的配电线路首、末端与电子器件连接时，应装设与电子器件耐压水平相适应的过电压（电涌）保护器。

9. 380/220V 供配电系统宜采用 TN-S 系统，当外供电源为 380V 时，可采用 TN-C-S 系统。供电系统的电缆金属外皮或电缆金属保护管两端均应接地，在供配电系统的电源端应安装与设备耐压水平相适应的过电压（电涌）保护器。

10. 地上或管沟敷设的油品管道、LPG 管道、LNG 管道和 CNG 管道，应设防静电和防感应雷的共用接地装置，其接地电阻不应大于 30Ω。

11. 加油加气站的汽油罐车、LPG 罐车和 LNG 罐车卸车场地，应设卸车或卸气时用的防静电接地装置，并应设置能检测跨接线及监视接地装置状态的静电接地仪。

12. 在爆炸危险区域内工艺管道上的法兰、胶管两端等连接处，应用金属线跨接。当法兰的连接螺栓不少于 5 根时，在非腐蚀环境下可不跨接。

13. 油罐车卸油用的卸油软管、油气回收软管与两端接头，应保证可靠的电气连接。

14. 采用导静电的热塑性塑料管道时，导电内衬应接地；采用不导静电的热塑性塑料管道时，不埋地部分的热熔连接件应保证长期可靠的接地，也可采用专用的密封帽将连接管件的电熔插孔密封，管道或接头的其他导电部件也应接地。

15. 防静电接地装置的接地电阻不应大于 100Ω。

16. 油品罐车、LPG 罐车、LNG 罐车卸车场地内用于防静电跨接的固定接地装置，不应设置在爆炸危险 1 区。

18.6 抽样及检查方法

18.6.1 接地装置

18.6.1.1 主控项目

1. 接地装置在地面以上的部分，应按设计要求设置测试点，测试点不应被外墙饰面遮蔽，且应有明显标识。

检查数量：全数检查。

检查方法：观察检查。

2. 接地装置的接地电阻值应符合设计要求。

检查数量：全数检查。

检查方法：用接地电阻测试仪测试，并查阅接地电阻测试记录。

3. 接地装置的材料规格、型号应符合设计要求。

检查数量：全数检查。

检查方法：观察检查或查阅材料进场验收记录。

4. 当接地电阻达不到设计要求需采取措施降低接地电阻时，应符合下列规定：

（1）采用降阻剂时，降阻剂应为同一品牌的产品，调制降阻剂的水应无污染和杂物；降阻剂应均匀灌注于垂直接地体周围。

（2）采取换土或将人工接地体外延至土壤电阻率较低处时，应掌握有关的地质结构资料和地下土壤电阻率的分布，并应做好记录。

（3）采用接地模块时，接地模块的顶面埋深不应小于 0.6m，接地模块间距不应小于模块长度的 3～5 倍。接地模块埋设基坑宜为模块外形尺寸的 1.2～1.4 倍，且应详细记录开挖深度内的地层情况；接地模块应垂直或水平就位，并应保持与原土层接触良好。

检查数量：全数检查。

检查方法：施工中观察检查，并查阅隐蔽工程检查记录及相关记录。

18.6.1.2　一般项目

1. 当设计无要求时，接地装置顶面埋设深度不应小于 0.6m，且应在冻土层以下。圆钢、角钢、钢管、铜棒、铜管等接地极应垂直埋入地下，间距不应小于 5m；人工接地体与建筑物的外墙或基础之间的水平距离不宜小于 1m。

检查数量：全数检查。

检查方法：施工中观察检查并用尺量检查，查阅隐蔽工程检查记录。

2. 接地装置的焊接应采用搭接焊，除埋设在混凝土中的焊接接头外，应采取防腐措施，焊接搭接长度应符合下列规定：

（1）扁钢与扁钢搭接不应小于扁钢宽度的 2 倍，且应至少三面施焊；

（2）圆钢与圆钢搭接不应小于圆钢直径的 6 倍，且应双面施焊；

（3）圆钢与扁钢搭接不应小于圆钢直径的 6 倍，且应双面施焊；

（4）扁钢与钢管，扁钢与角钢焊接，应紧贴角钢外侧两面，或紧贴 3/4 钢管表面，十下两侧施焊

检查数量：按不同搭接类别各抽查 10％，且均不得少于 1 处。

检查方法：施工中观察检查并用尺量检查，查阅相关隐蔽工程检查记录。

3. 当接地极为铜材和钢材组成，且铜与铜或铜与钢材连接采用热剂焊时，接头应无贯穿性的气孔且表面平滑。

检查数量：按焊接接头总数量抽查 10％，且不得少于 1 处。

检查方法：观察检查并查阅施工记录。

4. 采取降阻措施的接地装置应符合下列规定：

（1）接地装置应被降阻剂或低电阻率土壤所包覆；

（2）接地模块应集中引线，并应采用干线将接地模块并联焊接成一个环路，干线的材质应与接地模块焊接点的材质相同，钢制的采用热浸镀锌材料的引出线不应少于 2 处。

检查数量：全数检查。

检查方法：观察检查，并查阅隐蔽工程检查记录。

18.6.2　引下线及接闪器

18.6.2.1　主控项目

1. 防雷引下线的布置、安装数量和连接方式应符合设计要求。

检查数量：明敷的引下线全数检查，利用建筑结构内钢筋敷设的引下线或抹灰层内

的引下线按总数量各抽查 5%，且均不得少于 2 处。

检查方法：明敷的观察检查，暗敷的施工中观察检查并查阅隐蔽工程检查记录。

2. 接闪器的布置、规格及数量应符合设计要求。

检查数量：全数检查。

检查方法：观察检查并用尺量检查，核对设计文件。

3. 接闪器与防雷引下线必须采用焊接或卡接器连接，防雷引下线与接地装置必须采用焊接或螺栓连接。

检查数量：全数检查。

检查方法：观察检查，并采用专用工具拧紧检查。

4. 当利用建筑物金属屋面或屋顶上旗杆、栏杆、装饰物、铁塔、女儿墙上的盖板等永久性金属物做接闪器时，其材质及截面应符合设计要求，建筑物金属屋面板间的连接、永久性金属物各部件之间的连接应可靠、持久。

检查数量：全数检查。

检查方法：观察检查，核查材质产品质量证明文件和材料进场验收记录，并核对设计文件。

18.6.2.2 一般项目

1. 暗敷在建筑物抹灰层内的引下线应有卡钉分段固定；明敷的引下线应平直、无急弯，并应设置专用支架固定，引下线焊接处应刷油漆防腐且无遗漏。

检查数量：抽查引下线总数的 10%，且不得少于 2 处。

检查方法：明敷的观察检查，暗敷的施工中观察检查并查阅隐蔽工程检查记录。

2. 设计要求接地的幕墙金属框架和建筑物的金属门窗，应就近与防雷引下线连接可靠，连接处不同金属间应采取防电化学腐蚀措施。

检查数量：按接地点总数抽查 10%，且不得少于 1 处。

检查方法：施工中观察检查并查阅隐蔽工程检查记录。

3. 接闪杆、接闪线或接闪带安装位置应正确，安装方式应符合设计要求，焊接固定的焊缝应饱满无遗漏，螺栓固定的应防松零件齐全，焊接连接处应防腐完好。

检查数量：全数检查。

检查方法：观察检查。

4. 防雷引下线、接闪线、接闪网和接闪带的焊接连接搭接长度及要求应符合《建筑电气工程施工质量验收规范》GB 50303—2015 第 22.2.2 条（同本书 18.6.1.2 第 2 款）的规定。

检查数量：全数检查。

检查方法：观察检查并用尺量检查，查阅隐蔽工程检查记录。

5. 接闪线和接闪带安装应符合下列规定：

（1）安装应平正顺直、无急弯，其固定支架应间距均匀、固定牢固；

（2）当设计无要求时，固定支架高度不宜小于 150mm，间距应符合《建筑电气工程施工质量验收规范》GB 50303—2015 中表 24.2.5 的规定（表 18-7）；

表 18-7 明敷引下线及接闪导体固定支架的间距（mm）

布置方式	扁形导体固定支架间距（mm）	圆形导体固定支架间距（mm）
安装于水平面上的水平导体	500	1000
安装于垂直面上的水平导体		
安装在高于 20m 垂直面上的垂直导体		
安装于从地面至高 20m 垂直面上的垂直导体	1000	1000

（3）每个固定支架应能承受 49N 的垂直拉力。

检查数量：第 1 款、第 2 款全数检查，第 3 款按支持件总数抽查 30%，且不得少于 3 个。

检查方法：观察检查并用尺量，用测力计测量支架的垂直受力值。

6. 接闪带或接闪网在过建筑物变形缝处的跨接应有补偿措施。

检查数量：全数检查。

检查方法：观察检查。

18.6.3 等电位联结

18.6.3.1 主控项目

1. 建筑物等电位联结的范围、形式、方法、部位及联结导体的材料和截面面积应符合设计要求。

检查数量：全数检查。

检查方法：施工中核对设计文件观察检查并查阅隐蔽工程检查记录。核查产品质量证明文件、材料进场验收记录。

2. 需做等电位联结的外露可导电部分或外界可导电部分的连接应可靠。采用焊接时，应符合本规范第 22.2.2 条的规定；采用螺栓连接时，应符合本规范第 23.2.1 条第 2 款的规定，其螺栓、垫圈、螺母等应为热镀锌制品，且应连接牢固。

检查数量：按总数抽查 10%，且不得少于 1 处。

检查方法：观察检查。

18.6.3.2 一般项目

1. 需做等电位联结的卫生间内金属部件或零件的外界可导电部分，应设置专用接线螺栓与等电位联结导体连接，并应设置标识；连接处螺帽应紧固、防松零件应齐全。

检查数量：按连接点总数抽查 10%，且不得少于 1 处。

检查方法：观察检查和手感检查。

2. 当等电位联结导体在地下暗敷时，其导体间的连接不得采用螺栓压接。

检查数量：全数检查。

检查方法：施工中观察检查并查阅隐蔽工程检查记录。

18.7 不合格处理

检测完成后，及时对受检单位出具检测报告和整改意见书，待现场按照整改意见书逐项整改完成后，安排复检，直至符合设计要求或相关规范要求。

参考文献

[1] 中国建筑科学研究院．建筑工程施工质量验收统一标准：GB 50300—2013［S］．北京：中国建筑工业出版社，2014.

[2] 陕西省建筑科学研究院，陕西建工集团总公司．砌体结构工程施工质量验收规范：GB 50203—2011［S］．北京：中国建筑工业出版社，2011.

[3] 中国建筑科学研究院．混凝土结构工程施工质量验收规范：GB 50204—2015［S］．北京：中国建筑工业出版社，2015.

[4] 中冶建筑研究总院有限公司，中建八局第二建设有限公司．钢结构工程施工质量验收标准：GB 50205—2020［S］．北京：中国计划出版社，2020.

[5] 山西建筑工程（集团）总公司，上海市第二建筑有限公司．屋面工程质量验收规范：GB 50207—2012［S］．北京：中国建筑工业出版社，2012.

[6] 山西建筑工程（集团）总公司，福建省闽南建筑工程（集团）有限公司．地下防水工程质量验收规范：GB 50208—2011［S］．北京：中国建筑工业出版社，2011.

[7] 江苏省建筑工程集团有限公司，江苏省华建建设股份有限公司．建筑地面工程施工质量验收规范：GB 50209—2019［S］．北京：中国计划出版社，2010.

[8] 中国建筑科学研究院有限公司．建筑装饰装修工程质量验收标准：GB 50210—2018［S］．北京：中国建筑工业出版社，2018.

[9] 沈阳市城乡建设委员会．建筑给水排水及采暖工程施工质量验收规范：GB 50242—2002［S］．北京：中国建筑工业出版社，2002.

[10] 浙江省工业设备安装集团有限公司．建筑电气工程施工质量验收规范：GB 50303—2015［S］．北京：中国计划出版社，2016.

[11] 河南省建筑科学研究院有限公司．民用建筑工程室内环境污染控制标准：GB 50325—2020［S］．北京：中国计划出版社，2020.

[12] 中国建筑科学研究院有限公司．建筑节能工程施工质量验收标准：GB 50411—2019［S］．北京：中国建筑工业出版社，2019.

[13] 中国建筑科学研究院．建筑基桩检测技术规范：JGJ 106—2014［S］．北京：中国建筑工业出版社，2008.

[14] 北京市政建设集团有限责任公司，中国市政工程协会．城镇道路工程施工与质量验收规范：CJJ 1—2008［S］．北京：中国建筑工业出版社，2014.